CIENCIAS

Mujeres en ciencia y tecnología

ROSA M.ª CLARAMUNT VALLESPÍ
TERESA CLARAMUNT VALLESPÍ

UNIVERSIDAD NACIONAL DE EDUCACIÓN A DISTANCIA

CIENCIAS (0105003CT01A01)
MUJERES EN CIENCIA Y TECNOLOGÍA

Librería UNED: c/ Bravo Murillo, 38 - 28015 Madrid
Tels.: 91 398 75 60 / 73 73
e-mail: libreria@adm.uned.es

Ilustración de cubierta: Laia Arqueros Claramunt
www.laiaarqueros.blogspot.com

Todas nuestras publicaciones han sido evaluadas por expertos ajenos a esta universidad.

ISBN: 978-84-362-6421-0
Depósito legal: M-34706-2012

Primera edición: noviembre de 2012

Impreso en España - Printed in Spain
Imprime y encuaderna: Grafo, S.A.
Avda. Cervantes, 51, edif. 21, (Vizcaya)

PEFC Certificado
Este producto procede de bosques gestionados de forma sostenible y fuentes controladas
PEFC/14-33-00016 www.pefc.org

ÍNDICE

PRÓLOGO

Este texto con el que se pretende actualizar el publicado en el año 2002 titulado *Las mujeres en las ciencias experimentales*, mantiene un propósito similar: mostrar cómo la historia y la construcción de la ciencia moderna ha sido elaborada sobre la base del olvido, la minusvalorización y la discriminación de la autoridad científica de un gran número de mujeres.

Hemos tratado de incluir a la mayoría de aquellas mujeres que en Ciencia y Tecnología han contribuido a su desarrollo, agrupándolas según disciplinas afines. Nos hemos visto sorprendidas por la gran cantidad de nombres que en diez años hemos introducido, no solo porque en ese periodo la incorporación de la mujer a la Ciencia es un hecho incontestable, sino porque probablemente como efecto de una mayor presencia femenina y de las políticas europeas sobre Mujer y Ciencia, se han recuperado numerosas figuras de épocas anteriores hasta ahora desconocidas. Somos conscientes de que a pesar de nuestro esfuerzo faltan nombres, y en ningún caso significa que las que no figuran en el texto posean menos méritos o de menor importancia. La responsabilidad de la elección es solo nuestra y refleja sin duda nuestra afición o sensibilidad hacia determinados aspectos científicos o personales.

El texto se ha organizado en siete temas, en el primero de carácter general se analizan las posibles causas de las dificultades que las científicas y tecnólogas han tenido y siguen teniendo para el reconocimiento de su labor profesional, haciendo particular hincapié en las galardonadas. A continuación se presenta a las mujeres más directamente relacionadas con las ciencias de la vida: de las naturalistas, biólogas moleculares y biotecnólogas hablamos en el tema 2, y de las médicas, matronas, enfermeras, radiólogas y farmacéuticas lo hacemos en el tema 3. Nos adentramos después en el mundo de las demás ciencias experimentales: químicas, físicas y cristalógrafas en el tema 4, y astrónomas, matemáticas e informáticas en el tema 5.

Aquellas mujeres que han destacado en el ámbito de la Tecnología: inventoras, ingenieras y arquitectas están incluidas en el tema 6 y por último se describen las vidas y hazañas de las que, desde diferentes ámbitos de conocimiento y conciliando profesión y vida familiar, accedieron al espacio, como aviadoras primero y astronautas más tarde, en el tema 7.

Muchas han destacado en diferentes áreas científicas y tecnológicas y aparecen en varios de los temas mencionados, hemos preferido mantener esa repetición que a nuestro entender refleja mejor su contribución a cada una de las disciplinas.

Ojalá que este texto permita que los logros y nombres de todas las mujeres que se reseñan entren a formar parte de nuestro entorno familiar, social y profesional y despierte en sus lectoras y lectores la curiosidad por adentrarse en un conocimiento más amplio y profundo sobre el tema.

Las autoras

Tema 1

GÉNERO, CIENCIA, TECNOLOGÍA Y SOCIEDAD

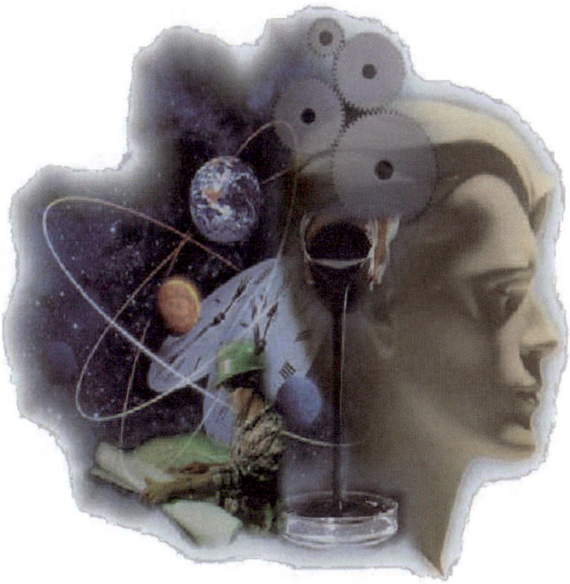

INTRODUCCIÓN

La visión patriarcal sobre las capacidades intelectuales de las mujeres y su función social subordinada a los intereses y actividades de los varones estuvo y, a veces aún está, muy arraigada en la sociedad durante siglos. El acceso de las mujeres a la Universidad les fue vetado, hasta finales del siglo XIX, en algunos países occidentales y hasta 1910, en España, pese a las reivindicaciones que se sucedieron durante siglos sobre la necesidad de estudiar, conocer, compartir conocimientos y escribir sobre temas científicos. A pesar de todas las dificultades, colectivos de mujeres consiguieron dejar un legado científico que ha permanecido oculto dada la idea comúnmente aceptada de que la ciencia era cosa de hombres.

¿UNA CIENCIA OBJETIVA Y NEUTRA?

La comunidad científica ha venido afirmando desde tiempo inmemorial, y de modo casi incuestionable, que la ciencia es neutra y objetiva. Sin embargo, desde hace años y desde la perspectiva de las mujeres científicas, se está cuestionando seriamente está afirmación. A través de publicaciones, foros de discusión, congresos especializados, etc. se viene analizando el lugar y el estatus de las mujeres en la ciencia, tanto en el pasado como en el presente y de dicho análisis se concluyen las siguientes ideas:

a) La ciencia y la tecnología tradicional presentan un carácter androcéntrico al haber sido elaboradas por hombres o por haber sido estos quienes han ostentado «la autoridad científica».
b) Esta «autoridad científica masculina» ha sido responsable de la invisibilidad del saber científico femenino y de concebir mecanismos para excluir a las mujeres de la ciencia.
c) La historia de la ciencia, es una historia parcial y sesgada, ya que las huellas que las mujeres han dejado de su producción científica han sido filtradas por la mirada de los hombres que son quienes han escrito dicha historia.

Es evidente pues que la concepción tradicional de la ciencia debe ser revisada para darle una dimensión más amplia y ecuánime que recoja las aportaciones y las experiencias de las mujeres. Asimismo hay que enriquecerla con los resultados del análisis de las relaciones entre la ciencia y el sistema sexo-género.

EL CARÁCTER ANDROCÉNTRICO DE LA CIENCIA

Desde que quedara establecida la idea clásica de lo que es ciencia, basada en la utilización de la observación de la naturaleza, la experimentación que conduce a la recopilación de hechos que son descritos de forma precisa como leyes científicas, y que a su vez conducen a la formulación de la verdad de la única manera posible objetiva y de alcance universal, han habido numerosas aportaciones desde las corrientes de la filosofía de la ciencia que han analizado, cuestionado y matizado esta idea tan dogmática de la ciencia.

Actualmente se considera que la ciencia es una actividad humana moldeada por las condiciones económicas, sociales y culturales de la sociedad en que se desarrolla y por las condiciones personales de los miembros de la comunidad científica. Esto hace que la ciencia constituya una entidad social impregnada de valores, y no simplemente un esfuerzo puramente cognitivo o un acto impersonal. La ciencia es en definitiva una actividad profunda e indiscutiblemente enraizada en el ámbito de lo personal y lo social.

A esta revisión del concepto de ciencia deberíamos añadir las aportaciones y reflexiones que sobre ella se realizan desde la perspectiva feminista. Tanto la matemática y humanista Evelyn F. Kéller (1985) como la filosofa Sandra Harding (1996) afirman que la ciencia ha sido producida, en grado casi absoluto, por un grupo particular de la raza humana, constituido por los varones blancos, occidentales y de clase media.

Con todos estos elementos de análisis no resulta difícil entender cual es el modelo de ciencia arraigado en la sociedad y el por que de la invisibilidad de las mujeres en el campo científico.

LA AUTORIDAD CIENTÍFICA MASCULINA

Una característica de la autoridad científica masculina, de larga tradición, ha sido negar la autoridad científica femenina a base de la utilización de la ciencia para demostrar la inferioridad femenina frente las capacidades masculinas, utilizando argumentos y teorías científicas muy variadas. La bibliografía especializada abunda en citas o referencias que dan testimonio del poder de la denominada autoridad científica masculina: Por ejemplo, Aristóteles escribió que las mujeres tenían menos dientes que los hombres. Y San Agustín dijo:

> «... la mujer es un animal que no es ni firme ni estable; es rencorosa ante la confusión de su marido, se nutre de maldad y es comienzo de todos los pleitos y justas y camino de toda iniquidad».

En los siglos XVIII y XIX se utilizaron estudios sobre medidas craneales para justificar la inferioridad de las mujeres. Un científico como Darwin, en **El origen del hombre (1871)** subrayaba la supuesta inferioridad de la mujer al afirmar:

> «... la principal diferencia entre las facultades intelectuales de los dos sexos estriba en que los hombres consiguen mayor eminencia que las mujeres en cualquier asunto que emprendan —tanto si requieren profundidad intelectual, razonamiento o imaginación como si requieren simplemente el uso de los sentidos y de las manos. Si se elaboran dos listas con los hombres y mujeres más eminentes en poesía, pintura, escultura, música, historia, ciencia y filosofía, con media docena de nombres bajo cada epígrafe, las dos listas no tendrían comparación. También podríamos inferir, según la ley de desviación de la media, que si los hombres son capaces de una clara preeminencia sobre las mujeres en tantas materias, la media de la capacidad intelectual en el hombre debe superar la de las mujeres».

Algunos seguidores del darwinismo social argumentaban que la mujer era un hombre en estado primitivo de evolución, e incluso se elaboró una teoría completa, con base en la zoología, para defender la tesis de que la inteligencia existe en razón inversa a la capacidad reproductiva.

El Nobel de Medicina y Fisiología Santiago Ramón y Cajal afirmaba en 1932:

> «Es un lugar común que el hombre y la mujer no son iguales, sino complementarios, como lo son la abeja y la flor. Y se corre el grave riesgo de que el trabajo de taller o de obrador, fatal a la belleza y a la salud femenil, produzca a la larga un tipo de hembra abortada, comparable a la obrera de los himenópteros».

Todos estos planteamientos, por pintorescos y anacrónicos que puedan parecer, se han mantenido hasta nuestros días. Así el psicólogo austriaco Bruno Betthelheim escribía en 1965:

> «Todos debemos comprender, en primer término, que si las mujeres quieren llegar a ser buenos científicos o buenos ingenieros, deben ser, antes que nada y ante todo, compañeras femeninas del hombre y madres».

Asimismo en biografías de científicas aparecen testimonios escritos y opiniones de mujeres que reflejan las dificultades o la falta de credibilidad que las mismas han sufrido en su labor científica por parte de la «autoridad». La primatóloga **Jane Goodall** en su obra *Gracias a la vida* escribe:

> «Sospecho que los comentarios sarcásticos de los años sesenta y setenta sobre *la modelo del Geografic* (su aspecto, precisamente por contradecir el tópico de la científica descuidada, desaliñada e incluso según ciertos parámetros, poco agraciada, la hacía «merecedora» de ese apelativo por parte de la comunidad científica) me habían afectado más de lo que en su día estuve dispuesta a admitir, incluso ante mi misma. Pero cuando finalmente se publicó, el libro fue bien recibido, y mi confianza en mi misma recibió un tremendo espaldarazo».

Algunos estudios científicos y teorías elaboradas durante el siglo XX, desde los campos de la medicina y la biología, han sido circunstancialmente utilizados para demostrar la supuesta superioridad de los hombres frente a las mujeres. Se han investigado las bases biológicas de las diferencias entre unas y otros referidas tanto a las características físicas y de función reproductora como a la forma de relacionarse con el exterior y de resolver problemas intelectuales, buscando explicaciones en factores genéticos, factores hormonales, etc. Por ejemplo: la estructura, el desarrollo y el funcionamiento del cerebro estarían determinadas por las hormonas femeninas y masculinas, por tanto la capacidad de liderazgo y dominio masculino vendría determinado por un nivel alto de andrógenos.

En otro caso se ha utilizado la asimetría de los hemisferios cerebrales para explicar una menor habilidad viso-espacial y justificar así una menor aptitud de las mujeres en materias como matemáticas y física, sin tener en cuenta que para dominar estas disciplinas se necesitan además otros elementos como el razonamiento lógico y el análisis, que están localizados en el hemisferio izquierdo.

El uso del determinismo biológico para justificar las diferencias que se observan entre hombres y mujeres suelen tener un gran éxito en los medios de comunicación, siempre y cuando sirvan para demostrar que las diferencias no se deben a condicionantes sociales sino a diferencias genéticas u hormonales. Los periódicos ingleses recogieron con gran amplitud una investigación realizada por Anya Hurlbert y Ling C Yazhn (2007), en la Universidad de Newcastle. El equipo de investigadores realizó un experimento para estudiar las preferencias cromáticas de mujeres y hombres, mostrándoles a 208 personas unos pares de rectángulos de diferente color y pidiéndoles que seleccionaran su preferido. Los resultados mostraron que, en general, preferían los tonos azules, pero las mujeres elegían tonos rosados y rojizos con más frecuencia que los hombres. El estudio no aportaba nada que contribuyera a explicar el porqué de esta diferencia, pero eso no impidió que el equipo investigador llegara a la conclusión de que el fenómeno se debía a las diferencias genéticas, que tenían su origen en la evolución divergente de hombres y mujeres.

Según A. Hurlbert y L.C. Yazhn: Los hombres desarrollaron una preferencia por el color azul del cielo despejado, que indicaba que haría buen tiempo para salir a cazar, mientras que las mujeres preferían el rosa y el rojo característico de las bayas y frutas maduras, evitando así las que aún estaban verdes. Otra hipótesis sobre la predilección por los tonos rosados estaba relacionada con el hecho de que desde la antigüedad las mujeres eran las que se encargaban del cuidado de las criaturas y tenían que ser especialmente sensibles si el bebe tenía fiebre o presentaba la cara enrojecida.

La ciencia es una actividad humana realizada por humanos con toda su ideología y bagaje cultural. Se realizan numerosas investigaciones sobre las diferencias de género que no conducen a ninguna conclusión, pero si alguna de estas investigaciones ofrece un titular rápidamente aparece en los medios de comunicación y se utiliza como argumento para apoyar diferencias y supremacías de un género sobre otro.

El hecho real es que las mujeres han estado excluidas de la institución educativa hasta el siglo pasado y sin embargo, a lo largo de la historia ha habido mujeres que han dado testimonio de otra realidad, han tomado la palabra y han reclamado un espacio, consiguiendo elaborar un saber propio. Un ejemplo altamente ilustrativo lo constituye la española **Olivia Sabuco de Nantes Barrera** (1562-

1622): esta mujer escribió un tratado de fisiología del cuerpo humano y de salud mental, que se publicó por primera vez en 1587 y que fue reimpreso varias veces hasta el siglo XX, ya que fue un libro de texto utilizado en las facultades de Medicina. Eso si, todo el tiempo atribuido a su padre.

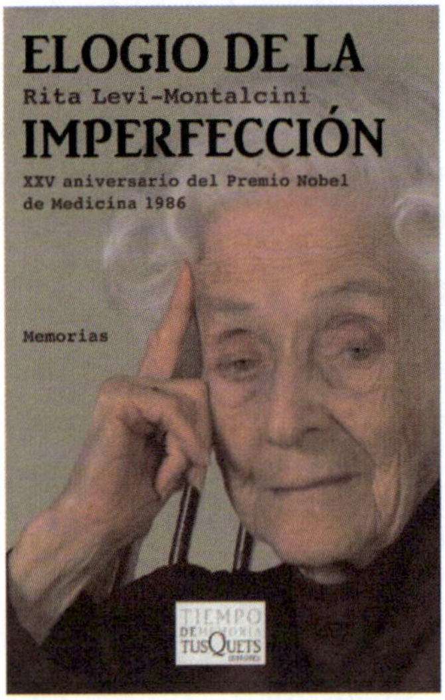

Cuando algunas mujeres —sólo las pertenecientes a las clases sociales privilegiadas— accedieron al sistema educativo, lo hicieron con currículos escolares diferenciados, de los cuales se excluían las enseñanzas del campo científico–técnico, situadas bajo la autoridad masculina, y se incluían las labores propias de su sexo (higiene doméstica, artes plásticas...) **Rita Levi-Montalcini** (Premio Nobel de Medicina y Fisiología en 1986) en su libro *Elogio de la Imperfección* describe este estado de cosas de forma precisa:

> «Una vez terminada la enseñanza básica tocaba elegir la enseñanza media que determinaría a su vez la carrera posterior: universitaria, artística, técnica, o bien el magisterio. Era una decisión importante para los chicos, pero no para las chicas, pues se daba por descontado que la carrera que nos esperaba era la de ama de casa, buena esposa y madre. Aunque las tres (se refiere a sus hermanas) habíamos demostrado una capacidad excelente para los estudios, nuestro padre decidió que seguiríamos la enseñanza media y luego la escuela femenina de segunda enseñanza, que en aquella época no posibilitaba el acceso a la Universidad».

Hoy día, la presencia de mujeres en las carreras científicas en España supera el 50%, excepto en determinadas carreras técnicas, como arquitectura o ingenierías (30%). Sin embargo no podemos hablar de factores específicos que hayan favorecido esta igualdad numérica, sino que la misma se ha conseguido a pesar de la ciencia que se hace y se enseña en los centros docentes y, en ese sentido, sólo es representativa de cómo las chicas se han incorporado a la cultura dominante, marcada por valores y comportamientos masculinos.

La dominación masculina de la ciencia es tal que, hasta el momento, las mujeres están excluidas de los puestos de responsabilidad o su presencia en los mismos es muy minoritaria. Apenas hay presencia femenina en la dirección, planificación y transmisión de conocimientos o en la toma de decisiones que afectan a la utilización que se hace de la ciencia.

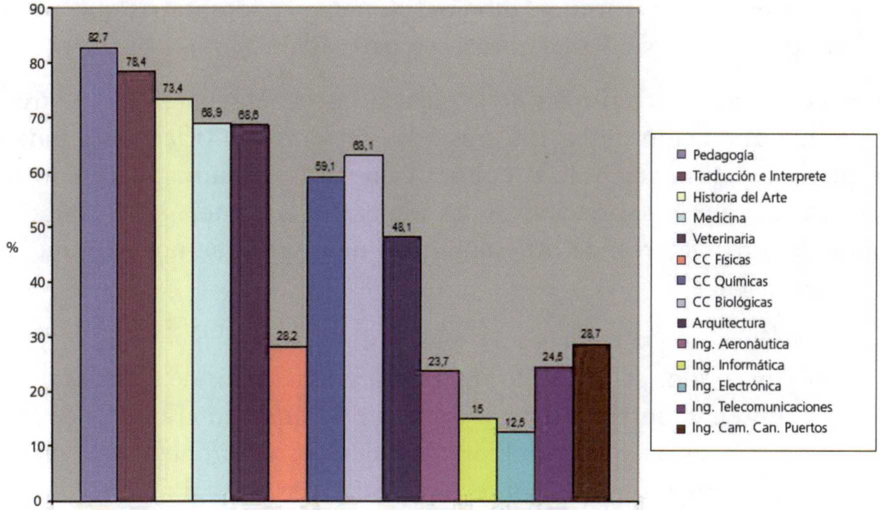

Fuente. Instituto de la Mujer

Figura 1. Mujeres matriculadas en la Universidad española. Curso 2009-2010.

Si analizamos más profundamente lo que ocurre en las aulas de la inmensa mayoría de centros escolares, nos encontramos con una serie de factores que son responsables de la transmisión de una imagen con relación a cómo se genera el conocimiento científico, a cómo se forman las teorías y sus procesos de cambio. Todo ello ofrece un panorama muy poco atractivo para el alumnado femenino y, en última instancia, lo prepara para su incorporación a la cultura científica dominante.

Los elementos sexistas que impregnan las clases de ciencias son muchos y muy variados: numerosas investigaciones —Subirats y Brullet (1988), Fernández *et al.* (1995)— han demostrado que en la actividad desarrollada en las aulas hay un mayor número de interacciones del profesorado con el alumnado masculino. Las chicas «desaparecen» y los chicos, al realizar en exclusiva las intervenciones en el aula, en la manipulación de aparatos, de reactivos y otras tareas derivadas del trabajo científico, se convierten en los auténticos protagonistas de la actividad. Las alumnas suelen recobrar el protagonismo en el momento de ordenar y limpiar el material empleado, es decir, cuando asumen el rol que la sociedad les ha adjudicado tradicionalmente. También son distintas las expectativas que crean los alumnos masculinos respecto a las chicas y en ese sentido no es raro oír frases, tales como, «este chico es muy inteligente», frente «esta chica es muy trabajadora». En cuanto a los libros de texto y otros materiales escolares, aún siguen apareciendo en los mismos, dibujos, esquemas y fotografías que ocultan a las mujeres en general, y a las científicas en particular.

Si estas son las características de la ciencia que se enseña en los centros docentes, la incorporación de las mujeres a las carreras científicas sólo indica un mayor grado de asimilación de la cultura científica masculina, pero en ningún caso representa que la aportación de las mujeres a la ciencia haya logrado impregnarla de otros valores, de otra pluralidad de rasgos que nos permita pensar en una nueva ciencia.

Esta hipotética nueva ciencia solo será posible cuando incorpore el saber de las mujeres y para ello, es necesario intervenir en las clases de ciencias introduciendo cambios en el currículo que favorezcan y fomenten el interés de las chicas por la ciencia, utilizando ejemplos y enunciados de problemas, o planteando actividades de investigación sobre temas más cercanos al ámbito femenino. Deberíamos también corregir las interacciones que tienen lugar en el aula, —fijándonos sobre a quién nos dirigimos y quien responde—, y revisar los roles en los trabajos prácticos, al tiempo que se resaltan las figuras de mujeres que se han dedicado al trabajo científico a lo largo de la historia para que las alumnas tengan «modelos» de referencia. Una posible razón del aumento de las mujeres en las carreras científicas podría ser el incremento de profesorado femenino en las asignaturas de ciencias en la educación secundaria. En la actividad «¿qué mujeres científicas conoces?» el alumnado suele no responder o, cuando lo hace, mencionar a Marie Curie, o la profesora de biología, o de química, etc.

En la actualidad se sigue trasmitiendo de forma mayoritaria una ciencia androcéntrica que perpetua la invisibilidad de las mujeres científicas. La comunidad científica no contempla la existencia de mujeres en su ámbito, salvo que estas se asimilen a la identidad científica masculina. Un ejemplo ilustrativo de la mirada de los hombres sobre la actividad científica de las mujeres se encuentra en el libro *La doble hélice* de James Watson (1968). En el mismo, refiriéndose a la figura de **Rosalind Franklin,** podemos leer:

«Maurice (Wilkins) poseía ambas cualidades, era evidente; prueba de ello es que fue el primero que se dedicó a investigar el ADN. Pero Francis (Crick) sentía que nunca lograría convencer a Maurice de que uno no puede ir con cautela cuando tiene entre las manos dinamita como el ADN. Además cada vez era más difícil a Maurice apartar de su mente a su ayudante Rosalind Franklin.

No era que estuviese enamorado de Rosy, como nosotros la llamábamos, todo lo contrario. Casi desde el mismo momento en que llegó al laboratorio de Maurice, empezaron a contrariarse mutuamente. Maurice, un principiante en el trabajo de difracción de los rayos X, necesitaba alguna ayuda profesional y confiaba en que Rosy, experta cristalógrafa, pudiera ayudarle en sus investigaciones. Sin embargo, Rosy no veía la situación de esta manera. Pretendía que el ADN era problema suyo y no se consideraba como ayudante de Maurice.

Sospecho que al principio Maurice esperaba que Rosy se pacificaría. No obstante basaba con fijarse en ella para saber que no se doblegaría con facilidad. Se abstenía deliberadamente de realzar sus cualidades femeninas. Aunque sus rasgos eran algo angulosos ni carecía de atractivo, y si hubiera prestado un poco más de interés a su modo de vestir habría resultado deslumbrante. Pero no lo hacía. Nunca había carmín en sus labios que contrastara con sus negros cabellos y, a sus treinta y un años, su atuendo no demostraba más imaginación que la de las adolescentes inglesas de medias azules. Resultaba fácil verla como producto de una madre insatisfecha que pensara que una carrera profesional podía salvar a una muchacha brillante de casarse con algún hombre estúpido...»

LIBRO BLANCO SOBRE LA SITUACIÓN DE LAS MUJERES EN LA CIENCIA ESPAÑOLA

El libro blanco sobre la situación de las mujeres en la ciencia española se presentó el 17 de octubre de 2011, es un documento, elaborado por la Unidad de Mujeres y Ciencia del Ministerio de Ciencia e Innovación (MICINN), con la colaboración de la Fundación de Estudios de Economía Aplicada (FEDEA), que ofrece las claves para conocer la realidad de la mujer en la ciencia española, en el periodo 1998-2007.

El estudio, sobre todo, descriptivo aporta numerosos datos sobre las diferencias de género que existen en el mundo científico actual, y se ha estructurado en tres grandes bloques:

a) Diferencias por género en la formación científica.
b) Diferencias por género en la trayectoria profesional en la ciencia.
c) El papel de las instituciones y de la familia en las diferencias de género en la carrera científica.

El libro revela que aunque el 60% de las personas tituladas en la universidad española son mujeres y se gradúan con mejores expedientes que los varones, solo

47,6% obtuvieron el doctorado, solo el 49% son profesoras ayudantes, únicamente el 40% del profesorado titular y solo el 15% de las cátedras de universidad están ocupadas por mujeres y otro tanto ocurre en el Consejo de Investigaciones Científicas donde las mujeres constituyen el 23% del profesorado de investigación.

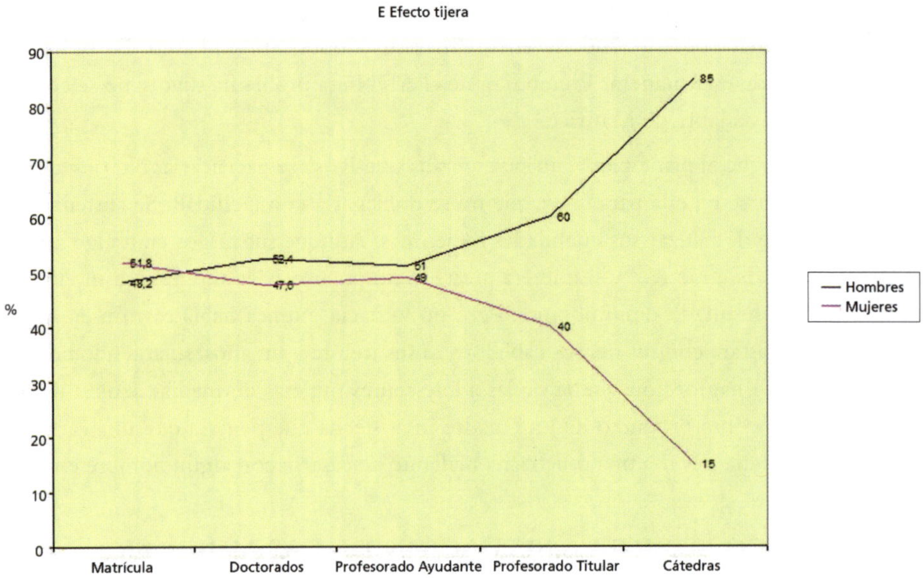

Figura 2. El famoso gráfico de tijera que muestra cómo las mujeres superan académicamente a los hombres en su formación pero a medida que el nivel aumenta hasta llegar a puestos directivos la situación va cambiando hasta invertirse por completo de tal manera que hay muchísimos más altos cargos ocupados por hombres que por mujeres.

También constata que en los últimos 20 años el porcentaje de catedráticas solo ha aumentado en un 6%. Suele pensarse que esta baja presencia de mujeres en el escalón más alto de la carrera científica se debe a la tardía incorporación de las mujeres a la carrera académica y que el simple paso del tiempo conducirá por si solo a una equiparación. Sin embargo, la experiencia internacional muestra que sin medidas activas, la presencia de mujeres en el sistema científico no solo no avanza en proporción al número de mujeres cualificadas para acceder a los puestos más altos de la carrera, sino que, en algunos casos y momentos, incluso puede retroceder.

El Libro Blanco también aporta datos acerca de la productividad científica, utilizando para ello la publicación de artículos en revistas científicas, publicación de libros; dirección de tesis doctorales; participación de investigador principal en proyectos financiados en régimen de competitividad; participación en comités de evaluación y selección, incluyendo los comités editoriales de las revistas académicas. Del estudio de todos estos aspectos se concluye que los hombres presentan unos valores superiores en todos los campos.

Mujeres catedráticas en el campo de las Ciencias Naturales	18%
Mujeres catedráticas en el campo de la Ingeniería y Tecnología	8%
Mujeres catedráticas en el campo de las Ciencias Médicas	13%
Mujeres catedráticas en el campo de las Ciencias Sociales	16%
Mujeres catedráticas en el campo de las Humanidades	20%

Otro aspecto estudiado es la situación familiar del personal científico: la tenencia de descendencia parece claramente un obstáculo en la carrera académica de las mujeres, mientras que este conflicto no se produce en ninguna medida en los varones para quienes tener hijas e hijos no interfiere en la progresión de su carrera académica. Las investigaciones sobre la situación familiar han aportado datos tales como: solo un 38% de las catedráticas tiene descendencia frente a un 63% de los varones. Este fenómeno es especialmente llamativo en Ingeniería y Tecnología, Ciencias Médicas y Ciencias de la Agricultura donde ninguna de las catedráticas tiene hijas e hijos.

Por último, en el análisis de los comités de habilitaciones a cátedras y titularidades, el estudio plantea la existencia de diferencias de género en quienes obtienen dichas habilitaciones en función de su composición.

EL RECONOCIMIENTO A LA ACTIVIDAD CIENTÍFICA: UNA CUESTIÓN PENDIENTE

El abismo existente entre la situación pasada, en que las mujeres no eran visibles en la actividad científica, y la actual, con una mayoría de mujeres en los centros de investigación, es muy grande pero falta todavía un gran trecho para alcanzar la meta de una igualdad real. Es necesario romper el techo de cristal que impide a las mujeres científicas alcanzar el reconocimiento de «alto nivel», como son los premios, los nombramientos honoris causa o su presencia en las Reales Academias.

Un breve repaso a algunos de los premios más reconocidos en la ciencia y la tecnología y las ocasiones en los que han sido concedidos a mujeres nos sirve para constatar las dificultades que tienen las científicas para que su labor reciba este tipo de reconocimiento.

Los **Premios Nobel** se instituyeron en 1901 y están financiados por los intereses de un fondo en fideicomiso contemplado en el testamento del químico Alfred Nobel. Existen seis premios distintos, otorgados en cada caso por una institución diferente: el Premio Nobel de Física, el Premio Nobel de Química y el Premio Nobel de Economía concedidos por la Real Academia Sueca de Ciencias; el Premio Nobel de Literatura otorgado por la Academia Sueca, el Premio Nobel de Medicina y Fisiología dado por la Asamblea Nobel del Karolinska Institutet y el Premio Nobel de la Paz concedido por el Comité Nobel de Noruega. Hasta el año 2011 se han concedido 909 galardones y solo 44 han sido para mujeres, menos del 5%. Los nombres de todas ellas aparecen en la siguiente relación:

Física	
1903	Marie Sklodowska **CURIE** con P. Curie y H. Becquerel
1963	María **GOEPPERT MAYER** con E.P. Wigner y H.D. Jensen
Química	
1911	Marie Sklodowska **CURIE**
1935	Irene **JOLIOT-CURIE** con F. Joliot
1964	Dorothy **CROWFOOT HODGKIN**
2009	Ada E. **YONATH** con V. Ramakrishnan y T.A. Steitz
Fisiología y Medicina	
1947	Gerty Theresa **RADNITZ CORI** con C.F. Cori y B. Houssay
1977	Rosalyn **SUSSMAN YALOW** con R. Guillemin y A. Schally
1983	Barbara **MCCLINTOCK**
1986	Rita **LEVI-MONTALCINI** con S. Cohen
1988	Gertrude Belle **ELION** con G. Hitchings
1995	Christiane **NÜSSLEIN-VOLHARD** con E. Wieschaus y E. Lewis
2004	Linda **B. BUCK** con R. Axel
2008	Françoise **BARRÉ-SINOUSSI** con L. Montagnier y con H. Hauses
2009	Elizabeth H. **BLACKBURN y** Carol W. **GREIDER** con J. Szostak

Paz	
1905	Bertha van **SUTTNER**
1931	Jane **ADDAMS** con N.M. Butler
1946	Emily **GREENE BALCH** con J. Raleigh Mott
1976	Betty **WILIAMS** y Mairead **CORRIGAN**
1979	**TERESA DE CALCUTA**
1982	Alva **REIMER MYRDAL** con A. García Robles
1991	Aung **SAN SUU KYI**
1992	Rigoberta **MENCHU TUM**
1997	Jody **WILLIAMS** con la Campaña Internacional para la prohibición de las minas antipersona
2003	Shirin **EBADI**
2004	Wangari Muta **MAATHAI**
2011	Ellen **JONSON-SIRLEAF**, Leymah **GBOWEE**, Tawakkul **KARMAN**
Economía	
2009	Elinor **OSTROM** con O.E. Williamson
Literatura	
1909	Selma **LANGERLÖF**
1926	Grazia **DELEDDA**
1928	Sigrid **UNDSET**
1938	Pearl S. **BUCK**
1945	Gabriela **MISTRAL**
1966	Leonie Nelly **SACHS** con S. Agnon
1991	Nadine **GORDIMER**
1993	Toni **MORRISON**
1996	Wislawa **SZYMBORSKA**
2004	Elfriede **JELINEK**
2007	Doris **LESSING**
2009	Herta **MÜLLER**

Un equivalente a los Premios Nobel para el campo de la Tecnología son el Premio Pritzker en arquitectura y el Millennium Technology Prize para las ingenierías. En el año 2011, la Academia Real de Ingeniería de Gran Bretaña creó el Premio Queen Elizabeth de Ingeniería con el fin de intentar cubrir el hueco que existe en este campo tecnológico y para premiar los avances de gran importancia en ingeniería, que hayan generado beneficios públicos internacionales significativos.

El **Premio Pritzker de Arquitectura** es el más prestigioso de cuantos se conceden a la trayectoria de un profesional de la arquitectura. Fue creado en 1979 por la familia Pritzker, una acaudalada familia de Chicago propietaria de la cadena de hoteles Hyatt. Se entrega anualmente a un arquitecto en vida de cualquier país, que haya mostrado a través de sus proyectos y obras las diferentes facetas de su talento profesional contribuyendo con ellas al enriquecimiento de la Humanidad. Las ceremonias de entrega se celebran en distintas ciudades del mundo.

Desde sus comienzos sólo dos mujeres ha recibido este galardón: la arquitecta iraní **Zaha Hadid** (2004) y la japonesa **Kazuyo Sejima** (2010) compartido con Ryne Nishizawa. Sin duda, otras mujeres merecieron recibir con anterioridad este galardón, como **Lina Bo Bardi** que murió en 1992 sin haberlo conseguido y **Denise Scott Brown** quién llevaba dos décadas trabajando con su marido Robert Venturi que lo obtuvo en 1991.

El **Millennium Technology Prize** se otorga en reconocimiento a las innovaciones tecnológicas que contribuyan a mejorar la calidad de la vida humana y a fomentar el desarrollo sostenible. Fue instituido por la Academia de Tecnología de Finlandia en el año 2004 y se entrega cada dos años. Hasta el año 2012 ninguna mujer ha recibido este galardón.

Al igual que en la arquitectura y en la ingeniería no existen Premios Nobel específicos para las matemáticas y la informática pero si existen galardones de gran prestigio:

El **Premio Turing** en honor al matemático, científico de la computación, criptógrafo y filósofo inglés Alan Mathison Turing. Se considera el Premio Nobel de las ciencias de la computación y lo otorga, desde 1996, la Association for Computing Machinery (ACM) a aquellas personas que han contribuido de forma importante a dicha disciplina. Tras cuarenta años desde su creación en el año 2006 le fue concedido por vez primera a una mujer, **Frances Allen** y en el 2008 a **Barbara Jane Huberman Liskov**.

La **Medalla Fields** o Medalla internacional para descubrimientos sobresalientes en matemáticas es una distinción que concede la Unión Matemática Internacional cada cuatro años a personas expertas en matemáticas, menores de cuarenta años. Se conceden desde 1936. La medalla Fields fue propuesta, en 1926 por el profesor canadiense Johns Fields para suplir la laguna de los Premios Nobel.

El **Premio Abel** creado en el año 2002 por el gobierno noruego en el bicentenario del nacimiento del matemático noruego Niels Henrik Abel. Es un galardón anual que la Academia Noruega de las Ciencias y las Letras otorga a un matemático destacado.

Ninguna mujer matemática ha sido hasta ahora (2011) galardonada ni con la Medalla Fields ni con el Premio Abel.

Haciendo una breve recapitulación de los visto hasta ahora, podemos constatar que la presencia de mujeres galardonadas en el campo de las ciencias de la vida es escasa, pero que en los demás campos científicos, y sobre todo en el área de la tecnología, es aún peor. La situación en España apenas difiere de lo visto hasta este punto, como es fácilmente comprobable en el breve análisis de los premios que se conceden en este país y que se expone a continuación:

Los **Premios Nacionales de Investigación en España** son diez: Premio Blas Cabrera en el área de Ciencias Físicas, de los Materiales y de la Tierra, Premio Alejandro Malaspina en el área de Ciencia y Tecnologías de los Recursos naturales, Premio Julio Rey Pastor en el área de Matemáticas y Tecnologías de la Información y la Comunicación, Premio Juan de la Cierva en el área de Transferencia de Tecnología, Premio Gregorio Marañón en el área de Medicina, Premio Santiago Ramón y Cajal en el área de Biología, Premio Leonardo Torres Quevedo en el área de Ingenierías, Premio Pascual Madoz en el área de Derecho, Ciencias Económicas y Sociales y Premio Ramón Menéndez Pidal en el área de Humanidades.

Otorgados por el Gobierno de España se entregan, cinco de ellos cada año, desde el año 2001, aunque algunos de ellos existían desde mucho antes, como por ejemplo el de Biología (1982) y el de Ingeniería (1983). La finalidad de dichos premios según reza la convocatoria es «reconocer el mérito a la labor de los investigadores españoles y su contribución al avance de la ciencia, el conocimiento del hombre y el progreso de la humanidad».

Hasta el año 2011 solo tres mujeres han sido galardonadas, en el campo de las ciencia y la tecnología: **Margarita Salas** y **María Antonia Blasco** con el de Biología en los años 1999 y 2010 respectivamente, **Maria Vallet,** con el de Ingenierías en el año 2008.

El **Premio Príncipe de Asturias a la Investigación Científica y Técnica** se concede desde 1981 y únicamente dos mujeres se han hecho merecedoras de tal distinción: la primatóloga británica **Jane Goodall** (2003), y la bioquímica estadounidense **Linda Watkins** (2010) quien lo compartió con el fisiólogo estadounidense David Julios y el genetista israelí Baruch Minke. En el año 2005 se otorgó al neurólogo Antonio Damasio, que trabaja habitualmente con su esposa **Hanna Damasio** y en el acta del jurado ni siquiera aparece mencionada.

El **Premio DuPont de la Ciencia** fue creado en 1991 bajo el auspicio del Profesor Severo Ochoa con el objeto de estimular las iniciativas que, en forma de artículos o trabajos publicados, constituyan una contribución importante al avance de la ciencia, y de sus aplicaciones en España. En el año 2002 se amplió la convocatoria a científicas y científicos de Portugal. En las 21 convocatorias que han tenido lugar desde su creación solo dos mujeres ha recibido este galardón: la médica portuguesa **María Carmo Fonseca** (2002) y química asturiana **Rosa M.ª Menéndez López** (2011).

El Premio Nacional de Arquitectura existe en España desde 1932 y aunque ha habido periodos sin convocatoria y en otras ocasiones no se ha concedido a nadie sus datos también nos permiten ver la brecha que existe a la hora de valorar el trabajo de las mujeres arquitectas españolas. Solo dos mujeres han obtenido esta distinción: **Benedeta Tagliabue** compartido con Enric Miralles, en el año 1995 y **Matilde Ucelay,** en el año 2004.

Finalmente merece una consideración aparte la presencia de las mujeres en las **Reales Academias Españolas**, el porcentaje más alto de participación se encuentra en la Real Academia de Farmacia con un 15%, seguido de la Real Academia de Historia y la Real Academia de la Lengua con 14%, la Real Academia de Ciencias Veterinarias con un 12%, mientras que en la Real Academia de Ciencias Exactas, Física y Naturales, la Real Academia de Medicina, la de Bellas Artes de San Fernando, la de Ciencias Morales y Políticas y la de Jurisprudencia y Legislación, la presencia de mujeres académicas no alcanza el 5%.

A continuación se relacionan todas los nombres de las mujeres, en el año 2012 ocupan un sillón académico o acaban de ser nombradas académicas electas:

Real Academia de Farmacia
Ana M.ª **PASCUAL-LEONE PASCUAL**
Rosa **BASANTE POL**
María **CASCALES ANGOSTO**
María **VALLET REGÍ**
María de Carmen **FRANCÉS CAUSAPÉ**
María del Carmen **AVENDAÑO LÓPEZ**
María Teresa **MIRAS PORTUGAL**
Real Academia de Historia
Carmen **IGLESIAS CANO**
Josefina **GÓMEZ MENDOZA**
Carmen **SANZ AYÁN**
Enriqueta **VILA VILAR**
Real Academia Española de la Lengua
Ana María **MATUTE AUSEJO**
Carmen **IGLESIAS CANO**
Margarita **SALAS FALGUERAS**
Soledad **PUÉRTOLAS VILLANUEVA**
Inés **FERNÁNDEZ ORDOÑEZ**
Carme **RIERA GUILERA**
Real Academia de Ciencias Veterinarias
Josefina María **ILLERA DEL PORTAL**
Ana **PÉREZ FUENTES**
María del Carmen **CUÉLLAR CARIÑANOS**
Magdalena **GÁLVEZ MORROS**
María Teresa **MIRAS PORTUGAL**
Real Academia de Ingeniería
Pilar **CARBONERO ZALDUEGUI**
Josefina **GÓMEZ MENDOZA**
María **VALLET REGÍ**
Real Academia de Medicina
María del Carmen **MAROTO VELA**
María **CASTELLANO ARROYO**
Real Academia de Ciencias Exactas, Físicas, Naturales
Margarita **SALAS FALGUERAS**
Pilar **BAYER ISANT**

Real Academia de Bellas Artes de San Fernando
Teresa **BERGANZA VARGAS** Carmen **LAFFÓN DE LA ESCOSURA**
Real Academia de Ciencias Morales y Políticas
Adela **CORTINA ORTS**
Real Academia de Jurisprudencia y Legislación
Encarnación **ROCA I TRIAS**

Para hacer frente a esta situación de desigualdad muchos países han desarrollado programas específicos tendentes a buscar el reconocimiento de la labor científica de las mujeres, uno de ellos y probablemente el más conocido es «Premios» L'Oréal-Unesco La Mujer y la Ciencia.

Desde hace 14 años, la UNESCO y la Fundación Empresarial L'Oréal apuestan por promover los trabajos realizados por científicas que contribuyen a afrontar los importantes desafíos planteados a la humanidad. Cada año, el programa «La Mujer y la Ciencia» pone de relieve la excelencia de la mujer en el quehacer científico y estimula a las científicas de talento. Desde el 1998, el Premio L'Oréal-UNESCO «La Mujer y la Ciencia» ha recompensado a 64 científicas de 30 países, dos de la cuales recibieron el Premio Nobel en 2009. Asimismo, ha concedido más de 1.200 becas nacionales, regionales u internacionales a jóvenes de 103 países para que puedan proseguir sus trabajos de investigación (http://www.loreal.com).

En Europa se presentó el informe «She Figures 2009», un estudio sobre estadísticas e indicadores de igualdad de género en Ciencia en Europa, según dicho informe las mujeres en la investigación científica seguían siendo una minoría, representando solo el 31% de los investigadores europeos en ciencia e ingeniería. Este informe también mostraba que la trayectoria profesional de mujeres y hombres en el sector de la educación superior confirmaban el techo de cristal, por el que la mayoría de las mujeres en la Universidad se encuentra en los puestos más bajos de la jerarquía. En dicho informe también se proponían medidas para intentar romper este techo de cristal, una de ellas es asegurar una representación razonable de mujeres en las comisiones de nombramientos, en los consejos de redacción y en cualquier otra posición de liderazgo significativo, con el fin de lograr una composición mixta de género y de esta forma contrarrestar el efecto de la red sexista (boys´club) determinante en el momento de la toma de decisiones de los jurados.

ACLARACIÓN DE TÉRMINOS

Muchos conceptos y términos de los que se van a utilizar a lo largo de esta obra están contaminados y enviciados por los rasgos sexistas del lenguaje y su definición androcéntrica, Es por ello que pueden inducir a error cuando se usan para definir y explicar nuevas acepciones aplicadas a términos ya existentes, nuevos términos aplicados a conceptos ya existentes o, lo que es más significativo, cuando se crean términos aplicados a estructuras profundas del lenguaje, no definidas explícitamente hasta el momento.

Por todo ello, creemos que se hace necesaria la definición de los términos que a continuación se detallan, para que a lo largo de todos los textos sepamos exactamente a qué nos referimos y al mismo tiempo se vayan extendiendo sus usos y conceptos como contribución a los objetivos generales del texto.

El término SEXO se reserva para la descripción de la diferencia biológica entre seres humanos en razón de su capacidad de reproducción y no determina necesariamente los comportamientos.

Por su parte el término GÉNERO designa lo que en cada sociedad se atribuye a cada uno de los sexos; es decir, lo que como construcción social se considera masculino o femenino.

El código de género se refiere a las formas y procesos que definen, limitan y transmiten el conjunto de modelos socialmente disponibles para que los y las jóvenes lleguen a una identificación personal en términos de hombre o mujer.

Estos códigos de género están, evidentemente, sujetos a múltiples y diversas variantes, tales como la clase social, la pertenencia a los llamados primer o tercer mundo, la religión, la raza o la época:

Así, mientras en Pakistán son los hombres quienes cosen a máquina a las puertas de sus casas, en el Estado Español esta tarea la desempeñan las mujeres y dentro de casa. Y si en las Islas Marquesas, algo tan occidentalmente «femenino» como las labores del hogar y el cuidado de los niños y niñas son propios de los hombres, entre los tasmanios, encontramos el caso opuesto, al hacer de la caza una tarea femenina.

De estos ejemplos se deduce que el código de género no es un reglamento de verdades universales, sino más bien un instrumento ideologizador que se utiliza para confirmar expectativas de comportamiento social para cada uno de los sexos, en cada época y espacio.

La adquisición de la identidad de género por parte de los sujetos se inicia desde el nacimiento y se va elaborando mediante un complejo proceso de socialización diferencial, mediante el que aprenden, imitan e interiorizan las normas que son la expresión de lo que se espera de las personas, al tiempo que marcan las expectativas de comportamientos que una sociedad contempla con relación a lo que es y debe ser lo masculino y lo femenino.

En definitiva, el género social es una construcción cultural que limita, constriñe y encorseta a las personas en un modelo dual y compartimentado. Un modelo que desde hace ya un tiempo ha sido cuestionado y puesto en entredicho desde varios ámbitos del saber. Es por eso que estamos viviendo un proceso de cambio en la concepción de los géneros ya que, cada vez más, los roles genéricos tradicionales son polivalentes y son desarrollados y asumidos por ambos sexos, y en esa medida los géneros se perfilan con mayor ambigüedad.

ROL. Este término designa, y asigna los comportamientos sociales establecidos para cada uno de los géneros. Es el conjunto de tareas y funciones derivadas de la posición o situación de una persona en un grupo social y como tal se inscribe en el campo de la actuación, como si se tratara de un papel asignado que hay que interpretar y/o representar.

Los roles sexuales son aquellos inherentes a las tareas, funciones y conductas atribuidas a un sexo como propio del mismo. Tareas y funciones distribuidas según el sexo y que están relacionadas con la reproducción y la producción humana. Los roles masculinos y femeninos se aprenden e interiorizan a través de todo tipo de instancias sociales, tales como la familia, la escuela, los medios de comunicación, la publicidad, etc.

ESTEREOTIPO. Perfil o rol, tipo de algo o de un grupo social que se convierte en modelo generalizador. Es una imagen uniformada, común a los miembros de un grupo, que no contempla ni toma en consideración las características individuales. Suele representar una opinión generalizada que se fundamenta en una idea preconcebida de las personas que lo componen y que se impone como molde o cliché.

MACHISMO. Actitud de prepotencia ideológica o de comportamiento de los varones respecto de las mujeres.

FEMINISMO. Es la toma de conciencia por la mujer de la opresión que padece. Una opresión que no sólo es económica, jurídica y social sino, sobre todo, psicológica

SEXISMO. Mecanismo por el que se concede privilegios a un sexo en detrimento de otro. En la mayor parte de los casos el sexismo se aplica al comportamiento de los hombres hacia las mujeres.

ANDROCENTRISMO. Supuesto que considere lo masculino como centro del universo, como parámetro de estudio y centro de toda investigación científica y de sus aplicaciones. Se suele referir al campo de las ciencias experimentales, teóricas y humanas.

PATRIARCADO. Es una estructura asumida tanto por los varones como por las mujeres por ser el sistema dominante en el que ambos están inmersos. Es uno de los conceptos y sistemas en los que el feminismo incide de forma más abierta y contundente.

CURRÍCULO OCULTO. Conjunto de pautas de comportamiento y mensajes ideológicos que se transmiten a través de los medios de comunicación, publicidad, etc., sin que quienes lo reciben, y en algunos casos, ni incluso quienes lo transmiten, sean conscientes de ello.

EDUCACIÓN MIXTA. La que se imparte a ambos sexos juntos en la institución educativa. En España, a lo largo de este siglo se han producido diversas alternancias de escuela mixta o segregada según el carácter progresista o conservador de los gobiernos en el poder. El modelo segregado fue el único existente durante la dictadura del General Franco y no fue hasta 1970, con la Ley General de Educación, que se refrendó la condición mixta de las escuelas. Aún así hubo que esperar hasta agosto de 1985 para que se estableciera el carácter obligatorio de la escuela mixta tanto en los centros públicos como en los centros concertados subvencionados por el Estado.

COEDUCACIÓN. Educación no androcéntrica, dentro de la escuela mixta, que busca romper con el sistema género, rol y estereotipo sexual, tanto en el currículo académico como en el oculto, para lograr que las personas en formación se socialicen e instruyan según sus aptitudes e inclinaciones. En la escuela coeducativa, el referente primordial es la persona, con una serie de capacidades y potencialidades que la educación debe desarrollar con independencia del sexo al que pertenece el alumnado.

ACCIÓN POSITIVA. Medidas encaminadas a favorecer la equiparación entre géneros. Se considera imprescindible para equilibrar desajustes históricos entre uno y otro sexo. Además de este objetivo inicial con la acción positiva se consigue también ampliar y enriquecer el espectro de elección y formación de las personas, incorporando los valores, habilidades y conocimientos adjudicados tradicionalmente a uno y otro género y rompiendo así el desequilibrio y limitaciones para varones y mujeres.

La acción positiva se acepta generalmente con gran dificultad y se contesta públicamente pues se percibe como discriminación e injusticia y parece contraponerse a los principios y modos democratizadores.

Un ejemplo de acción positiva podría ser volver a la escuela segregada; de esta forma, en una escuela sólo de chicas se podrían desarrollar los procesos de aprendizaje corrigiendo todos los elementos (currículo oculto, valores, expectativas del profesorado, lenguaje...) que impregnan de sexismo a la escuela coeducativa.

IGUALDAD DE GÉNERO es el concepto de que todos los seres humanos, tanto mujeres como hombres, son libres para desarrollar sus capacidades personales y elegir sin verse limitados por estereotipos, roles rígidos de género o prejuicios. La igualdad de género supone que los diferentes comportamientos, aspiraciones y necesidades de las mujeres y los hombres se consideren, valoren y promuevan de igual manera. Ello no significa que mujeres y hombres deban convertirse en iguales, sino que sus derechos, responsabilidades y oportunidades no dependan de si han nacido mujeres u hombres.

TECHO DE CRISTAL se denomina así a una superficie superior invisible en la carrera laboral de las mujeres, difícil de traspasar, que nos impide seguir avanzando. Su carácter de invisibilidad viene dado por el hecho de que no existen leyes ni dispositivos sociales establecidos ni códigos visibles que impongan a las mujeres semejante limitación, sino que está construido sobre la base de otros rasgos que por su invisibilidad son difíciles de detectar

MISOGINIA. Actitud de odio o desprecio a las mujeres y lo referente al mundo de las mujeres, por el solo hecho de ser mujeres.

PERSPECTIVA DE GÉNERO. Permite desarrollar conocimientos concretos sobre las situaciones de las mujeres con respecto a los hombres en el mundo. Contribuye a visualizar las relaciones de poder y subordinación de las mujeres, conocer las causas que la producen y encontrar mecanismos para superar brechas existentes, así como reconocer que existen relaciones de desigualdad y que existe opresión e injusticia en la organización genérica de las sociedades.

EQUIDAD DE GÉNERO. Significa un trato justo para mujeres y hombres, de acuerdo con sus respectivas necesidades. Esto puede incluir un trato igualitario o diferenciado. En el contexto del desarrollo, un objetivo de equidad de género a menudo requiere incorporar medidas para compensar las desventajas históricas y sociales de las mujeres. La equidad de género busca eliminar todas las barreras que impiden la igualdad de oportunidades económicas, políticas y de acceso a la educación, a los recursos y a los servicios básicos. Esta equidad no significa, de forma simplista, que en todas las actividades haya el mismo número de mujeres y hombres, o niñas y niños, ni tampoco que se deba tratar a unos y otras en forma exactamente igual; se refiere más bien a la igualdad de derechos, responsabilidades y oportunidades, con reconocimiento de las necesidades, prioridades, limitaciones y aspiraciones específicas de cada cual. Equidad es reconocer la igualdad desde la diferencia

Y para finalizar este apartado tal vez sería apropiado reflexionar sobre la utilización en toda la obra de la terminología «mujeres» frente a la más frecuente y generalizada de «mujer». De forma habitual en noticias de prensa, artículos, publicaciones, etc., encontramos títulos tales como «la mujer y la ciencia». «urbanismo y mujer». «globalización y mujer»... La razón por la que utilizaremos el término «mujeres» radica en la voluntad de evidenciar la pluralidad de la historia científica de las mujeres frente al reduccionismo que significa pensar que hay un sólo tipo de actividad científica femenina singularizada en el término «mujer».

(El empleo del término «mujer» o «mujeres» ha sufrido una evolución a lo largo del tiempo y de hecho al comienzo del movimiento feminista se utilizaba «mujer» sobre todo para manifestar la idea fundamental de discriminación en un mundo masculino).

A lo largo de todo el tema hemos hablado de la posibilidad de una nueva ciencia, y de si existe o no una forma femenina de hacer ciencia. Para decidir sobre estos temas es necesario conocer todo el bagaje intelectual de las científicas actuales y de las que nos precedieron. Con ese objetivo, a lo largo de los siguientes capítulos (naturalistas, astrónomas, matemáticas, químicas, biólogas, arquitectas, ingenieras, astronautas, etc.) intentaremos sacar a la luz su contribución científica, sus trayectorias y sus opiniones e intereses, sin olvidar su perfil humano y las dificultades que encontraron a la hora de desarrollar su trabajo.

TEMA 2

NATURALISTAS, BIÓLOGAS MOLECULARES Y BIOTECNÓLOGAS

Metamorfosis de los insectos. Maria Sibylla Merian 1726.

INTRODUCCIÓN

Los primeros conocimientos biológicos datan de la época prehistórica. Dada su condición de cazador y recolector, el ser humano primitivo debió conocer diferentes tipos de animales y plantas.

Se han encontrado testimonios escritos de que los babilonios de la época de Hamurabi, aproximadamente 1.800 años antes de la era cristiana, ya conocían la diferenciación sexual de las palmeras datileras. Los antiguos egipcios disponían, asimismo, de conocimientos sobre plantas y aceites vegetales que aplicaban a las técnicas de embalsamamiento.

En el siglo VI a.C. se produjo un salto cualitativo en los avances de todas las ramas del saber con el florecimiento de la cultura clásica. Por medio de la observación y de la deducción, los filósofos griegos intentaron acceder al conocimiento del mundo y de las leyes que lo rigen, en una actitud que constituye el origen de la ciencia occidental.

Entre los siglos V y X tuvo lugar un serio retroceso de la cultura. Exceptuando China y la India, aunque muchos de sus descubrimientos se perdieron y debieron ser redescubiertos más tarde en Occidente. Los árabes contactaron con estas culturas y con los textos clásicos grecorromanos. En el siglo XIII comenzaron a surgir las universidades, y las primeras escuelas de Medicina.

Durante el siglo XV se produjo un nuevo impulso en el estudio de la ciencia y se escribieron diversos tratados de zoología y se describieron la flora y la fauna de las más lejanas regiones. En el gran desarrollo de la botánica influyó en buena medida la confección de herbarios, a los que se incorporaban las plantas aportadas por viajeros o expediciones científicas.

A principios del siglo XVI, la exploración y colonización europea se dio rápidamente, aumentando significativamente las colecciones de plantas y animales. Los investigadores tuvieron que especializarse en campos más limitados, los primeros fueron la botánica y la zoología. Por necesidades específicas, nacieron otras ramas derivadas de ellas, como la taxonomía, que estudia la forma de clasificar a los seres vivos.

Desde la Antigüedad hasta el siglo XVIII, la ciencia de los seres vivos se limitó a la descripción de sus diversas partes visibles, a su clasificación y al estudio, bastante superficial, de su «funcionamiento», y trazó una frontera tosca entre los animales y los vegetales.

Entre los siglos XVII y XIX recibían el nombre de naturalistas las personas que realizaban estudios sobre ciencias naturales o historia natural, Las mujeres y hombres naturalistas poseían conocimientos simultáneos en áreas como la botánica, la zoología, la medicina, la geología, la geografía y la oceanografía.

El siglo XIX fue un siglo fascinante para la ciencia de la biología. No solo se plantean las dos grandes teorías de la biología actual: la teoría evolutiva de Darwin y la teoría celular, sino que, significó el comienzo de la genética gracias a los trabajos pioneros de Mendel, diversos biólogos prestaron especial atención a seres microscópicos llamados bacterias, iniciándose la microbiología, nace la bioquímica, se define la ecología y se esbozan las primeras ideas sobre el origen de la vida. Es en este siglo cuando Lamarck y Treviranus introducen el término biología que reemplazará a la expresión historia natural por ser ésta poco concreta.

En el siglo XX, el empleo de instrumentos avanzados como el microscopio electrónico y de métodos de análisis químico y físico de creciente sensibilidad y exactitud dio lugar a que la investigación biológica alcanzara el nivel molecular y se establecieron las bases de la genética molecular. El descubrimiento de la estructura molecular del ADN marcó el inicio de una nueva revolución científica. Tan solo 25 años más tarde se podía ya reproducir en el laboratorio los procesos que suceden de forma natural en las células y modificarlos de manera artificial: había nacido la ingeniería genética. En unas pocas décadas, la manipulación del ADN ha originado un gran número de aplicaciones, es decir, el desarrollo de la biotecnología ha irrumpido en nuestra vida cotidiana.

A continuación se presentarán algunas de las aportaciones que las mujeres han realizado a lo largo de la historia de las ciencias naturales y la biología.

NATURALISTAS

Martine de Bertereau, Baronesa De Beausoleil (1578-1642). Considerada la primera mujer geóloga por sus investigaciones sobre yacimientos minerales.

Su pertenencia a una familia acomodada le permitió recibir una cuidada educación sobre matemáticas, alquimia, química, mecánica e hidráulica, además de dominar varios idiomas.

Martine de Bertereau se casó con el ingeniero belga Jean du Châtelet, Barón de Beausoleil en 1610 especialista en mineralogía, que había recorrido las minas de media Europa, antes de recalar en Francia. Acompañó a su marido en sus viajes a numerosos países de Europa central, Suecia, Escocia, las Guayanas y Bolivia investigando los recursos del subsuelo, yacimientos y explotaciones de minerales. Utilizando para ello fundamentos de radiestesia y empleando varillas adivinatorias, el gran compás, la brújula de siete ángulos, el astrolabio, etc.

En 1626 la pareja regresó a Francia, donde muchas minas, conocidas desde la antigüedad y explotadas durante todo el medioevo, habían dejado de ser rentables o bien se habían abandonado. La tarea de los Beausoleil consistía en reabrir las minas que estuviesen en situación de volverse a explotar y localizar nuevos yacimientos, con el fin de mejorar las finanzas de la monarquía.

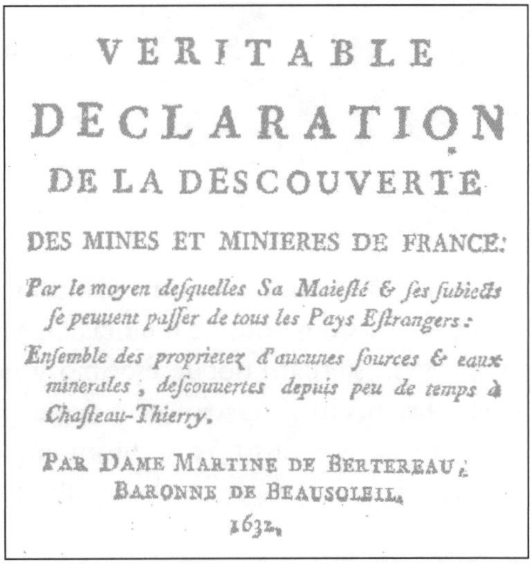
VERITABLE
DECLARATION
DE LA DESCOUVERTE
DES MINES ET MINIERES DE FRANCE:
Par le moyen deſquelles Sa Maieſté & ſes ſubiects ſe peuuent paſſer de tous les Pays Eſtrangers:
Enſemble des proprietez d'aucunes ſources & eaux minerales, deſcouuertes depuis peu de temps à Chaſteau-Thierry.
PAR DAME MARTINE DE BERTEREAU, BARONNE DE BEAUSOLEIL.
1632.

Martine publicó entre 1620 y 1640, varias obras sobre metalurgia, tipo de minas, fundiciones y métodos científicos de localización de yacimientos. Tras el saqueo sufrido en su casa de Morlaix y las acusaciones de brujería a que estaban sometidos por los métodos que utilizaban para la localización de los yacimientos mineros decidieron abandonar Francia y trasladarse a Alemania.

El matrimonio regresó a Francia en 1632 pero el acoso y críticas que habían recibido no cesaron. Siguieron investigando durante seis años en condiciones poco favorables lo que animó a Martine de Beausoleil a escribir la *Restitución de Plutón* (1640) dirigido al cardenal Richelieu, en el que le contaba toda su vida, sus logros y sus proyectos y solicitaba ayuda para continuar su trabajo.

Richelieu utilizó el tratado de Beausoleil para acusar al matrimonio de brujería y encarcelarlos por separado. A Jean de Châtelet lo confinó en la Bastilla, donde pasaría el resto de sus días hasta su muerte en 1645, y Martine de Bertereau fue encarcelada en Vincennes junto a una de sus hijas.

En la actualidad el matrimonio Beausoleil está considerado como los mejores descubridores de minas del mundo.

María Sibylla Merian (1647-1717). Nació en Frankfurt y desde niña aprendió a dibujar y a pintar y se aficionó a observar las mariposas y las flores. Se casó a los 18 años y tuvo dos hijas y se dedicó con mucho entusiasmo a publicar libros con sus dibujos y grabados sobre animales y plantas: *Metamorphosis fantásticas y Alimentación especial de las orugas.* Después de divorciarse, se trasladó a vivir a Ámsterdam y allí tuvo la oportunidad de ver y estudiar colecciones de animales procedentes de las colonias holandesas. Siguió trabajando en sus observaciones y dibujos sobre la naturaleza y a los 52 años decidió emprender la gran aventura, muy criticada en esa época, de viajar acompañada por una de sus hijas a Surinam en Suramérica para observar, estudiar y coleccionar insectos, con tanta suerte que encontró plantas y mariposas desconocidas para la ciencia de la época. Tras dos años de estancia en Surinam enfermó de malaria y tuvo que regresar a Ámsterdam donde escribió y publicó *Metamorphosis insectorum Surinamensium* sobre sus investigaciones en aquel país y continuó su trabajo como naturalista hasta su muerte. Sus textos entomológicos fueron fundamentales durante años y resultaron decisivos para el desarrollo de los métodos de clasificación biológica.

Anna Blackburne (1726-1793). Nació en Oxford (Gran Bretaña) se dedicó a la entomología influenciada por su padre, uno de los grandes estudiosos, de la historia natural de la época. Continúo los estudios de su padre, llegando a completar colecciones de insectos, con la ayuda de su hermano Ashton, que le traía especies, de Estados Unidos, muchas de ellas, sin estudiar, o muy poco conocidas.

Anna Blackburne dedicó su vida al museo Orford Hall, y llego a mantener correspondencia, con Carlos Linneo, al que le enviaba, especímenes de pájaros, insectos, que no se encontraba descritos para la ciencia. La comunidad científica puso su nombre a un género de plantas, a la que denominó Blackburnia, y a un pájaro, al que le llamaron, Blackburnian Warbler (*Dendroica fusca*).

Etheldred Anna Maria Benett (1776-1845). Nació en Tisbury (Inglaterra). Su interés por la historia natural surgió a raíz del matrimonio de su hermano con Lucy Lambert, que era hermana de Aylmer Bourke Lambert, miembro fundador de la Linnean Society y miembro también de la Sociedad Geológica de Londres. Aylmer Bourke Lambert era también un gran coleccionista de fósiles y un entusiasta de los descubrimientos en estratigrafía de William Smith, en los que introdujo a Etheldred.

Dedicó la mayor parte de su tiempo a sus investigaciones científicas y a coleccionar fósiles, de los que llegó a reunir una gran colección, que en 1813 fue reconocida por su importancia científica al aparecer en las ilustraciones del *Mineral Conchology of Great Britain* de Sowerby. Era muy cuidadosa y precisa en su trabajo y en 1816 Soweby, sin pedirle permiso, publicó una descripción estrato por estrato de la mina *Upper Chicksgrove* (Tisbury), que ella le había enviado. Fue una de las primeras descripciones de estas características e imitada posteriormente.

En 1831 elaboró un catálogo estratigráfico de la clasificación de su extensa colección, que apareció publicado en la *Historia de la moderna* Wiltshire de Sir Richard Colt Hoare. En ese mismo año hizo una reedición separada, con alguna revisión, del *Catálogo de los Restos Orgánicos del Condado de Wilts*. Este catálogo fue muy reputado en aquel tiempo y contenía un importante número de nuevos taxones que fue la primera en ilustrar.

Anna Atkins (1799-1871). Nació en Tonbridge (Inglaterra). Su padre era científico e influyó de forma decisiva en la educación científica y en la afición a la botánica de Anna. A los 20 años ilustró la traducción que su padre había hecho de la obra de Jean-Baptiste Lamarck *Genera of Shells*. Conoció a Sir John Hershel inventor del proceso de la cianotipia y aplicó este proceso en su trabajo para no tener que dibujar las especies que estudiaba. Autoeditó 12 ejemplares del primer libro de botánica ilustrado con fotografías: *British Algae: Cyanotype Impressions.*, un ejemplar del mismo se conserva aún en el Nacional Media Museum en Bradford (Inglaterra). Continúo publicando otras entregas de la serie *British Algae* y otras obras como *Cianotipias de las Plantas con Flores y Helechos Británicos y Extranjeros.* En 1839 entró a formar parte de la Sociedad Botánica de Londres, una de las primeras organizaciones científicas que admitió a las mujeres.

Mary Anning (1799-1847). Nació en la localidad costera de Lyme Regis, en Dorset, al sur de Inglaterra. Su padre era carpintero y pescador, fue él quien le inculcó desde bien pequeña la afición por los fósiles, muy abundantes en los acantilados próximos a su casa. Tuvo una infancia difícil y a los once años cuando falleció su padre siguió recolectando fósiles para venderlos a turistas y de ese modo poder aportar algo a la economía familiar. Primero los vendía en un puesto en el mercado y posteriormente pudo montar una pequeña tienda, con un gran escaparate en el que exhibía sus exóticos fósiles. La tienda fue visitada por los grandes científicos de la época que adquirían ejemplares para los diferentes Museos de Francia, Alemania, Inglaterra.

Con doce años su hermano Joseph encontró en la playa a 60 centímetros de profundidad un fósil. Mary Anning ayudándose de su martillo extrajo lo que era una vértebra de 8 cms de ancho junto a varias costillas. Al proseguir la excavación descubrió una columna vertebral compuesta por 60 vértebras pertenecientes a un animal de 5 metros y provisto de una gran cola. Con la venta de ese esqueleto pudieron alimentarse durante seis meses. Al cabo de los años se supo que lo que ella había encontrado era el primer esqueleto de *Ictiosaurus* conocido. Nunca se mencionó el nombre de Mary Anning cuando el esqueleto fue expuesto en el Museo de Londres.

Mary encontró más esqueletos de ictiosaurios y un esqueleto de un nuevo tipo de reptil marino del género *Plesiosaurus.* En los escritos de presentación de estos fósiles nunca se mencionó la participación de Mary Anning en su hallazgo y posterior descripción. También descubrió el primer fósil británico de reptil volador *Pterodactylus macronyx*, el primer fósil del pez *Squaloraja* y el *Plesiosaurus macrocephalus.* Sus hallazgos paleontológicos también se extendieron a los ammonites, belemnites y coprolitos.

Aunque fue considerada una intrusa, personajes como Auckland, Owen, Lyell o Darwin visitaron, compraron y mantuvieron correspondencia con ella, valorando sus opiniones como las de una insigne paleontóloga autodidacta. Murió a los 47 años, de cáncer de mama. Tras su muerte la Sociedad Geológica de Londres, le dedicó un homenaje cosa que nunca antes se le había hecho a alguien ajeno a la propia sociedad, y menos aún a una mujer. Otro ejemplo de reconocimiento se encuentra en la iglesia de San Miguel Arcángel, en Lyme Regis, donde existe una vidriera realizada en honor de la paleontóloga, en la que se lee la siguiente dedicatoria:

> «Esta ventana está consagrada a la memoria de Mary Anning, de esta parroquia, que murió el 9 de marzo de 1847, y fue erigida por el Vicario de Lyme y algunos de los miembros de la Sociedad Geológica de Londres, en conmemoración de su servicios en la promoción de la geología, así como de su bondad de corazón y de la integridad de su vida».

El famoso escritor Charles Dickens le dedicó un artículo en una de las revistas en las que escribía, recordando las grandes dificultades por las que pasó esta pionera y experta de la paleontología.

Anna Worsley (1807-1876) Botánica inglesa, que participó activamente escribiendo artículos para diferentes revistas científicas del país. Sus conocimientos de botánica eran excepcionales y una gran conocedora de la flora Inglaterra. En 1835 escribió una lista de plantas con flores de la zona de Bristol en la *New Botanist's Guide* de Watson. Dos años más tarde participó, como coautora, de un catálogo de plantas de la zona de Newbury. Entre sus obras también destaca «Anecdotes of bats flying by day-light en Zoologist» (1843) y también envió materiales de estudio a *Phytologist*. A pesar de todo este trabajo, actualmente es conocida, principalmente por sus grabados de hongos (más de 700 diferentes), conservados en el Museo Británico pero fue una de las botánicas más importantes de su época.

Elizabeth Gertrude Knight Britton (1822-1934). Nació en New York y creció en Matanzas (Cuba), donde su familia tenía una plantación de azúcar. En 1875 se graduó en la Escuela Normal donde trabajó durante diez años como profesora y tutora de ciencias naturales, iniciándose en el estudio de la botánica y especializándose en el conocimiento de los musgos. Diez años después se casó con, el geólogo de la Universidad de Columbia, Nathaniel Lord Britton y ambos empezaron a trabajar conjuntamente realizando varios viajes para recolectar ejemplares vegetales a las Indias Occidentales.

Elizabeth Knight Britton publicó su primer artículo científico en el Boletín del Torrey Botanical Club, sociedad a la que pertenecía y llegó a ser editora. Fue la única mujer nominada para ser una de las 25 personas fundadoras de la Botanical Society of America. Se incorporó a la Universidad de Columbia como conservadora oficial del herbario de musgos y jugó un papel decisivo en la compra de la colección de musgos del suizo August Jaeger.

Realizó un viaje a Gran Bretaña para conocer las colecciones botánicas del jardín Botánico de Kew y se inspiró para crear, junto a su marido, el Jardín Botánico de New York, del que Nathaniel Britton fue su primer director.

En 1902 Elizabeth fue fundadora y posteriormente secretaria y tesorera de la Sociedad de Conservación de Flores Silvestres de América. A través de la sociedad y de diversas publicaciones lideró movimientos que lograron salvar numerosas especies de flores silvestres en peligro de extinción en todo el país. Desde 1916 a 1919 fue presidenta de la Sociedad Sullivant de Musgos, que posteriormente se convertiría en la American Bryological Society.

Escribió 346 artículos científicos, 170 de los cuales trataron sobre la conservación de musgos, helechos y flores silvestres. Existen quince especies (helechos y orquídeas), y un género de briófitas que llevan su nombre.

Dame María Matilde Ogilvie Gordon (1864-1939). Geóloga escocesa. Estudió en Edimburgo hasta los 18 años y al terminar decidió trasladarse a Londres y compaginar sus estudios de música en la Royal Academy con los de geología, botánica y zoología en el University College.

En 1891 se trasladó a Alemania e intentó sin éxito matricularse en la Universidad de Berlín, que en aquella época no admitía a las mujeres en sus aulas pero si lo consiguió en la Universidad de Munich, donde se dedicó al estudio de la geología del Tirol y los Alpes Dolomitas. Fue la primera mujer en obtener un doctorado tanto en Gran Bretaña en el año 1893 como en Alemania en 1900.

Se casó con el Dr. John Gordon y tuvo tres hijos, su marido le acompañaba en muchas ocasiones en sus salidas de campo. Continuó investigando la geología de los Dolomitas y fruto de ellos son numerosas publicaciones. En 1932 fue galardonada con la Medalla de Lyell de la Sociedad Geológica de Londres.

Después de la muerte de su marido se trasladó a Londres y se convirtió en un miembro activo del partido Liberal. Fue presidenta del Consejo Nacional de Mujeres de Gran Bretaña e Irlanda.

En el año 2000 un género de helechos fósiles descubierto en sedimentos del Triásico de los Dolomitas fue clasificado como *Gordonopteris lorigae,* en su honor y como reconocimiento por todo su trabajo.

Anne Eleanor Ormerod (1828-1901). Entomóloga inglesa. Nació en Glouscestershire en el seno de una familia de naturalistas, desde pequeña tuvo una formación autodidacta, en la hacienda de su padre donde empezó a interesarse por el mundo de los insectos.

Se dedicó principalmente al estudio de los métodos para prevenir los daños causados por los insectos perjudiciales. Escribió y publicó folletos que distribuía gratuitamente, sobre plagas de insectos y cómo combatirlos, utilizando sustancias químicas tales como el queroseno, aceite, agua y jabón, así como métodos manuales: la quema y la poda de las partes afectadas. Colaboró con la Royal Sociedad Horticultora y sus informes fueron premiados en 1870 con la Medalla de Flora de la Sociedad.

En 1881 publicó su *Manual de insectos perjudiciales, con los métodos de prevención y reparación,* en 1877 *Observación de insectos perjudiciales* y en 1898 *Manual de insectos perjudiciales para la huerta y arbustos frutales, con los medios de prevención y remedio.*

Durante diez años, desde 1882 a 1892, fue consultora entomóloga de la Real Sociedad Agrícola. Impartió conferencias durante varios años sobre los aspectos científicos de entomología en el Colegio Real de Agricultura.

Su fama no se limitó a Inglaterra sino que también recibió distinciones de la Universidad de Moscú y de la Sociedad Nacional de Aclimatación de Francia.

En 1898 fue recomendada para una cátedra de Entomología Agrícola, de nueva creación, en la Universidad de Edimburgo, que no pudo ocuparla ya que en esa época las mujeres no podían acceder a una cátedra. En 1900 recibió de dicha universidad el doctorado honoris causa convirtiéndose en la primera mujer en obtener esta distinción.

Marianne North (1830-1890). Conocida artista, botánica y viajera que gracias a sus numerosos viajes por el mundo, como Canadá, Jamaica o Estados Unidos, estudió y describió numerosas especies, hasta entonces desconocidas para la ciencia. Su familia era intima amiga de Charles Darwin, y fue él, una de las razones, por las que Marianne North decidió irse a estudiar las plantas de otros países lejanos. Fruto de sus numerosos viajes fueron 832 pinturas sobre la flora autóctona de los países visitados. También viajó a Tenerife en donde amplió su colección con 29 obras más basadas en la flora de la isla. El Real Jardín Botánico de Kew alberga en una de sus alas parte de la colección de Marianne North.

En honor de esta botánica inglesa varias plantas fueron bautizadas con su apellido: *Areca northiana, Crinum northianum, Kniphofia northiana, Nepenthes northiana y Northea seychellana.*

Martha Maxwell (1831-1881). Naturalista autodidacta. Nació en Pensilvana (EE UU), se educó en el medio oeste y en 1860 viajó junto a su esposo a Colorado con la primera ola de la Fiebre del Oro.

Se considera una renovadora de la taxidermia ya que su forma de trabajo cambió para siempre la apariencia de los museos de historia natural. Su sistema para mostrar los animales de Colorado, en la Exposición del Centenario de Filadelfia fue muy novedoso y cambió las ideas que existían sobre el trabajo de las mujeres taxidermistas.

Fruto de su trabajo en Colorado fue el descubrimiento de una nueva subespecie de búho, que lleva su nombre: *Otus asio maxwelliae*, así como un gran número de otros animales desconocidos para la ciencia.

Blanca Catalan de Ocón (1860-1904). Nació en Calatayud (Zaragoza) aunque pasó grandes temporadas en Valdecabriel (Teruel). Recibió una cuidada educación en el seno familiar, sobre todo por parte de su madre educada en Suiza, que le inculcó el amor por la naturaleza y le enseñó a recolectar y a preparar herbarios. Fue en su juventud cuando se dedicó a recoger ejemplares de plantas que clasificaba ayudándose con las claves de la *Nouvelle Flore Française.* Su trabajo como botánica estuvo influido por el presbítero y naturalista Bernardo Zapater, miembro fundador de la Sociedad Española de Historia y por el botánico Mauricio Willkomin, quien recogió en su obra *Prodromus de la Flora Española* muchas referencias de ejemplares recolectados por Blanca. Entre las plantas recolectadas algunas resultaron ser nuevas especies y Willkomin le dedicó, una de ellas, *Saxifraga blanca*, convirtiéndose en la primera botánica española que inmortalizó su nombre en la nomenclatura científica universal.

Realizó dos herbarios: Herbario de botánica de plantas raras de Valdecabriel y Herbario del Valle de Osan, la contraportada de ambos fueron decorados con paisajes de su esposo Enrique Ruiz del Castillo.

Clotilde Catalan de Ocón (1863-1946). Hermana de Blanca, en este caso la influencia materna la motivó para dedicarse al estudio y recolección de insectos. Notable coleccionista, las largas temporadas que pasaba la familia en Valdecabriel las aprovechó para formar una interesante colección de lepidópteros que, con la ayuda del prelado Bernardo Zapater y de libros técnicos, fue poco a poco clasificando. Una parte de esta colección fue publicada en Miscelánea Turolense en 1894, bajo el epígrafe de Fauna entomológica turolense.

Florence Bascom (1862-1945). Fue la primera mujer geóloga estadounidense dedicada a esta profesión en su país e inventora de la técnica de análisis microscópico de las rocas. Venció grandes dificultades para poder estudiar y cuando se le permitió tuvo que asistir a clase ocultada por una pantalla en una esquina del aula para no perturbar a los alumnos masculinos. Obtuvo dos títulos universitarios en Artes y Letras, en 1882 y en Ciencias en 1884. Se doctoró en la Universidad Johns Hopkins en 1893, siendo la segunda mujer estadounidense en conseguirlo. **Mary Emilee Holmes** (1850-1906) fue la primera.

Enseñó durante dos años en la Universidad Estatal de Ohio antes de comenzar su carrera docente en el Bryn Mawr College donde creó el Departamento de Geología que se convirtió en el lugar de formación más importante para las estudiantes de Geología. En 1937, un total de once mujeres pertenecían a la Sociedad Americana de Geología, ocho de ellas habían estudiado en la Universidad Bryn Mawr.

Era experta en cristalografía, mineralogía y petrografía, se interesó por la formación de las montañas, especialmente la cordillera de los Apelaches. Uno de sus principales logros fue demostrar petrográficamente que rocas consideradas sedimentarias eran en realidad flujos de lava.

Fue una mujer pionera en muchos campos, a parte de sus logros en los estudios fue la primera mujer contratada por el Servicio Geológico de EE UU en 1896, la primera mujer en presentar un artículo ante la Sociedad Geológica de Washington en 1901, y también la primera en ser elegida como miembro de la Sociedad Geológica de Washington en 1924. Publicó más de cuarenta artículos científicos y le dio su apellido a un cráter de Venus. En 1985 fue bautizado con su nombre el asteroide 6084 Bascom.

Después de retirarse de Bryn Mawr College, regresó a su ciudad natal de Williamstow, donde murió en 1945 de una hemorragia cerebral.

Ynes Mexia (1870-1938). Botánica y exploradora. Hay dudas sobre su lugar de nacimiento, aunque si se conoce que vivió en Texas, Filadelfia y Ciudad de México. Su dedicación a la botánica fue tardía, primero desarrollo su actividad profesional como trabajadora social pero a los 51 años entró en la Universidad de California y empezó a estudiar Botánica.

En 1925 acompañó a una expedición a México para recolectar ejemplares de plantas. Al año siguiente regresó sola a los estados occidentales de México para continuar con su trabajo como recolectora. Posteriormente recogió muestras en Alaska, Brasil, Perú, Ecuador, Argentina, Bolivia y México. Consiguió formar una colección de más de 150.000 ejemplares y descubrió 500 nuevas especies de plantas sobre todo espermatofitas, muchas de las cuales llevan su nombre.

Fue miembro de la Sociedad Botánica de California, de la Academia de Ciencias de California y de la Sociedad Geográfica de Lima.

Johanna Westerdüjk (1883-1961). Botánica y fitopatóloga holandesa. Nació en Ámsterdam, donde empezó a estudiar a los diez y siete años asistiendo, tras vencer la prohibición que tenían las mujeres, a las clases del profesor Hugo de Vries, se graduó en Zurich. Su trabajo de investigación versó sobre enfermedades vegetales y también formó una gran colección de hongos con más de 11.000 especies.

Entre 1907 y 1952 fue directora del Instituto de Fitopatología Willie Commelius Scholtes. En 1917 fue nombrada profesora de Patología Vegetal en la Universidad de Utrech siendo la primera mujer profesora en los Países Bajos. En 1930 consiguió una cátedra extraordinaria en la Universidad de Ámsterdam. Fue una excelente profesora, la primera promoción de alumnas y alumnos de Johanna data de 1922 y la 56 y la última en 1952. Una de sus alumnas fue la botánica **Marie Beatrice Schwarz** (1898-1969) que descubrió el hongo que produce la grafiosis o enfermedad del olmo, tema en el que trabajaba Johanna.

Participó activamente en la Asociación Holandesa de Mujeres Académicas y de la Federación Internacional de Mujeres Universitarias.

Su actividad profesional fue reconocida al ser nombrada miembro de la Real Academia Holandesa de Ciencias y los doctorados honoris causa de Uppsala (Suecia) y Giessen (Alemania).

Inge Lehmann (1888-1993). Sismóloga danesa. Nació en Osterbro y se educó en la primera escuela mixta de Dinamarca donde las niñas y los niños recibían las mismas enseñanzas. Esto le proporcionó una educación más completa que la que tenían las mujeres en aquella época y que influyó de forma definitiva en su proyecto de vida.

Estudió Matemáticas en la Universidad de Copenhague en los años 1907-1910, donde se graduó en 1920. Empezó a estudiar Geodesia en 1925 y obtuvo su segunda licenciatura en 1928. Amplió su formación académica en Francia, Bélgica, Holanda y Alemania. Fue la primera jefa del Departamento de Sismología en el Real Instituto Geodésico danés, ocupando dicho cargo hasta 1953.

Se dedicó al estudio de la estructura terrestre y en 1936 publicó un artículo en el que describía una nueva discontinuidad en la estructura de la tierra entre el núcleo externo y el interno, que actualmente se conoce como discontinuidad de Wiechert-Lehmann.

En 1964 Inge Lehmann recibió la medalla Wiechert concedida por el Deustsche Geophysikalische Gesellschaft y en 1971 la medalla William Bovie, la máxima distinción de la Unión Geofísica Americana por sus descubrimientos fundamentales en el campo de la geofísica.

Su contribución al conocimiento de la geofísica ha sido reconocido por la comunidad científica: en 1995 se estableció la medalla Lehmann, que otorga cada dos años la Unión Geofísica Americana a científicos que destacan por sus contribuciones sobresalientes al entendimiento de la estructura, composición y dinámica del manto y el núcleo terrestre. Además un cráter de Venus y el asteroide 5632 llevan su nombre.

Rachel Carson (1907-1964). Nació en una pequeña granja familiar en Springdale, Pensilvania. Fue a la escuela de su pueblo natal y continuo sus estudios superiores en el Colegio de Pensilvania para la Mujer (actualmente Chuman College) y posteriormente en la Universidad Johns Hopkins, donde se graduó en Zoología, en 1929.

Aunque se proponía realizar el doctorado tuvo que abandonar por razones familiares y empezó a trabajar en la Agencia de Estados Unidos de Pesca y Vida Silvestre para escribir una serie de artículos de divulgación sobre la vida marina. Una vez finalizada la Segunda Guerra Mundial se convirtió en la bióloga principal de la Agencia, puesto que ocupó durante tres años y que abandonó para dedicarse a escribir a tiempo completo. En 1951 apareció su libro *The Sea Around* que permaneció en la lista de best sellers del New York Times durante 86 semanas. Esta obra ganó el Premio Nacional del Libro y la Medalla de Burroughs y sirvió de base para la realización de un documental que ganó un oscar en 1953 aunque Rachel nunca estuvo de acuerdo con el guión definitivo del documental.

Tras alcanzar la independencia económica a través de la literatura abandonó su puesto de trabajo y se trasladó primero a Maine, y posteriormente al campo de Maryland. Allí observó los devastadores efectos de los pesticidas, especialmente, el DDT, sobre la vida silvestre y le sirvió para empezar a elaborar su obra más influyente *Silent spring*, que publicó cuatro años más tarde y que fue motivo de muchas controversias. Esta obra tuvo un importante impacto en la conciencia de la gente y por ello Rachel Carson ha sido considerada la precursora del movimiento ecologista.

Antes de morir, había enfermado de cáncer de mama, pidió que se leyera sobre su tumba un texto que ella había escrito: «Porque todo, por fin, retorna al mar, como la corriente en eterno fluir del tiempo, el principio y el fin».

Ángeles Alvariño González (1916-2005). Oceanógrafa, nacida en El Ferrol, donde curso las primeras enseñanzas y después estudio bachillerato de ciencias y letras en la Universidad de Santiago. En 1934 inició sus estudios de Ciencias Naturales en la Universidad de Madrid que tuvo que interrumpir al iniciarse la Guerra Civil, durante este periodo estudio idiomas: francés e inglés. Al acabar la guerra retomó sus estudios, que finalizó en 1941. Un año antes se había casado con un oficial de la marina española con quien tuvo una hija.

Hasta su traslado a Madrid en 1948, impartió clases de ciencias naturales en varios colegios ferrolanos. Una vez instalada en la capital intentó trabajar en el

Instituto Español de Oceanografía que al pertenecía a la Armada y tenía prohibida la incorporación de mujeres pero gracias a sus excelentes calificaciones consiguió su entrada y obtuvo una plaza en el Instituto Oceanográfico de Vigo. En 1953 obtuvo una beca del British Council en Plymouth (Inglaterra) para estudiar el zooplancton y se convirtió en la primera mujer a bordo de un barco británico de investigación en calidad de científica. Posteriormente participó en varias campañas de investigación en el Atlántico y Pacífico a bordo de buques oceanográficos de Inglaterra, Estados Unidos, España y México.

En 1956 obtuvo una beca Fulbright para trabajar en el Instituto Oceanográfico Woods Hole, en Massachussets (EE UU), desde entonces su vida estuvo ligada a la nación americana, donde se jubiló en 1987 y falleció en el año 2005.

Además de su labor como investigadora también ejerció como docente en la Universidad Autónoma de México y en la de San Diego (EE UU).

Describió 22 especies marinas y sus trabajos fueron publicados en revistas científicas americanas de gran prestigio. A partir de 1993 se retiró como científica emérita y siguió publicando los resultados de sus investigaciones y dirigió su interés a la historia de las expediciones científicas sobre todo a la primera expedición científica de Malaspina y Bustamante, cuyos resultados publicó en el año 2002.

Su labor científica ha recibido el reconocimiento de numerosas instituciones universitarias, en su honor dos especies del plancton *Aidanosagitta alvarinoae* y *Lisia alvarinoae* llevan su nombre y desde febrero de 2012 existe un buque oceanográfico español llamado Ángeles Alvariño.

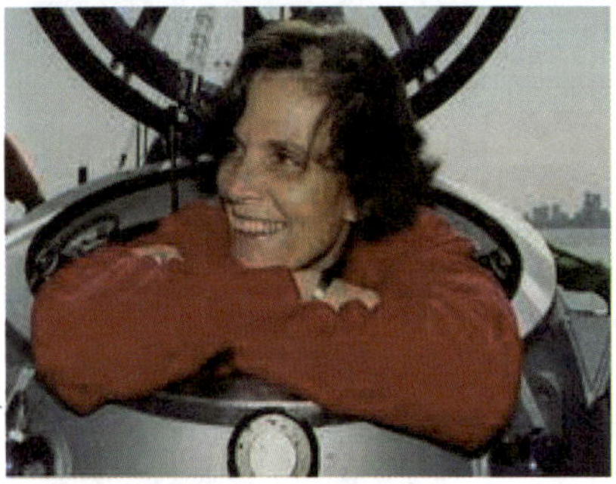

Sylvia Earle (1935). Nacida en Gibbstown (New Jersey), es considerada una de las grandes leyendas vivas dentro de la exploración submarina. En este mundillo se la conoce con el sobrenombre de «La señora de las profundidades», un apodo que se ha ganado a pulso porque es la persona que más metros ha descendido en una inmersión acuática, con un equipo autónomo y sin ayuda de la superficie.

Oceanógrafa y pionera de la investigación de los fondos oceánicos. Se enamoró del mar durante los periodos de vacaciones que pasaba de niña con su familia en la costa de Nueva Jersey. Ha liderado más de 50 exploraciones submarinas, en 1970 dirigió el primer equipo de mujeres submarinistas y ostenta el récord de inmersión de profundidad en solitario (1000 metros). Ha dirigido la Agencia Estadounidense de Atmósfera y Océanos y es exploradora de la National Geographic Society.

Actualmente sus esfuerzos se centran en lograr una moratoria sobre la pesca de arrastre en las profundidades marinas: «Estamos matando el océano con lo que sacamos y con lo que metemos. Somos el peor depredador del planeta. No podemos cogerlo todo. Ahora hay que parar...», palabras recogidas de una entrevista a el periódico *El País*, en 2008. Ha visitado España en varias ocasiones, una de ellas para recoger el premio Internacional otorgado por la Sociedad Geográfica Española, por toda una vida dedicada a la exploración e investigación de los fondos marinos, así como por su tarea conservacionista.

En 2009 ganó el premio TED (Tecnología, Entretenimiento y Diseño) empleando el importe de dicho premio en la puesta en marcha de la MISION AZUL para curar y proteger los océanos de la tierra a través de la creación y gestión de áreas marinas protegidas, llamadas puntos de esperanza.

Josefina Castellvi I Piulachs (1935). Oceanógrafa española, especialista en microbiología marina. Nació en Barcelona y estudio en la Universidad de Barcelona donde se doctoró en el año 1969. Profesora de investigación del Consejo Superior de Investigaciones Científicas, desde 1960 trabaja en el Institut de Ciències del Mar, del que ha sido directora (1994-1995) y aunque jubilada, continúa vinculada a la difusión y estudio de la investigación.

Ha realizado 36 campañas oceanográficas, de las que ocho fueron a la Antártida. En la primera expedición a dicho continente participaron además de ella, Antoni Ballester y **Marta Estrada**. A partir de 1984 Josefina colaboró en la organización de la investigación científica en dicho continente, que culminó en 1988 con la instalación de la base antártica española Juan Carlos I en la isla Livingston. Fue jefa de la base durante cinco campañas (1989-1993). Gracias a su gestión España fue aceptada como miembro consultivo del Tratado Antártico.

Josefina Castellví ha escrito libros, entre ellos *Yo he vivido en la Antártida*, ha publicado más de 70 artículos en las más prestigiosas publicaciones científicas, ha impartido clases en la universidad, ha dado conferencias y presidido diversos comités y comisiones internacionales relacionadas con los océanos y la Antártida.

Ha recibido numerosos premios en reconocimiento a su extraordinaria carrera: Premio Nacional de la Sociedad Geográfica Española (1998), Cruz de Sant Jordi de la Generalitat de Cataluña (2003) y Gran Cruz de Alfonso X el Sabio (2007), Encomienda al Mérito Civil (2002.), Premio de Medio Ambiente de la Compañía Nacional Suiza (2003), Premi de Medi Ambient de l'Institut d'Estudis Catalans (2006).

Marta Estrada Miyares (1946). Nació en Granollers (Barcelona). En 1968 obtuvo la licenciatura de Biología y dos años más tarde la de Medicina y Cirugía. Y en 1976 se doctoró en Biología por la Universidad de Barcelona.

Desde 1984 es profesora de investigación del CSIC y trabaja en el Institut de le Ciències del Mar, del que fue directora desde 1995 a 1997. Actualmente es directora del Departamento de Biología Marina y Oceanografía del mismo instituto. Su investigación está centrada en la ecología del fitoplancton y su interacción en el ecosistema global marino. Ha dirigido proyectos de exploración en el Mediterráneo y en la Antártida.

Ha publicado numeroso trabajos científicos y su labor ha sido reconocida con el premio Tregouboff de la Academia de Ciencias de París (1992), el Premio Narcis Munturiol al mérito científico y tecnológico (1995) y es académica de la Real Academia de las Ciencias y las Artes de Barcelona.

Dian Fossey (1932-1985). Nació en San Francisco (EE UU). Se graduó en el San José State College en Terapia Ocupacional. Consiguió trabajo en el Korsair Children´s Hospital dedicándose a tratar con criaturas con discapacidad psíquica. Ahorró durante mucho tiempo para poder financiarse su primer viaje a África que realizó en 1963. Tras contactar con el paleontólogo Louis Leackey decidió iniciar el estudio de los gorilas de montaña.

En 1967, Fossey se instaló en Zaire y luego en el Congo para estudiar a fondo el comportamiento de los gorilas, sin tener grandes conocimientos de zoología, pero sí mucha voluntad y un verdadero y genuino amor por la naturaleza, especialmente por estos gigantes que llegarían a ser su familia. Al poco tiempo de internarse en las montañas de Virunga, la inestabilidad política de la zona la obligó a establecerse en la frontera con Rwanda. Allí, con gran empeño logró fundar el KARISOKE RESEARCH CENTER. Para sus investigaciones tomó como base y guía el trabajo de campo de George B. Schaller, y puso en práctica muchos de los métodos de **Jane Goodall**, a la que visitó para poder aprender algunas de sus técnicas de estudio sobre el estudio de chimpancés. Gracias a su concienzudo trabajo obtuvo, en 1974, el grado de doctora en Zoología por la Universidad de Cambridge. Sus reportajes publicados en la revista *National Geographic* empezaron a concienciar a miles de personas sobre la situación de los gorilas de montaña. Su obra autobiográfica, *Gorilas en la niebla* (1983), recoge las observaciones realizadas durante los años de estudios de campo.

Por su extraña fascinación por los gorilas de montaña, muchos la rechazaron y la persiguieron: la consideraron una persona inestable, que prefería el contacto con gorilas al de los seres humanos. Fue por ello perseguida y, sin causa aparente, apareció brutalmente asesinada en su vivienda de Karisoke, el 27 de diciembre de 1985. El crimen nunca ha sido resuelto, aunque se piensa que está directamente relacionado con la persecución que ella emprendió contra los cazadores furtivos.

Fue enterrada en el cementerio que había construido para gorilas a la par de su vivienda. Su vida fue recordada en la película *Gorilas en la Niebla*, del mismo título que su libro autobiográfico. Su trabajo y muerte no fueron en vano, ya que hoy en día el gorila de montaña sobrevive.

Jane Goodall (1934). Zoóloga y antropóloga británica, es hoy una de las máximas expertas en el estudio del comportamiento de los chimpancés y en la defensa de la naturaleza. Nacida en el seno de una familia modesta, estudió secretariado pero siempre deseó viajar a África. En su primera visita a dicho continente conoció al famoso antropólogo Louis Leackey, que le contrató como secretaria y le introdujo en el mundo de la investigación zoológica. Ha estudiado durante más de cuarenta años la comunidad de chimpancés del Parque Nacional de Gombe, en Tanzania, donde en 1965 fundó un centro de investigación para estudiantes procedentes de todo en mundo. En 1975 constituyó el JANE GOODALL INSTITUTE FOR WILDLIFE RESEARCH, cuyo objetivo principal es impulsar programas de conservación de las poblaciones de chimpancés.

En 1964, se casó con Hugo van Lawick, fotógrafo de la Nacional Geografic en Gombe y tuvo un hijo que creció y vivió en la selva con ellos. Actualmente su hijo y sus nietos siguen viviendo en África. Jane Goodall se casó por segunda vez, en 1975, con Derek Bryceson, director de los Parques Nacionales de Tanzania y parlamentario británico, que murió cinco años más tarde.

Ha ganado numerosos premios internacionales, entre ellos el Premio Príncipe de Asturias de Investigación Científica y Técnica (2003), por sus incansables esfuerzos por conseguir un mundo mejor, siendo la primera mujer en obtener dicho galardón. Ha publicado diversos libros, entre los que se encuentran *Mis amigos los chimpancés* (1973), *A través de la ventana* (1994), *Gracias a la vida* (2000) *y Los diez mandamientos* (2003). El trabajo de Jane Goodall ha sido citado en muchos documentales y libros de todo el mundo. Asimismo es poseedora de numerosos doctorados honoris causa por universidades e instituciones de todo el mundo. En el año 2002, Naciones Unidas la nombró mensajera de la paz.

Jane Goodall ha visitado España en numerosas ocasiones para impartir conferencias, recibir premios y para apoyar el Instituto Jane Goodall España, creado en el 2006, para llevar adelante programas de investigación y conservación en Senegal de recuperación de chimpancés huérfanos procedentes del Congo.

En la actualidad pasa menos tiempo en África y dedica la mayor parte de su tiempo en pronunciar conferencias y charlas por todo el mundo.

Biruté Marija Filomena Galdikas (1946). Nació en Wiesbaden (Alemania) de padres lituanos que emigraron a Canadá, país del que obtuvo la nacionalidad. Es licenciada en Psicología y Biología por la Universidad de la Columbia Británica. Siendo estudiante viajó a Kenia, como antes habían hecho

Jane Goodall y **Dian Fossey**, se puso en contacto con el antropólogo Louis Leackey para manifestarle su interés por estudiar al orangután. Leackey antes de apoyarle le puso a prueba proponiéndole operarse de apendicitis. Biruté no dudo en someterse a esa operación consiguiendo con ello el apoyo de su mentor.

En 1971 junto a su primer marido el fotógrafo Rod Brindamour se establecieron en Tanjung Putting (Borneo) para iniciar un estudio a fondo de los orangutanes. En 1981 fundó la ORAGUTAN FOUNDATION INTERNATIONAL (OFI) con la intención de conseguir apoyo en todo el planeta para los orangutanes, para los bosques en los que viven y para la rehabilitación de los orangutanes recuperados del tráfico ilegal.

Ha publicado varias obras sobre los resultados de su intenso trabajo de campo, entre ellas *Mis orangutanes: 20 años entre las personas tímidas de la selva* (1995), *Reflexiones del Edén: Mis años con los orangutanes de Borneo* (1996), *Odisea Orangután* (1999), *Orangutanes: magos del bosque lluviosos* (2004).

Biruté Galdikas ha visitado España en varias ocasiones, en el año 2009 invitada por el II Encuentro Internacional de Derechos de los Animales que se celebró en Gran Canaria.

Claudine André (1946). Conservacionista belga que dirige el centro de recuperación LOLA YA BONABO desde su fundación en 1994. En este centro, situado cerca de la capital Kinshasa y en el que se recuperan más de 60 ejemplares de bonobos (especie de chimpancé pigmeo) con la finalidad de reintroducirlos en la selva.

Claudine llegó al Congo de niña acompañando a su padre veterinario y ha vivido allí desde entonces. Al estallar la guerra en el Congo se convirtió en voluntaria del zoológico de Kinshasa para cuidar a los animales hambrientos y abandonados. En 1998 estableció su primer contacto con un bebe de bonobo que transformó su vida ya que fue el inicio de la creación de un santuario de bonobos en los jardines de la Escuela Norteamericana, donde permanecieron durante los cuatro años de la guerra. En el año 2002 con 20 bonobos a su cargo Claudine consiguió 35 hectáreas de selva, y así nació el Lola ya Bonobo.

Claudine André ha recibido el premio Príncipe Laurent de Bélgica (2006), la Orden Nacional del Mérito de Francia y el Badham Evans Award, por su compromiso con la vida silvestre en 2008.

María Teresa Tellería Jorge (1950). Nacida en Durango, estudió Farmacia en la Universidad Complutense de Madrid. Al finalizar en 1974, en lugar de ocuparse de una oficina de farmacia, tal como hubiera sido el deseo de su familia, decidió dedicarse a la investigación, en el departamento de botánica, eligió un grupo de hongos, los *Aphyllophorales,* para hacer su tesina, que luego ha estudiado durante toda su vida. Ha participado en expediciones científicas a Guinea, Bolivia, Colombia e islas de Macaronesia, para recolectar ejemplares y desarrollar trabajo de campo.

En 1975 solicitó una beca predoctoral en el Real Jardín Botánico de Madrid, y es en ese centro donde ha desarrollado toda su vida profesional: becaria predoctoral, becaria posdoctoral, científica titular e investigadora. Fue subdirectora del Real Jardín Botánico de Madrid durante diez años y nombrada directora en 1994, rompiendo con 250 años de tradición masculina al frente del RJB, cargo que ostentó hasta 2006.

En una entrevista a *El País* semanal expresaba su opinión, sobre su carrera profesional, en estos términos:

> «Desde 1988 soy investigadora científica y ahí hemos topado con el techo de cristal... En esta casa se ha roto una tradición conmigo, porque nunca en 250 años había habido una mujer en la dirección del Botánico; la primera he sido yo, en 1994. Y esa tradición se ha roto muy positivamente. Pero también se ha roto otra tradición y es que me voy a marchar de la dirección sin que me hagan profesor de investigación, y todos los directores de esta casa lo han sido.».

En la actualidad es profesora de investigación del CSIC desde el año 2007.

Especialista en Sistemática y Florística de hongos, dirigió el proyecto Flora Micológica Ibérica desde 1988 a 2005. Autora de más de un centenar de trabajos científicos en el ámbito de la florística, la taxonomía, la sistemática y la filogenia de hongos, y de numerosos artículos de divulgación.

Carmen Vidal Marsal (1960). Nació en San Sadurni d´Anoia (Barcelona). Estudió veterinaria y hace más de quince años se trasladó al Congo Brazaville. Desde el año 2006 dirige el CENTRO DE VIDA SALVAJE DE LWIRO, ciudad situada en las inmediaciones del Parque Nacional de Kahuzi-Biega, declarado Patrimonio de la Humanidad en 1980. El centro alberga chimpancés y pequeños simios de diez especies distintas decomisados por el Instituto Congoleño para la conservación de la naturaleza a cazadores y personas que los tenían como animales domésticos. La misión del centro es recoger, cuidar y alimentar a los primates con la idea de poderlos devolver a su hábitat algún día. También aspira a poner en marcha un censo de los primates que viven en el Parque Nacional de Kahuzi-Biega.

Carmen Vidal divide su tiempo entre Uganda, país en el que trabaja en un proyecto de habituación de chimpancés salvajes para que sean observados por ecoturistas y personal científico y Congo Brazzaville, país en el que trabaja en el proyecto COOPERA en una zona en permanente conflicto bélico desde hace años, rica en coltán (el mineral utilizado en la fabricación de móviles, videoconsolas y ordenadores) y en el que se refugiaron miles de Humus, miembros de la milicia responsable del genocidio de 1994 en la vecina Ruanda. Pese a las dificultades de la zona nunca se ha planteado abandonar su trabajo.

En marzo de 2012 ha recibido el Premio Jane Goodall de Biología de la Conservación y Ética Medioambietal que otorga la Universidad de Alicante y el Instituto Jane Goodall.

Astrid Vargas (1965). Nacida en Puerto Rico, de padres españoles volvió a España a los dos años de edad. Estudió Veterinaria y al terminar, gracias a su pasaporte americano, viajó a EE UU para estudiar Biología de la Conservación, una especialidad inexistente en España. Trabajó como ayudante en el Parque

Zoológico Nacional de Virginia dedicándose a investigar aspectos muy diversos sobre ciervos, turones siberianos, titís leonados, etc. Consiguió una beca para doctorarse en la Universidad de Wyoming y comenzó a trabajar con el turón de patas negras. En 1994 al terminar el doctorado, dirigió durante cinco años el proyecto de cría en cautividad del turón negro, iniciándose éste con solo 18 animales y existiendo más de 6000 ejemplares en el momento de finalizar su gestión.

En el año 2000 viajó a Siberia, Bolivia, Texas, Perú y Madagascar donde se estableció para iniciar el estudio de uno de los primates más atractivos y a la vez de los más amenazados del planeta, el sifaka de cabeza dorada. En el año 2003 aceptó el nombramiento de directora responsable del Plan de cría en cautividad del lince ibérico en Doñana, una de las medidas adoptadas por la Junta de Andalucía y el Ministerio de Medio Ambiente para evitar la pérdida de este felino y la recuperación de su hábitat. Cargó que asumió durante casi siete años.

Rosa Garriga (1968). Licenciada en Veterinaria por la Universidad Autónoma de Barcelona y máster en medicina de fauna salvaje por la Universidad de Londres. En 1999 llegó a Borneo para trabajar en un centro de rehabilitación y reintroducción de orangutanes durante seis meses, pero su estancia en el centro se prolongó hasta 4 años y medio.

En octubre de 2004 colaboró en el CENTRO DE RESCATE Y CONSERVACIÓN DE VIDA SILVESTRE (ARCAS) en el Petén (Guatemala). El centro acoge monos aulladores, monos araña, guacamayos, tucanes, ciervos y muchas otras especies de la fauna autóctona.

Actualmente trabaja en el santuario de chimpancés de Tucugama en Sierra Leona, del que es ahora la veterinaria en jefe. Atiende principalmente a bebés huérfanos, victimas de cazadores furtivos que han matado a sus madres, a menudo para comérselas. Conjuntamente con el gobierno de Sierra Leona, el centro Tacugama trabaja activamente contra el tráfico ilegal de esta especie en peligro de extinción y ayuda a la protección y conservación de los chimpancés que todavía viven en libertad a través de la educación, la comunicación y de la aplicación de la ley.

Encar García Vila (1970). Nacida en Barcelona, estudió Biología y trabajó, durante ocho años, con primates en el zoológico de Barcelona. Desde el año 2005 dirige, conjuntamente con su compañero Sandro Alviani, el JAGUAR CENTRO DE RESCATE (Puerto Viejo de Limón. Costa Rica). Este centro es un proyecto sin ánimo de lucro, especializado en la rehabilitación de fauna costarricense y su posterior reintroducción en su hábitat natural en áreas protegidas. Además dedican un gran esfuerzo en programas de educación dirigidos a la comunidad de la zona, desconocedora de los valores ambientales de su riqueza biológica, y con grandes cargas de superstición respecto a su relación con los animales.

Encar está especializada en el cuidado y rehabilitación de los monos congo *Alouatta palliata,* y en los procesos de reintroducción en su hábitat. Para ello utiliza métodos sumamente novedosos, ya que los ejemplares del centro no permanecen encerrados en jaulas sino que diariamente pasan parte de su jornada en libertad, y en contacto con poblaciones de congos residentes de la zona. Ello ha permitido que algunos ejemplares estén ya en libertad y totalmente integrados, y otros en proceso de liberación.

Alicia Pérez Melis (1973). Nació en Madrid. Estudió Biología en España y Alemania, país este último donde ha desarrollado su carrera profesional. Investigadora de psicología comparada y desarrollo en el Instituto Max Planck de Leipzig (Alemania). En el año 2004 comenzó a hacer experimentos con primates en semilibertad en Uganda, concretamente con chimpancés, para conocer los mecanismos cognitivos que hacen que estos animales trabajen en equipo.

Ruth Muñiz López (1974). Nacida en Pontedeume, se mudó pronto a Andalucía y fue en la Universidad de Granada donde se convirtió en bióloga. Al trasladarse su familia a Algeciras (Cádiz) empezó a interesarse por las aves. En 1999, viajó a Panamá como coordinadora y responsable de la colaboración España-Panamá del Proyecto Harpía, y dos años después se trasladó a Ecuador para continuar con sus estudios sobre el águila harpía. Para ello lleva más de diez años viviendo en la selva ecuatoriana, en compañía de las poblaciones indígenas de la zona y dedicando todo su esfuerzo en salvar esta especie. Actualmente es la directora científica del Programa de Conservación del Aguila Harpía en Ecuador, y ha conseguido colocar un trasmisor a un individuo joven, teniendo para ello que escalar ceibas de 40 metros.

Ruth Muñiz es estudiante del programa de doctorado en Biodiversidad: Gestión y conservación de las especies y sus habitats, en el Centro Iberoamericano de Biodiversidad CIBIO de la Universidad de Alicante. También ha formado parte de proyectos como la conservación del quebrantahuesos en Andalucía, y ha escrito numerosos artículos referentes a la conservación, tanto en el ámbito español como en el americano.

Emma Stokes (1976). Bióloga británica que descubrió muy pronto su interés por la vida salvaje. Después de graduarse en secundaria, trabajó para conseguir los fondos necesarios para viajar a África, y colaboró durante un año como voluntaria en los bosques de Uganda, estudiando a los chimpancés. A su regreso se matriculó en zoología, y al finalizar sus estudios volvió catorce meses a Uganda, para investigar el comportamiento de los chimpancés. Obtuvo su doctorado en 1999, en la Universidad de Escocia.

El mismo año se unió a la Wildlife Conservation Society, y durante ocho años vivió en el norte de la República del Congo, en un principio para estudiar el comportamiento social de los gorilas occidentales de las tierras bajas, y posteriormente para coordinar los programas de recuento y seguimiento. En el año

2008 se publicó un nuevo censo de gorilas, en una región inexplorada del norte de Congo. El nuevo censo fue resultado de un trabajo de campo intensivo, realizado de modo conjunto por la WCS y el gobierno de la República del Congo. En él los investigadores escudriñaron las selvas y las áreas pantanosas aisladas, para contabilizar los nidos de gorila, con el fin de estimar con precisión la población. A partir de la búsqueda de nidos se estableció la existencia de 125.000 ejemplares de gorilas, a raíz de estos datos se impulsó la creación del Parque Nacional de Ntokou-Pikounda.

Desde 2007 trabaja en la capital de Camboya, coordinando el trabajo de WCS para recuperar las poblaciones del tigre asiático.

Rebeca Atienza (1977). Veterinaria gallega, directora del CENTRO DE REHABILITACIÓN DE CHIMPANCÉS DE TCHIMPOUNGA, en la República Democrática del Congo, perteneciente al Institute Jane Goodall. En 2005, Rebeca Atienza junto a su compañero Fernando Tormo iniciaron su andadura en el continente africano, en el Parque Nacional de Conkouati Douli colaborando con la organización HELP CONGO, en un proyecto de reintroducción de chimpancés en las selvas congoleñas. Llevaba allí diez meses trabajando y documentando el éxito del programa, mediante seguimientos por radio emisores, cuando la primatóloga **Jane Goodall** se fijó en su trabajo y le propuso dirigir el centro de Tchimpounga. En este centro fundado en 1997 cuidan y protegen a unos 150 individuos entre jóvenes y adultos con el propósito de devolverlos a la selva al mismo tiempo que desarrollan una labor de educación y sensibilización sobre estos animales dirigida a los habitantes de la zona.

Karmele Llano (1978). Nacida en Bilbao tuvo claro nada más terminar la carrera de Veterinaria, en León, que su futuro profesional estaba en el trabajo de campo. Después de colaborar en centros de recuperación de especies en Venezuela y Holanda, llegó a Indonesia en 2003, para tratar de salvar de la extinción a los orangutanes. Su trabajo en el centro de reintroducción de orangutanes Nyaru Menteng transcurre durante todo el día y parte de la noche, intentando suplir con tesón y dedicación plena la falta de medios y medicamentos. En su labor cotidiana se enfrenta a todo tipo de barbaridades cometidas contra estos grandes primates: bebes orangutanes que se han estado a punto de morir tras ser separados de sus madres, hembras utilizadas como esclavas sexuales, o animales obligados a luchar en espectáculos de boxeo para turistas que visitan el sudeste asiático. Además de los orangutanes, Karmele trabaja en la defensa de las dos únicas especies de primates no protegidas aún en Indonesia, el macaco de cola de cerdo (*Macaca nemestrina*) y el macaco de cola larga (*Macaca fascicularis*). La falta de protección permite a sus cazadores maltratarlos, utilizarlos para todo tipo de experimentos en laboratorios de investigación y venderlos incluso para el consumo humano.

La protección de los orangutanes le obliga a moverse entre tres islas: Java, Borneo y Sumatra. Se encarga de la dirección de la ONG Internacional Animal Rescue, cuyo principal objetivo es poner freno a la destrucción del hábitat de los primates. Tal como ella dice:

> «El mayor problema es la deforestación que provoca el cultivo de palma de aceite, uno de los tipos que se emplean en España. Indonesia es el segundo país con mayor biodiversidad del planeta, y el orangután está perdiendo su hábitat».

Solo en la década de los 90, el número de orangutanes salvajes se redujo en esta zona en un 50%, hasta los 13.000 ejemplares. Los incendios que devastaron Borneo en 1998 mataron a miles de animales. Los últimos orangutanes en libertad podrían desaparecer en 2023.

BIÓLOGAS

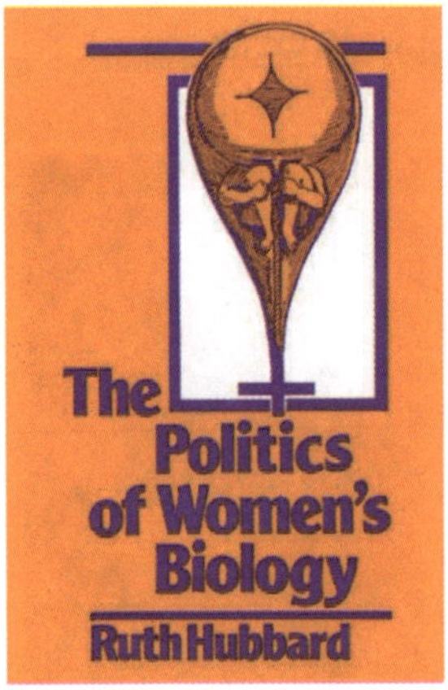

Ruth Hubbard (1924). Nació en Viena (Austria). Su familia emigró a los Estados Unidos en 1938 con el fin de escapar del nazismo. Se graduó en ciencias bioquímicas en el Radcliffe College, en 1944. Trabajó como becaria con George Wald, quien fue después su segundo marido, sobre la bioquímica del ojo. Después de varios años de investigación en biología clínica, Hubbard volvió a Radcliffe y obtuvo un doctorado en biología en 1950.

A partir de ese año, Ruth Hubbard se convirtió en investigadora de la Universidad de Harvard, y en 1952, recibió una beca Guggenheim en el Laboratorio de Carlsberg en Copenhague, Dinamarca. Volvió a Harvard en 1954 como becaria de investigación y fue la primera mujer en obtener una plaza de profesora titular de Biología de la Universidad de Harward.

Se casó con Frank Hubbard en 1942 y se divorció en 1951, contrajo matrimonio con Georg Wald siete años más tarde con quien tuvo una hija y un hijo. Juntos ganaron la medalla Paul Barrer, en 1967, por su contribución a la comprensión de la bioquímica y fotoquímica de la visión en vertebrados e invertebrados.

Ruth Hubbard fue una de las primeras mujeres que planteó el carácter masculino de la ciencia y que cuestionó el uso de la ciencia para demostrar la desigualdad de género. El genetista Richard Lewontin dijo de ella: «Nadie ha sido un crítico más influyente de la teoría biológica de la desigualdad de las mujeres que Ruth Hubbard.»

Ruth ha escrito varios libros y artículos científicos, destacando entre ellos: *The Politics of Women's Biology* (1990) y *Profitable Promises: Essays on Women, Science & Health* (1995).

Lynn Margulis (1938-2011). Nació en Chicago (EE UU). Ingresó en la universidad con apenas 14 años, se licenció en Zoología por la Universidad de Wiscosin, se doctoró en genética en la de California-Berkeley. Obtuvo una cátedra de Biología en la Universidad de Boston y fue asesora de la Nasa en Biología Planetaria.

Lynn estuvo casada con el astrónomo Carl Sagan, divulgador científico que saltó a la fama mundial con su programa de televisión *Cosmos*, fallecido en 1996. Madre de cuatro hijos, entre ellos Dorion Sagan con quien escribió libros de divulgación sobre biología y sexo.

Mantenía estrechos lazos con el mundo científico catalán colaborando con varios equipos de investigación. Participó en los estudios sobre comunidades microbianas de algunos lagos de la zona de Banyoles (Girona) e investigó con especial interés las colonias microbianas del delta del Ebro (Tarragona), que son ecosistemas muy primitivos con unas condiciones muy similares a las de los primeros ecosistemas de la tierra.

Entre sus aportaciones a la ciencia destaca la teoría de la endosímbiosis seriada: las células llamadas eucariontes, es decir, las poseedoras de orgánulos como núcleo, mitocondrias, cloroplastos, se habrían originado a partir de un proceso de simbiosis entre distintas especies de células procariontes, las cuales, a lo largo de millones de años, desarrollaron su capacidad para cohabitar en el interior de otras, otorgando y recibiendo beneficios entre sí. Posteriormente Lynn Margulis propondría a estos mecanismos endosimbióticos, calificados como simbiogénesis, como una poderosa fuente productora de variaciones en el proceso de la evolución. El modelo de simbiogénesis aporta buena cantidad de elementos que enriquecen la teoría evolucionista, paradójicamente por medio de la refutación de algunos de los postulados del darwinismo ortodoxo. Estas contribuciones por sí solas hacen de Lynn Margulis una de las figuras centrales en la biología evolutiva de la segunda mitad del siglo XX.

Se adhirió a la teoría de GAIA de James Lovelock, basada en la concepción de que la tierra y la vida que sostiene evolucionan a la par y de forma coordinada como un ser viviente, autorregulador en el que todo está absolutamente interrelacionado, aunque ella decía: «... Gaia es un ecosistema muy complicado, pero no un organismo».

Su lista de reconocimientos por su tarea científica es interminable desde la Medalla Nacional de Ciencia de EE UU al Premio al Servicio Público de la Nasa, la Medalla de Biociencia. Era miembro de la Academia de Ciencias de EE UU, de la Academia Rusa de Ciencias Naturales, de la Americana de Artes y Ciencias, etc. Poseía numerosos doctorados honoris causa, entre ellos los de las Universidades de Valencia, Vigo, Autónoma de Madrid, Autónoma de Valencia.

Es autora de numerosas obras: *Simbiosis en la evolución de la célula* (1981), *Microcosmos: cuatro billones de años de evolución microbiológica* (1995), *¿Qué es la vida?* (1996), *¿Qué es el sexo?* (1999), *Peces luminosos: Historias de amor y ciencia* (2002), *Captando Genomas: Una teoría sobre el origen de las especie* (2003), *Los inicios de la vida. La evolución en la Tierra precámbrica* (2009).

Wangari Muta Maathai (1940-2011). Nació en Nyeri (Kenia). Muy joven se trasladó a Estados Unidos, donde en 1964 se licenció en Biología por el Mount St. Scholastica College de Atchison (Kansas). Dos años más tarde obtuvo el título

de master en ciencias por la Universidad de Pittsburgh, y posteriormente amplió sus estudios en Alemania y en la Universidad de Nairobi, donde en 1971 se convirtió en la primera mujer doctorada de África central y oriental. Enseñó anatomía veterinaria en la Universidad de Nairobi, a pesar del escepticismo y la oposición de los estudiantes varones. Realizó toda su carrera docente en dicha Universidad, en donde ocupó casi todos los cargos docentes, siendo la primera mujer en ocupar la jefatura de un departamento así como ser decana.

En 1977, Wangari Maathai fundó el Movimiento Cinturón Verde en Kenia. Desde entonces cerca de 900.000 mujeres de zonas rurales han trabajado en la conservación y lucha contra la deforestación a través de esta iniciativa que se ha contagiado a los países vecinos. El Movimiento Cinturón Verde ha plantado más de 30 millones de árboles en 12 países africanos durante las últimas tres décadas.

El 8 de octubre de 2004 el Comité Noruego Nobel anunció la concesión del Premio Nobel de la Paz 2004 a Wangari Maathai, basando este premio en su contribución al desarrollo sostenible, la democracia y la paz.

Gracias a sus conocimientos en el campo científico, su empuje libertario y su carisma, Wangari logró crear una red que aglutinó tanto a ricos como a pobres, a gente ilustrada como a iletrados, convirtiéndose en un movimiento al que ni siquiera el presidente Arap Moi y su partido lograron hacer mella. Inolvidables son las imágenes de la década del 90, cuando Wangari Maathai y muchos de sus seguidores se enfrentaron pacíficamente a los especuladores inmobiliarios ligados al gobierno y lograron defender el parque de Uhuru, el pulmón de la gigantesca ciudad de Nairobi, sólo con la fuerza de sus ideas. Son imágenes que en su día dieron la vuelta al mundo y que surtieron efecto, también en el plano interno. El activismo político de Wangari Maathai contra régimen dictatorial de Daniel Arap Moi la lanzó al mundo de la alta política. En 1991 fue arrestada y puesta en prisión y liberada gracias a una campaña llevada a cabo por Amnistia International. En 1999 fue atacada cuando plantaba árboles en el bosque público Karura de Nairobi, como protesta contra la continua deforestación. En 1997 fue designada candidata a la presidencia de su país, pero días antes de los comicios su partido retiró la candidatura. En 2002 fue elegida parlamentaria por una amplia mayoría de votos, tras lo cual el presidente Mwai Kibaki la nombró viceministra de Medio Ambiente.

Wangari Maathai fue la primera mujer africana galardonada con el Premio Nobel de la Paz. Su figura representa un ejemplo y una fuente de inspiración para todas y todos los que en África luchan por el desarrollo sostenible, la democracia y la paz. En su autobiografía *Con la cabeza bien alta* (2007) narró los momentos más significativos de su vida, tanto a nivel profesional como personal.

Consuelo Guerri Sirera (1949). Doctora en Ciencias Biológicas por la Universitat de València, posee una amplia experiencia en el estudio de los mecanismos implicados en la neurotoxicidad que provoca la ingesta de alcohol tanto de forma crónica como de forma intermitente.

Tras un período de formación en el Instituto de Investigaciones Citológicas, continuó su carrera en Kansas (Estados Unidos), donde ejerció como investigadora asociada del Departamento de Bioquímica de la Escuela de Medicina de la Universidad de Kansas, y posteriormente como profesora asociada de Investigación del Departamento de Farmacología de dicha universidad.

De 1978 a 2004 dirigió la Unidad de Patología Celular de la Fundación Valenciana de Investigaciones Biomédicas (FVIB), y desde 2005 dirige el Laboratorio de Patología Celular del Centro de Investigación Príncipe Felipe.

En el año 2011 Consuelo Guerri recibió el Premio Manfred Lautenschläger de 25.000 euros por sus trabajos en torno al Síndrome Alcohólico Fetal, y lo donó íntegramente para el pago de becarias y becarios del instituto donde trabaja. Hecho por el que apareció en todos los medios de comunicación pero que ella llevaba haciendo durante muchos años con todas las aportaciones económicas que recibía por sus conferencias y otras actividades. También ha recibido el Premio Sor Isabel de Villena (2012), un galardón en reconocimiento a la labor científica y humana.

BIÓLOGAS MOLECULARES Y BIOTECNÓLOGAS

La historia del descubrimiento del cromosoma X, del papel de los ácidos nucleicos como material genético, de la estructura del ADN, de los tranposones, del control genético del desarrollo embrionario, de los virus, de la replicación del ADN y del mecanismo de acción de la telomerasa son aportaciones a la biología molecular realizadas por mujeres científicas. Aportaciones desconocidas para la mayoría ya que suelen quedar ocultas bajo un apellido que generalmente y dado el carácter androcéntrico de la ciencia se asocia a un varón.

Françoise Berré-Sinoussi (1947). Nacida en París (Francia). Obtuvo su doctorado en 1974 en la Facultad de Ciencias de París y desde los 25 años trabaja como investigadora, en el Instituto Pasteur de París. Obtuvo un doctorado en virología y, posteriormente, realizó un postdoctorado en virología de los retrovirus. Este campo, poco explorado entonces, fue el ambiente en que descubrió al virus responsable del VIH-SIDA junto a Luc Montagnier. En 1983 firmaron un artículo en la revista *Science* en el que anunciaban haber aislado el virus que provocaba una misteriosa enfermedad, que apenas empezaba a conocerse. Sus investigaciones fueron con monos *Mangabey*, que habitan en África. Es catedrática del Instituto Pasteur de París. Miembro de numerosas sociedades científicas, ha recibido entre otras distinciones el Premio de la Academia de Medicina de Francia y el Premio Nobel de Medicina y Fisiología 2008 compartido con L. Montagnier y Harald zur Hausen.

Elizabeth Blackburn (1948). Nació en Tasmania, Australia, donde estudió Bioquímica en la Universidad de Melbourne. Obtuvo su doctorado en biología molecular en 1975 en Cambridge, Gran Bretaña. Después se fue a Estados Unidos donde reside actualmente y trabajando. Desde septiembre de 2003 tiene la nacionalidad norteamericana. Se le suele llamar la «reina de los telómeros» ya que es la fuente de casi todos los conocimientos sobre la forma y la función de los extremos de los cromosomas.

Desde 1975 hasta 1977 Blackburn trabajó como posdoctoral en la Yale University, entre otras investigaciones, en la estructura de los telómeros del ADN del ciliado monocelular *Tetrahymena* (un parásito). En 1985, Elizabeth Blackburn y Carol Greider encontraron una actividad enzimática que era capaz de crear telómeros, a la que denominaron telomerasa. Desde 1993 ha proseguido su carrera profesional en la costa occidental norteamericana en la University of California, San Francisco, en el Departamento de Biología Molecular. Es catedrática tanto de este departamento como del Departamento de Bioquímica y Biofísica, donde tiene su laboratorio. Elizabeth Blackburn ha recibido muchos premios y otros tipos de homenajes, entre los cuales figuran un doctorado honoris causa de la Yale University, el Premio California Scientist of the Year Award (1999) y el Premio General Motors Cancer Research Foundation Alfred P. Sloane Award (2001). Aún más larga es la lista de los cargos directivos que ha desempeñado (entre otros, fue presidenta de The American Society for Cell Biology). E. Blackburn ha intervenido, a menudo, en el debate público en Estados Unidos sobre la clonación terapéutica y la investigación de las células madre de la que es partidaria. En 2003 la Casa Blanca le comunicó de repente su cese como miembro de dicho Consejo, lo que motivó una gran polémica y se entablaron discusiones sobre la política y la ciencia en los medios de comunicación no sólo a nivel nacional sino también en el extranjero. En el año 2006 recibió junto a **Carol Greider** el Premio Lasker por su contribución al conocimiento de la telomerasa y el Premio Nobel de Medicina y Fisiología 2009 compartido también con Jack Szostak.

María Antonia Blasco Marhuenda (1965). Nació en Alicante. Estudió Biología en la Universidad de Valencia y en la Universidad Autónoma de Madrid, donde se licenció en 1989. En 1993 obtuvo el título de doctora en ciencias por su trabajo sobre una DNA polimerasa viral, trabajo realizado en el laboratorio de la Dra. **Margarita Salas**, del Centro de Biología Molecular Severo Ochoa, lo cual, tal como ella misma dice: *«hizo que me interesara por otra ADN polimerasa, esta vez de organismos eucariotas llamada telomerasa y que se había implicado en los procesos de cáncer y envejecimiento»*. De 1993 a 1997, María Blasco estuvo trabajando en el laboratorio de la Dra. Carol Greider en el Cold Spring Harbor Laboratory de Nueva York, donde inició sus estudios sobre cáncer y envejecimiento. Desde enero de 1997 tiene su propio grupo de investigación en el Centro Nacional de Biotecnología del CSIC, en Madrid, siendo su grupo uno de los que más activamente ha contribuido a entender el papel de la telomerasa y de los telómeros en el cáncer y el envejecimiento. El método usado ha sido la construcción y estudio de modelos animales modificados genéticamente. Es investigadora del CSIC y trabaja en el Centro Nacional de Investigaciones Oncológicas (CNIO) donde dirige el programa de Oncología Molecular y ha ocupado el puesto de vicedirectora de Investigación Básica. Desde junio de 2011 dirige el centro.

En el año 2004 María Blasco fue la primera científica española galardonada por la organización Europea de Biología Molecular como «mejor investigador europeo menor de 40 años» siendo la tercera mujer que lo obtiene desde su creación en 1986.

Casada con Manuel Serrano, director del grupo de supresión tumoral del CNIO, en una reciente entrevista afirmaba:

> «... cuando estaba en los EE UU, ni siquiera barajaba la idea. Quizá de un modo naíf, de joven piensas que vas a seguir siéndolo durante mucho tiempo. Luego te das cuenta de que el organismo avanza. Ahora sí me planteo ser madre.»

«De no ser investigadora, me hubiera gustado ser conservadora de arte», confiesa María Blasco, a la vez lectora de la poeta y novelista Silvia Plath y amante del rock alternativo de P.J. Harvey. No duda en reivindicar la ambición como derecho femenino.

> «En las mujeres, la ambición se ve como algo negativo. Milenios de historia humana han condicionado ese comportamiento, pero ahora la situación es distinta. Tener ambición significa no renunciar a lo máximo que tus capacidades pueden conseguir.»

Ha recibido varios premios nacionales e internacionales por su estudio sobre el papel de los telómeros y la telomerasa en el cáncer y el envejecimiento entre ellos, el Premio Nacional de Investigación Santiago Ramón y Cajal (2010).

Fátima Bosch I Tubert (1957). Nació en Figueres (Girona). Catedrática de Bioquímica y directora del Centro de Biotecnología Animal y Terapia Génica de la Universidad Autónoma de Barcelona. Sus investigaciones se realizan en el campo de la terapia génica y transgénicos en donde es pionera en su aplicación para el tratamiento de la diabetes. Los éxitos recogidos por su

equipo en cuanto a la recuperación funcional del páncreas de ratones diabéticos hacen pensar en una posible y no lejana aplicación a humanos.

Muy sensibilizada por las dificultades de las mujeres para acceder a la investigación científica ha participado en numerosos debates sobre el tema en los que anima a las mujeres a la investigación científica.

Es vicepresidenta de la EASD (European Association for the Study of Diabetes) y ha recibido numerosas distinciones como reconocimiento a su labor investigadora: Premio Rey D. Juan Carlos I Científico-Técnico (1995), Premio Francisco Grande Covián a la trayectoria científica en investigación en nutrición de la Sociedad Española de Nutrición Básica Aplicada (1998), Medalla Narcís Monturiol de la Generalidad de Cataluña al mérito científico y tecnológico (2002), Premio Alberto Sols de Investigación Básica Senior de la Sociedad Española de Diabetes (2006).

Pilar Carbonero Zalduegui (1942). Nacida en Alcazarquivir (Marruecos). Ingeniera agrónoma por la Universidad Politécnica de Madrid. Amplió sus estudios en la Universidad de Minnesota (EE UU) posteriormente regresó a España y en la actualidad es Catedrática de Bioquímica y Biología Molecular en la Escuela Técnica Superior de Ingeniería Agrónoma. Ha sido la primera mujer en ser elegida miembro de la Real Academia de Ingeniería de España, en el año 2003.

Su labor investigadora se ha dedicado a la ingeniería genética, la genómica y la biotecnología vegetal, fue fundadora y primera Directora del Departamento de Genética Molecular de Plantas del Centro Nacional de Biotecnología. Entre sus contribuciones científicas más notables hay que destacar: la identificación del primer péptido vegetal con actividad frente a bacterias y hongos fitopatógenos, el control de la expresión génica en la maduración y germinación de semillas, la participación en proyectos de genómica funcional en la planta *Arabidopsis thaliana*.

Frieda Cobb (1889-1977). Nació en Australia el año en que su familia se instaló allí. Su vida giraba alrededor de las investigaciones científicas que realizaba su padre en los campos de la patología vegetal y sistemática de los gusanos nematodos. Al cumplir 15 años, su padre decidió volver a los Estados Unidos se instalaron primero en Hawai, donde Frieda ayudó a su padre que estudiaba las enfermedades de la caña de azúcar, y posteriormente se trasladaron a Washington. En 1909 Frieda comenzó sus estudios universitarios de botánica y zoología en el Radcliffe College, pero los interrumpió entre 1912 y 1915 para ayudar a su padre en el estudio de los nematodos marinos. En 1915 entró en la Universidad de Illinois, terminando en un año su licenciatura en ciencias, y durante el verano de 1916 realizó investigaciones sobre nemátodos marinos en el Laboratorio de Biología Marina de Woods Hole (Massachusetts).

En 1916 comenzó su carrera profesional colaborando con Harley Harris Bartlett, pionero en genética vegetal y profesor de botánica en la Universidad de Michigan, en la instalación de un jardín botánico en Ann Arbor (Michigan). Frieda Cobb realizó su doctorado bajo al dirección de Bartlett y desde entonces y hasta su retiro en 1956 trabajó en Ann Arbor. En 1918, Bartlett asumió el puesto de director del jardín botánico y pidió que Frieda Cobb fuera su directora asistente, puesto que ocupó durante toda su vida profesional. Cuando Frieda Cobb llegó a Ann Arbor, Bartlett quería realizar cultivos de distintas variedades de *Oenothera pratincola* para estudios genéticos, esta planta estaba siendo estudiada por el holandés Hugo De Vries en relación con su teoría de las mutaciones. En octubre de 1916, Bartlett y Cobb plantaron las primeras 1.800 semillas de *Oenothera*, forzando la germinación de las plantas según el método establecido por De Vries, con quien estaban en contacto. Cobb se encargó de clasificar las semillas de la primera generación y año tras año crecieron las plantaciones de *Oenothera*, proporcionando el material con el que Cobb realizaría sus investigaciones genéticas más relevantes. En 1917 Cobb y Bartlett presentaron el primer trabajo sobre herencia mendeliana y mutaciones en *Oenothera* en el encuentro de la Sociedad Botánica de América.

En 1921 publicó su tesis doctoral donde demostraba dos cuestiones de gran interés: la existencia de ciertos factores genéticos diferentes en los gametos femeninos y masculinos de estas plantas, y la existencia de mutaciones que permanecen ocultas por la acción de otros genes. A pesar de que la investigación con *Oenothera* era difícil y requería mucho trabajo, Frida continuó utilizando estas plantas y publicando resultados hasta 1929.

En 1922 Frieda Cobb contrajo matrimonio con Frank Nelson Blanchard, zoólogo que había llegado a Ann Arbor el mismo año que ella, y con quien colaboró desde el primer momento. Frank, especialista en herpetología, solía hacer excursiones para recolectar especimenes de reptiles, anfibios e insectos, a las que Frieda le acompañaba. Ésta se aficionó tanto a la herpetología que extendió a estos animales su campo de estudio. Poseía gran talento para el dibujo naturalista y la fotografía y realizó numerosas ilustraciones sobre serpientes, salamandras y otros reptiles, dibujos que se publicarían en los artículos de su marido.

En 1922 Los Blanchard encontraron un raro ejemplar melánico de la serpiente *Thamnophis sirtalis*, y decidieron criar estas serpientes en instalaciones especiales que construyeron dentro del jardín botánico. Durante dos décadas realizaron cruzamientos, en los que Frieda demostraría la herencia mendeliana, mientras su marido describiría la historia natural y hábitos de cría de la especie. Tras la muerte de Frank en 1937, Frieda proporcionó a otros herpetólogos los datos de algunos de los trabajos que habían comenzado juntos, aunque ella continuó con la cría de las serpientes. Tras el primer trabajo que habían presentado juntos en la Sociedad Americana de Ictiología y Herpetología, ella escribió cuatro artículos más sobre la misma serpiente, el último publicado en 1942; en tres de ellos puso el nombre de su marido en primer lugar, a pesar de que ya había fallecido.

Suzanne Cory (1942). Nació en Melbourne, Australia, y se licenció en Bioquímica por la Universidad de Melbourne. Obtuvo su doctorado en la Universidad de Cambridge, Inglaterra, donde trabajó al lado de Francis Crack. Continuó sus estudios en la Universidad de Ginebra, antes de regresar a Melbourne en 1971, a un puesto de investigación en el Walter y Eliza Hall Institute of Medical Research. Fue directora del mencionado centro y profesora de Biología Médica de la Universidad de Melbourne desde 1996 hasta 2009. Actualmente trabaja en la División de Genética Molecular del Cáncer y desde 2010 es la primera mujer presidenta de la Academia Australiana de Ciencias.

Sus investigaciones están orientadas a conocer mejor el proceso de la muerte programada de las células, como origen de numerosos cánceres, y en la genética del sistema inmunológico. Sus trabajos han permitido grandes avances clínicos para el desarrollo del diagnóstico y tratamiento del cáncer.

Por sus logros científicos ha recibido numerosos premios y distinciones entre ellos el Premio l´Oréal-Unesco en el año 2001.

Harriet B. Creighton (1909-2004). Nació en Illinois. En 1929 se graduó en la Universidad de Wellesley (EE UU), y cuatro años más tarde obtuvo su doctorado en la Universidad de Cornell. Fue profesora de Botánica en Cornell y Connecticut, y en 1940 regresó a la Universidad de Wellesley, en la que permaneció hasta su jubilación.

En 1931 junto a **Barbara McClintock**, de quien era discípula, publicó «*A correlation of Cytological and genetical crossing-over in Zea mays*» una comunicación que demostraba que el intercambio de información genética que tiene lugar durante la producción de células sexuales se acompaña de un intercambio de material cromosómico. Con este trabajo la base cromosomita de la genética quedó final e incontrovertiblemente establecida.

Martha Chase (1928-2003). Nació en Cleveland, Ohio, se graduó en ciencias en la Universidad de Wooster y en 1964 obtuvo su doctorado en la Universidad del sur de California.

Contribuyó conjuntamente con Alfred D. Hershey a establecer que el ADN era la molécula que contenía los genes. El análisis químico de los bacteriófagos de *E. coli* les permitió resolver esta cuestión en 1952. Ambos utilizaron en sus experimentos el fago de *E. coli* cuyo núcleo de ADN había sido previamente marcado con fósforo radioactivo mientras que para la cubierta proteica se empleó un marcador de azufre radioactivo. La investigación mostró que el fago inyectaba su material genético, en el interior de la bacteria. El ADN inyectado era capaz de producir un nuevo fago completo.

Tras sufrir una serie de reveses personales abandonó la carrera científica en la década de los sesenta.

Louise T. Chow. Nació en la provincia de Hunan (China). Estudió Química Agrícola en la Universidad de Taiwán (1965) y se graduó en química en el Instituto de Tecnología de California en 1973. En 1977 descubrió conjuntamente con su esposo Thomas Broker los intrones, es decir los segmentos de ADN que se transcriben a ARN pero nunca son traducidos a secuencias de proteínas. El descubrimiento de la maduración del ARN fue merecedor del Premio Nobel de Fisiología o Medicina en 1993 que se otorgó a su compañero de trabajo Richard John Roberts y a Philip Allen Sharp que había llegado a la misma conclusión, en su laboratorio del Instituto de Tecnología de Massachussets. Se desconocen las razones de por las que el trabajo de Louise T Chow no fue reconocido en este galardón.

En 1984 se trasladó a la Universidad de Rochester y se dedicó a estudiar los genotipos del virus del papiloma humano. Desde 1993 sigue trabajando con dicho virus en la Universidad de Alabama, Birmingham, donde es profesora del departamento de Genética Bioquímica y Genética molecular.

En mayo de 2012 ha sido elegida como miembro de la Academia Nacional de Ciencias de Estados Unidos.

Gertrude Crotty Davenport (1866-1946). Zoóloga americana casada, en 1894 con Charles Benedict Davenport, considerado una de las figuras más relevantes del movimiento eugenésico americano y con el que trabajó en la revisión y redescubrimiento de las leyes de Mendel. En todas las biografías de Ch. Davenport se proyecta la imagen de Gertrude como una mujer muy ambiciosa y estricta. En cambio, casi nunca se valora el importante papel que jugó como colaboradora de las investigaciones de su marido. En 1900 publicaron conjuntamente el libro *Introducción a la Zoología.*

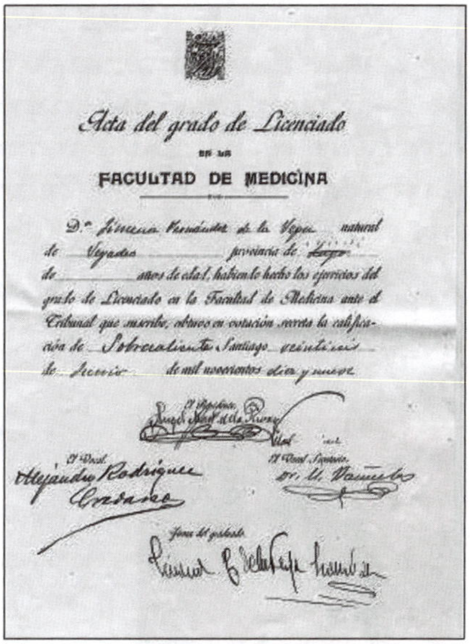
Acta del grado de Licenciado

EN LA

FACULTAD DE MEDICINA

D.ª Jimena Fernández de la Vega natural de Vegadeo provincia de Lugo de años de edad, habiendo hecho los ejercicios del grado de Licenciado en la Facultad de Medicina ante el Tribunal que suscribe, obtuvo en votación secreta la calificación de Sobresaliente. Santiago veintiséis de Junio de mil novecientos diez y nueve

El Presidente, El Vocal, El Vocal Secretario,

Alejandro Rodríguez Cadarso

Firma del graduado,

Jimena Fernández de la Vega Lombán (1898-1984). Médica española pionera de la genética en España. Nació en Vega de Ribadeo. Estudió el bachillerato en Lugo y Medicina en la Facultad de Santiago de Compostela. En 1919 finalizó sus estudios, siendo ella y su hermana gemela, Elisa, las dos primeras mujeres que consiguieron la licenciatura de Medicina en Santiago.

Un año después se trasladó a Madrid y realizó su tesis doctoral. Desde 1923 a 1927 viajó a Berlín, Hamburgo, Munich y Viena para trabajar con los investigadores europeos más destacados de la época y realizar estudios sobre la herencia mendeliana.

En 1933 fue creada la sección de Genética y Constitución de la Facultad de Medicina de Madrid, y se nombró a Jimena Fernández de la Vega directora de la misma. Para ampliar sus conocimientos, volvió de nuevo a Alemania y visitó Italia, pero a su regreso a Madrid la sección de genética había dejado de ser un lugar para realizar trabajos experimentales, y se había convertido en un seminario teórico. A partir del desastre de la Guerra Civil abandona su dedicación a la genética y trabaja como médica en balnearios.

Jimena pronunció conferencias que fueron publicadas posteriormente y escribió libros: *La herencia fisiopatológica en la especie humana, Estado actual de la Biología y Patología gemela, Raquitismo y Genética, Drosophila y Mendelismo*, el último en 1963 con el título *Teoría de la herencia y herencia molecular.*

Susan Fisher-Hoch (1940). La historia de esta investigadora parece arrancada de un moderno guión cinematográfico. Nacida en una familia pequeño burguesa del norte de Inglaterra, de tradición militar, se casó también con un militar con el que tuvo una hija y se convirtió en una madre de familia y ama de casa hasta los treinta años. Ella ha contado como un día que estaba en la cocina viendo hervir unos huevos se dijo de repente «no soy nadie, no he hecho nada en mi vida». Y en ese mismo momento decidió que iba ser alguien.

Se propuso ser médica pero tuvo numerosas dificultades para poder entrar en la universidad, necesitando incluso un documento de su marido por el que se comprometía a no divorciarse, para poder ser admitida. A partir de su incorporación a la universidad su carrera fue meteórica, logrando en 1997 dirigir en Lyon (Francia) uno de los exclusivos laboratorios P_4 de alta seguridad sobre virus de gran patogenidad.

En el año 2001 se trasladó a Brownsville (Tejas) donde continuó sus estudios sobre el virus de Ébola, virus de Lassa y sobre el virus del papiloma humano.

Rosalind Franklin (1920-1958). Nació en Londres en 1920 y, a pesar de que a su padre no le gustaba que fuera a la universidad, en 1938 aprobó el examen de ingreso en física y química de la Universidad de Cambridge. Entró en contacto con la cristalografía cuando conoció al profesor William Lawrence Bragg (Premio Nobel en 1915), hecho que tanto influiría en su actividad científica posterior. En 1947 se instaló en París donde aprendió y dominó las técnicas de la difracción de los rayos X, adquiriendo tanta experiencia, que en 1950 John Randall, director del laboratorio del Kings College de Londres le ofreció ocuparse de una unidad de investigación y es en ese laboratorio donde realizó sus investigaciones sobre la estructura del ADN. Su llegada e integración en el Kings College no fue nada fácil, creía que iba a trabajar sola cuando realmente tuvo que hacerlo bajo la dirección de Maurice Wilkins. Éste enseño a Watson, sin el conocimiento de Rosalind uno de los diagramas de difracción del ADN sobre los que ella trabajaba, Watson se dio cuenta inmediatamente de que el modelo de hélice era correcto y unas semanas después él y su colega Crick presentaron su propuesta para el ADN que fue publicada el 25 de abril de 1953 en la revista *Nature*. Las relaciones entre los protagonistas del descubrimiento de la estructura del ADN fueron muy tensas, tal como se recoge en el libro de Watson *La doble hélice*. En 1953 Rosalind abandono el King´s y el ADN y se trasladó al laboratorio de Bernal en el Birkbeck College e inició sus investigaciones sobre el virus del mosaico del tabaco, un año más tarde se incorporó a ese laboratorio Aaron Klug (Premio Nobel en 1982) con quien trabajó hasta su muerte de cáncer en abril de 1958. J. Watson, F. Crick y M. Wilkins obtuvieron en 1962 el Premio Nobel de Fisiología y Medicina por su descubrimiento de la estructura del ADN. Los Nobel no se conceden con carácter póstumo y R. Franklin nunca pudo compartir la gloria del descubrimiento de la estructura del ADN a pesar del papel crucial de su trabajo. Han tenido que pasar más de cincuenta años para que se reconociera su aportación incluso por el propio Watson quien en 1999 admitió que las fotografías de Rosalind «iluminaron sus investigaciones».

Cristina Garmendia Mendizábal (1962). Nacida en San Sebastián estudió Ciencias Biológicas en Sevilla, ya que tal como ella explica era el único campus donde se estudiaba Biología Molecular en esa época. Posteriormente se trasladó a Madrid donde realizó su doctorado en Biología Molecular bajo la dirección de **Margarita Salas**.

A principios de la década de 1990 se vinculó a la actividad empresarial, inicialmente en el Grupo Amasía dedicado a la industria pesquera. En el año 2000 fundó junto con otros investigadores del Consejo Superior de Investigaciones Científicas, la empresa Genetrix dedicada al desarrollo de tecnologías biomédicas y medicamentos, en la que ocupó los cargos de presidenta y delegada consejera. Cristina Garmendia fue una pionera en el establecimiento de las bases de una industria biotecnológica en España. En la actualidad Genetrix es un grupo de empresas que posee dos unidades de negocio: Cellerix, basada en el desarrollo de medicamentos que utilizan células madre de origen adulto y Biotherapix, centrada en la generación de nuevas moléculas terapéuticas basadas en el uso de anticuerpos para el tratamiento de enfermedades infecciosas, degenerativas e inflamatorias

Desde marzo de 2005 y hasta el momento en el que fue nombrada titular del ministerio de Ciencia e Innovación ocupó el cargo de presidenta de la Asociación Española de Bioempresas (ASEBIO), organismo que aglutina todas las empresas dedicadas a la biotecnología, También ha sido fundadora y presidenta de Inblomed, fundación que alberga el primer banco de células madre adultas en España.

Carol Greider (1961). Nació en Davis (California) donde su padre Ken Greider, era profesor de Física en la Universidad de California. Su madre era bióloga. Estudio Ciencias en la Universidad de California, en Santa Bárbara.

En su primer año, Greider trabajó en el laboratorio de Sweeney en biología celular y ritmos circadianos. En 1985 Greider entró en el laboratorio de **Elizabeth Blackburn** y ambas descubrieron, una enzima nueva que alargaba los telómeros. En esa época coincidió en la universidad con **Bárbara Mc Clintock** y recuerda que, a pesar de su admiración por ella tardó casi un año en hablarle. Su trabajo entonces se centró en la caracterización de esta enzima inusual, la telomerasa. En 1990 conjuntamente con Calvin Harley vieron que las repeticiones teloméricas TTAGGG se perdían con la edad en todos los tejidos del organismo, a excepción de la línea germinal. Entonces propusieron que esta pérdida de telómeros limitaría la vida de las células de los organismos. En 1997 se trasladó a la Universidad John Hopkins donde estableció dos líneas de trabajo, la que continúa con la identificación de la telomerasa y la que estudia el papel de los telómeros en el crecimiento de tumores. Fue designada por el presidente Clinton para la Comisión consultiva nacional de Bioética.

Carol Greider recibió el Premio Nobel de Medicina y Fisiología 2009 compartido con Jack Szostak y **Elizabeth H. Blackburn**.

Marianne Grunberg-Managoo (1921). Nació en San Petersburgo y estudió en Francia, país al que había emigrado su familia. Durante la Segunda Guerra Mundial ejerció como profesora de Matemáticas y Ciencias Naturales en Nimes (Francia) y posteriormente emigró a EE UU para continuar sus investigaciones. A los 33 años descubrió la enzima ARN polimerasa conjuntamente con Severo Ochoa, descubrimiento por el que Ochoa obtuvo el Premio Nobel de Fisiología y Medicina en 1959. Para justificar tal injusticia se dice que la Academia premió más el conjunto de trabajos de Ochoa que el relacionado con el papel del enzima. Todo indica que Severo Ochoa no tuvo nada que ver en ese tema, aunque tampoco se mostró especialmente generoso con su antigua colaboradora, puesto que no la mencionó durante la ceremonia de entrega del premio.

En 1961 fue nombrada directora de Investigación Bioquímica en el CNRS y, más tarde, Jefa del Servicio de Bioquímica del Instituto de Biología Fisicoquímica (IBPC) donde continúo su trabajo en la investigación del código genético y la regulación de la expresión génica.

Años más tarde, en 1967 fue la primera mujer en conseguir el puesto de profesora asociada en la Universidad de Harvard. También fue la primera mujer en dirigir la Unión Internacional de Bioquímica. En el año 2002 recibió el premio l´Oréal-Unesco por su trayectoria vital y su contribución al progreso científico.

Marie Claire King (1946). Nacida en Chicago, estudio genética en la Universidad de Berkeley. Fruto de su tesis doctoral fue comprobar, a través del estudio comparativo de proteínas, que los genomas de la especie humana y del chimpancé tienen un 99% de similitud.

En 1974 inició sus estudios sobre el ADN con el fin de comprobar si el cáncer de mama era hereditario, y en 1999 Marie Claire King y su equipo encontraron en el cromosoma 17 un gen marcador del gen del cáncer de mama.

Profesora en Berkeley desde 1976 hasta 1995 colaboró con el Equipo Argentino de Antropología Forense y con las Madres de la Plaza de Mayo, en la identificación de desaparecidos de la dictadura argentina, utilizando análisis de sangre con marcadores genéticos y ADN mitocondrial. En la actualidad es profesora en la Universidad de Washington, y sigue trabajando en la genética del cáncer de mama; asimismo continúa su trabajo humanitario, siendo su laboratorio centro de referencia para la identificación de ADN del tribunal de crímenes de guerra de las Naciones Unidas.

Esther M. Lederberg (1922-2006). Obtuvo su máster en Stanford con G.W. Beadle durante los años 1944-46 y su grado de doctora en la Universidad de Wisconsin en 1950. Fue la primera esposa de Joshua Landerberg con el que desarrolló un método a base de replicas de placas para demostrar que las mutaciones aparecen al azar e independientemente de los procesos de selección. En 1951 descubrió el fago lisogénico lambda de *E. coli*. Y contribuyó al descubrimiento del factor f de las bacterias en 1952.

Susan Lindquist (1949). Bióloga molecular especialista en el estudió del plegamiento de las proteínas. Nació en Chicago, estudió Microbiología en la Universidad de Illinois y se doctoró en 1976, en la Universidad de Harvard. Ha sido profesora del Departamento de Genética Molecular en la Universidad de Chicago durante el periodo 1978-2001, desde entonces ocupa la plaza de profesora en el Instituto Tecnológico de Massachussets. Es investigadora del Instituto Médico Howard Hughes y del Instituto Whitehead del que ha sido directora.

Susan Lindquist ha demostrado que los cambios en el plegamiento de proteínas pueden tener influencias profundas e inesperadas en campos tan diversos como en enfermedades neurológicas, el Parkinson y el mal de Huntington, la evolución y la nanotecnología. El laboratorio de Lindquist investiga, tanto cómo se forman los priones y las enfermedades que causan, como sus efectos positivos en los procesos biológicos.

En el año 2010 recibió la Medalla Nacional de Ciencias de Estados Unidos por sus trabajos sobre las proteínas.

Mary F. Lyon (1925). Genetista británica. Se graduó en la Universidad de Cambridge en 1946 y desde 1962 hasta 1986 dirigió la sección de genética en Harwell. Se dedicó a investigar los efectos de las radiaciones y de otros agentes en las mutaciones. En 1961 descubrió que el corpúsculo de Barr, que sólo aparecía en las hembras, representaba un cromosoma X inactivo en forma de heterocromatina y cinco años más tarde propuso la teoría denominada lionización en su nombre, según la cual uno de los dos cromosomas X en cada célula somática femenina es genéticamente inactivo. Sus investigaciones han permitido entender la ausencia de síntomas en mujeres portadoras de enfermedades asociadas al cromosoma X: hemofilia, distrofia muscular de Duchene, etc.

Barbara McClintock (1902-1992). Obtuvo el Premio Nobel de Medicina y Fisiología de 1983 por su revolucionario descubrimiento de elementos genéticos móviles del maíz. En 1948 propuso por primera vez el término transposición para indicar el cambio de posición de genes (jumping genes) con respecto a su patrón. En 1950 publicó muchos de sus resultados en las Actas de la Academia de Ciencias de EE UU. Fue un trabajo científico pionero en los años cincuenta, que encontró mucha oposición entre los genetistas de la época. La importancia del mismo no fue reconocida hasta principios de los setenta con la introducción de nuevas técnicas biológico-moleculares. El reconocimiento máximo a su trabajo no llegó hasta pasados treinta años. Barbara McClintock tenía ochenta y un años cuando recibió el Nobel a título individual, era la tercera mujer en ser premiada con este galardón en Medicina.

Christiane Nüsslein-Volhard (1942). Bioquímica alemana que obtuvo el Premio Nobel de Medicina y Fisiología en el año 1995 compartido con los norteamericanos Eric Wieschaus y Edward Lewis por sus descubrimientos sobre el control genético del desarrollo precoz del embrión. Chistiane Nüsslein-Volhard inició sus investigaciones en 1978 trabajando con genes de *Drosophila*. Tras un año de trabajo sobre el proceso de transformación del huevo de *Drosophila* en embrión segmentado, consiguió identificar 15 genes implicados en el control de las diferentes fases del desarrollo embrionario.

Con su propio dinero, y con el premio recibido del Programa Mujeres en la Ciencia de l'Oréal-Unesco, impulsó la creación de la Fundación Christiane Nüsslein-Volhard, que ofrece unas peculiares becas a investigadoras jóvenes, para facilitarles cuidadoras tanto para sus criaturas como para la casa, y de esta forma conseguir la conciliación de la vida familiar y laboral, uno de los grandes problemas de las mujeres científicas.

Tuneko Okazaki (1934). Nació en ToyoaKe Aichi (Japón). Ha pasado gran parte de su carrera en la Universidad de Nagoya, una de las más prestigiosas del país, hecho excepcional para una mujer de su generación en Japón. Fue la primera mujer que ocupó una cátedra universitaria. Dirigió las investigaciones sobre la segregación de los cromosomas y los mecanismos de replicación del ADN —fragmentos Okazaki—. De la Universidad de Nagoya pasó a la Facultad de Medicina de Fujita donde fue nombrada catedrática y actualmente realiza sus investigaciones sobre el centrómero humano y los cromosomas artificiales. Fue Premio l´Oréal–Unesco para Mujeres de Ciencia en el año 2000.

Margarita Salas Falgueras (1938). Bioquímica, cuya biografía se detalla en el tema 4, es una trabajadora incansable que no concibe la idea del retiro, según ella misma dice «me faltan dos años para la jubilación obligatoria, pero en el Consejo Superior de Investigaciones Científicas existe la figura del profesor «ad honorem», una figura puramente honoraria que te permite seguir trabajando *«me parece que son tres años renovables por otros tres y yo voy a seguir. Ya he dicho que me moriré con la bata puesta».*

Ruth Sager (1918-1997). Nació en Chicago. Estudió en las Universidades de Chicago y Rutgers. En los años 40 realizó su doctorado en genética del maíz en la universidad de Colombia, bajo la dirección de Marcus Rhoades. Fue una eminente genetista americana, en la que se pueden distinguir en su trayectoria científica dos etapas, en la primera, en los años 50 se dedicó a la genética citoplasmática, estudiando los genes de los cloroplastos en *Clamidomonas,* recopilando sus investigaciones en el libro *Genes y orgánulos citoplasmáticos.* A partir de los 70 se dedicó al estudio de la genética del cáncer de mama, en el Instituto del Cáncer de Dana-Farber.

Hasta 1966 no logró obtener un puesto de docente en la universidad. Fue profesora en el Hunter College hasta 1975. Terminó su carrera como profesora de Genética Celular en la Universidad de Harvard, siendo una de las primeras mujeres en conseguirlo.

Joan A. Steitz (1941). Nació en Minnesota en 1941. Estudió Química en la Universidad de Antioquia (Ohio) y tardó en dedicarse a la biología molecular porque tal como ella dice:

> «... cuando era una estudiante no había mujeres en las ciencias biológicas de ninguna universidad importante por lo tanto nunca me imagine estar donde estoy realmente pensé que sería una profesora asociada a un equipo de investigación de hombres».

En 1963 fue la única mujer, de una clase de 10 alumnos, que inició sus estudios de Bioquímica y Biología Molecular en Harvard, y fue también la primera mujer que trabajó bajo la dirección del Dr. James Watson investigando sobre el ARN del bacteriófago R17.

En 1975 publicó la investigación en la que demostraba como los ribosomas identifican el comienzo del ARN mensajero, posteriormente en los años 80 encontró nuevas pistas de cómo el ARN sale del núcleo celular identificando a los snRNPs y definiendo su función en las células de mamíferos.

Recibió el premio l´Oréal–Unesco (2001), por sus trabajos sobre la expresión de los genes y por haber abierto una vía al diagnóstico de enfermedades autoinmunes. En el año 2006 recibió el Premio Rosalind Franklin para las mujeres en la ciencia.

Actualmente es profesora de Biofísica y Bioquímica Molecular en la Universidad de Yale en Estados Unidos.

Nettie Marie Stevens (1861-1912). Nació en 1861 en Cavendish, Vermont, Estados Unidos. Recibió su primera educación en la escuela pública Westford Academy. Entre 1881 y 1883 Nettie realizó sus estudios superiores en la Westfield Normal School. En 1896 se trasladó a California e ingresó en la Leland Stanford University matriculándose de Fisiología, Alemán, Geología, Química y Botánica. Terminó su licenciatura en 1899 y entró en el Bryn Mawr Collage (Pasadera, California) como estudiante de doctorado, realizando su tesis doctoral sobre diversos tipos de protozoos. Durante esta época obtuvo becas para realizar investigaciones en Nápoles (Italia) y Würzburg (Alemania).

Al terminar su doctorado dudó entre dedicarse enteramente a la investigación o aceptar un puesto de profesora en la Bryn Mawr, que le aseguraría un sueldo, que por entonces le era indispensable. En marzo de 1904 recibió la notificación oficial de la Institución Carnegie concediéndole una beca. Gracias a ello pudo dedicarse a la investigación. En 1905 conjuntamente con Wilson le dio el nombre al denominado cromosoma accesorio. C.E. McClung que trabajaba con saltamontes y otros ortópteros sugirió que en la determinación del sexo, en el momento de la fecundación intervenía un cromosoma especial. Nettie Stevens observó en otros insectos, y especialmente en el gusano de la harina, que el macho no carecía de pareja para el cromosoma X sino que ésta estaba representada por un cromosoma muy pequeño al que denominó Y.

Fruto de sus años de investigación son la descripción de los cromosomas de la mosca del vinagre *Drosophyla melanogaster* y el descubrimiento de los cromosomas supernumerarios en ciertos insectos.

Murió en 1912 de cáncer de mama sin haber podido ocupar la plaza de profesora investigadora en el Bryn Mawr que acababa de crearse para ella.

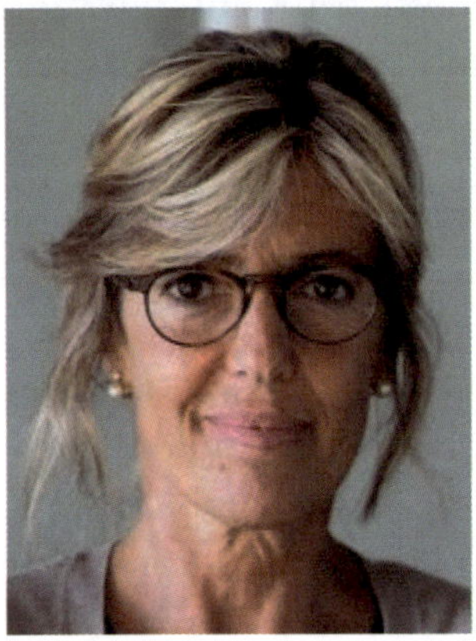

Anna Veiga Lluch (1956). Nacida en Barcelona. Licenciada en Ciencias Biológicas por la Universidad Autónoma de Barcelona en el año 1979, obtuvo su doctorado en 1991. Ha sido directora desde 1982 al 2004 del laboratorio de Fecundación in Vitro del Instituto Universitario Dexeus de Barcelona sobre reproducción asistida y artífice en el año 1984, de la primera bebe probeta de España, que recibió el nombre de Victoria-Ana en su honor. Desde 2005 es responsable del banco de células madre creado en el centro de Medicina Regenerativa de Barcelona y junto con el director del centro Juan Carlos Izpisúa trabaja en dos proyectos innovadores: por un lado, se trata se llegar a determinar por qué las células de una línea son capaces de perpetuarse indefinidamente en estado de pluripotencia, es decir, son capaces de poder transformarse en cualquier tipo de célula, en la derivación de líneas celulares embrionarias o de embriones congelados para poder ser utilizadas en la terapia génica. Por otro se estudia que hacer para que estas células se puedan transformar en cualquier tipo de célula.

Imparte clases en la Facultad de Ciencias Experimentales y de la Salud en la Universidad Pompeu Fabra y tiene un gran interés en divulgar su actividad científica, en el año 2011 publicó *El milagro de la vida, de la fecundación in vitro a las células madre.*

En junio de 2011 ha sido elegida presidenta de la Sociedad Europea de Reproducción Humana y Embriología.

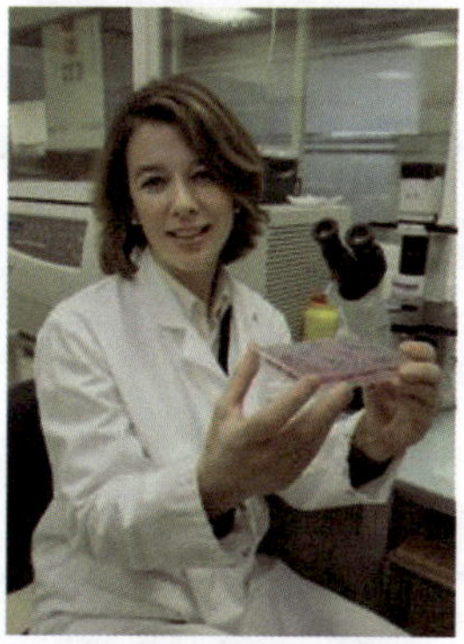

María Vivanco. Nacida en Basauri (Vizcaya), licenciada en Biología Molecular por la Universidad del País Vasco. Obtuvo una beca para trabajar en la Universidad de California. Entre 1997 y 2004 fue directora del laboratorio del Instituto de Investigación del Cáncer de Londres (Reino Unido), donde se identificaron células progenitoras de mama humana. Desde 2005 es investigadora principal del Centro de Investigación Cooperativa de Biociencias (CIC bioGUNE) de Bilbao. El trabajo de su equipo de investigación está dedicado a demostrar que el cáncer de mama no se origina en células somáticas, que son las normales, sino en las células madre. Se espera que los estudios con células madre contribuyan a solucionar el problema de las recaídas y conduzcan hacia terapias dirigidas a las células madre cancerosas.

En el año 2011 el equipo de investigación de María Vivanco ha elaborado un estudio científico donde se revela que el estrógeno puede ser un aliado vital en la lucha contra la erradicación del cáncer de mama.

Listado alfabético de naturalistas, biólogas moleculares y biotecnólogas mencionadas en el tema 2

Alvariño González, M.ª Ángeles	Oceanógrafa española, primera mujer que participó en una campaña de investigación a bordo de un barco oceanográfico británico, s. XX-XXI
André, Claudine	Conservacionista y primatóloga belga, directora del centro de recuperación de bonobos Lola Ya en el Congo, s. XX-XXI
Anning, Mary	Geóloga y paleontóloga británica, encontró el primer esqueleto de *Ictiosaurus*, s. XVIII-XIX
Atienza, Rebeca	Primatóloga española, directora del centro de rehabilitación de chimpancés de Tchimpounga (Congo), s. XX-XXI
Atkins, Anna	Botánica británica, utilizó el proceso de cianotipia para obtener imágenes de plantas, s. XVIII-XIX
Barré-Sinoussi, Françoise	Viróloga francesa, codescubridora del virus del SIDA y Premio Nobel de Medicina y Fisiología 2008, s. XX-XXI
Bascom, Florence	Geóloga estadounidense, inventora de la técnica del análisis microscópico, s. XIX-XX
Beausoleil, Martine De	Geóloga francesa, considerada la primera mujer geóloga por sus investigaciones sobre yacimientos minerales, s. XVI-XVII
Benett, Etheldred Anna M.ª	Geóloga británica, gran coleccionista de fósiles, s. XVIII-XIX
Blackburn, Elizabeth	Bioquímica australiana, llamada *reina de los telómeros*. Premio Nobel de Medicina y Fisiología 2009, s. XX-XXI
Blackburne, Anna	Entomóloga británica, gran coleccionista de insectos, s. XVIII
Blasco Marhuenda M.ª Antonia	Bióloga molecular, primera mujer directora del Centro Nacional de Investigaciones Oncológicas y un referente mundial en el estudio del cáncer y el envejecimiento, s. XX-XXI
Bosch I Tubert, Fátima	Biotecnóloga española dedicada a conseguir la curación de la diabetes por medio de la terapia génica, s. XX-XXI
Carbonero Zalduegui, Pilar	Biotecnóloga española, primera directora del Departamento de Genética Molecular de Plantas del Centro Nacional de Biotecnología, s. XX-XXI
Carson, Rachel	Zoóloga y ecologista estadounidense, alertó a la sociedad americana de los peligros del DDT, s. XX
Castellví I Piulachs, Josefina	Oceanógrafa, especialista en microbiología marina, fue jefa de la base científica española en la Antártica, s. XX-XXI

Catalán De Ocón, Blanca	Botánica española, gran recolectora de plantas y preparadora de herbarios, s. xix-xx
Catalán De Ocón, Clotilde	Entomóloga española, realizó una gran colección de Lepidópteros, s. xix-xx
Chase, Martha	Genetista estadounidense que participó en el grupo de investigación que en 1952 demostró que el ADN era el material genético, s. xx-xxi
Chow T., Louise	Viróloga china, desarrolló una técnica de microscopía electrónica que permitió el estudio de los genomas virales, s. xx-xxi
Cobb, Frieda	Genetista estadounidense, aplicó la genética mendeliana en plantas y reptiles, s. xix-xx
Cory, Suzanne	Genetista australiana, primera mujer presidenta de la Academia Australiana de Ciencias, s. xx-xxi
Creighton, B., Harriet	Genetista estadounidense, investigó los mecanismos de recombinación genética y trabajó junto a Barbara McClintock, s. xx-xxi
Crotty Davenport, Gertrude	Genetista estadounidense, trabajó conjuntamente con su marido en la revisión y redescubrimiento de las leyes de Mendel, s. xix-xx
Earle, Sylvie	Oceanógrafa americana, pionera de la investigación de fondos marinos, s. xx-xxi
Estrada Miyares, Marta	Oceanógrafa española ha realizado numerosas expediciones científicas por el Mediterráneo y la Ántartida, s. xx-xxi
Fernández de la Vega, Jimena	Pionera de la genética en España, s. xix-xx
Fisher-Hoch, Susan	Viróloga británica, cuyo objetivo de estudio son los virus de gran patogenidad, s. xx-xxi
Fossey, Dian	Primatóloga estadounidense, investigó a los gorilas de montaña, en las montañas de Virunga, s. xx
Franklin, Rosalind	Biofísica y cristalógrafa británica, contribuyó a la determinación de la estructura de doble hélice del ADN, s. xx
Galdikas, Biruté M.J.	Primatóloga alemana, experta en el estudio de orangutanes de Borneo, s. xx-xxi
García Vila, Encar	Bióloga española, trabaja en la rehabilitación y recuperación de la fauna costarricense, especialmente los monos aulladores, s. xx-xxi
Garmendia Mendizábal, Cristina	Bióloga molecular española, pionera en el establecimiento de las bases de una industria biotecnológica en España, s. xx-xxi
Garriga, Rosa	Primatóloga española, trabaja en el centro de recuperación de chimpancés, en Sierra Leona, s. xx-xxi

Goodall, Jane	Primatóloga británica, experta en el estudio de chimpancés, s. xx-xxi
Greider, Carol	Bioquímica estadounidense, experta en el estudio de los telómeros y la telomerasa. Premio Nobel de Medicina y Fisiología 2009, s. xx-xxi
Grunberg-Managoo, Marianne	Bioquímica rusa, descubrió la enzima ARN polimerasa conjuntamente con Severo Ochoa, s. xx-xxi
Guerri Sirera, Consuelo	Bióloga española, Premio Manfred Lautenschläger por sus estudios sobre los efectos del alcohol en el cerebro humano, s. xx-xxi
Holmes, Mary Emilee	Primera mujer estadounidense que obtuvo un doctorado en Geología, s. xix-xx
Hubbard, Ruth	Bióloga austriaca, primera mujer que obtuvo una plaza de profesora titular de Biología en la Universidad de Harward, s. xx-xxi
King, Marie Claire	Genetista estadounidense, ha aislado el gen del cáncer de mama, s. xx-xxi
Knight Britton, Elizabeth G.	Botánica estadounidense, especialista en el estudio de musgos, s. xix-xx
Lederberg, Esther M.	Genetista estadounidense, investigó uno de los mecanismos de reproducción bacteriana, la transducción, s. xx-xxi
Lehmann, Inge	Geóloga danesa, descubridora de una discontinuidad en la estructura de la tierra que lleva su nombre, s. xix-xx
Lindquist, Susan	Bióloga molecular, especialista en el plegamiento de las proteínas, s. xx-xxi
Llano, Karmele	Primatóloga española, trabaja en la recuperación de las poblaciones de orangutanes en Indonesia, s. xxi
Lyon, Mary F.	Genetista británica, ha dedicado su labor investigadora a las características genéticas del cromosoma X, s. xx-xxi
Maathai, Wangari Muta	Bióloga keniata, fundadora del Movimiento Cinturón Verde en Kenia y Premio Nobel de la Paz 2004, s. xx-xxi
Margulis, Lynn	Microbióloga estadounidense, autora de la teoría de la endosimbiosis, s. xx-xxi
Maxwell, Martha	Naturalista estadounidense considerada como una gran renovadora de la taxidermia, s. xix
MacClintock, Barbara	Genetista estadounidense, Premio Nobel de Medicina y Fisiología 1983, por sus investigaciones sobre genes transposones realizadas treinta años antes, s. xx

Merian, M.ª Sibylla	Entomóloga alemana, estudió los insectos de las colonias holandesas, s. XVII-XVIII
Mexia, Ynes	Botánica estadounidense, gran viajera y exploradora consiguió formar una colección de más de 150.000 ejemplares y descubrió 500 nuevas especies de espermatofitas, s. XIX-XX
Muñiz, Ruth	Bióloga española, estudia el águila harpía en la selva de Ecuador, s. XX-XXI
North, Marianne	Botánica británica, realizó numerosos viajes por todo el mundo buscando nuevas especies de plantas, s. XIX
Nüslein-Volhard, Christianne	Bióloga alemana, Premio Nobel de Medicina y Fisiología 1995. Sus trabajos se desarrollan, en el campo de la influencia de la genética sobre el desarrollo embrionario, s. XX-XXI
Ogilvie Gordon, María Matilde	Geóloga escocesa experta en el estudio geológico de los Alpes dolomitas. Galardonada con la Medalla Lyell de la Sociedad Geológica de Londres, s. XIX-XX
Okazaki, Tuneko	Genetista japonesa, investigó los mecanismos de replicación del ADN, s. XX-XXI
Ormerod, Anne Eleonor	Entomóloga británica, fue la primera mujer en obtener un doctorado honoris causa en la Universidad de Edimburgo, s. XIX-XX
Pérez Melis, Alicia	Bióloga española, estudia los mecanismos cognitivos de primates, s. XX-XXI
Sager, Ruth	Genetista estadounidense, estudió al comienzo de su carrera los genes de cloroplastos y posteriormente la genética del cáncer de mama, s. XX-XXI
Salas Falgueras, Margarita	Viróloga española, profesora *Ad Honorem* en el Centro de Biología Molecular «Severo Ochoa», la investigación básica sobre el virus bacteriano φ 29 ha sido y es su vida. s. XX-XXI
Schwarz, Marie Beatrice.	Botánica holandesa descubridora del hongo causante de la grafiosis, s. XIX-XX
Stevens, Nettie Marie	Genetista estadounidense descubridora del cromosoma Y, s. XIX-XX
Steitz, Joan A.	Bióloga molecular estadounidense, Premio l´Oréal-Unesco en el año 2001, por sus trabajos sobre la expresión génica, s. XX-XXI
Stokes, Emma	Primatóloga británica, estableció, en el año 2008 un nuevo censo de gorilas, en el Congo, s. XX-XXI
Tellería Jorge, María Teresa	Especialista en hongos, primera mujer directora del Real Jardín Botánico de Madrid. s. XX-XXI

Vargas Gómez-Urrutia, Astrid	Veterinaria española, especialista en Biología de la Conservación, fue directora del plan de cría en cautividad del lince ibérico en Doñana, s. xx-xxi
Veiga Lluch, Anna	Bióloga española, artífice de la primera bebe probeta de España, s. xx-xxi
Vidal Marsal, Carmen	Primátologa española, estudia los chimpancés en el Congo, s. xx-xxi
Vivanco, María	Bióloga molecular especialista en investigaciones sobre el cáncer de mama, s. xx-xxi
Westerdüjk, Johanna	Botánica holandesa, fue la primera mujer que consiguió ser profesora de universidad en los Países Bajos, s. xix-xx
Worsley, Anna	Botánica británica gran conocedora de la flora de Inglaterra, s. xix

Tema 3

MÉDICAS, MATRONAS, ENFERMERAS, RADIÓLOGAS Y FARMACÉUTICAS

Grabado siglo XIV.

INTRODUCCIÓN

Las mujeres siempre han sido sanadoras, acepción positiva para designar a las personas que sanan al que está enfermo, en contraposición al peyorativo curanderas. Ellas fueron las primeras médicas y anatomistas de la historia occidental. Fueron asimismo matronas que iban de casa en casa y de pueblo en pueblo. Durante siglos las mujeres fueron médicas sin título, excluidas de los libros y de la ciencia oficial, que aprendían unas de otras y cuyas experiencias se trasmitían entre vecinas o de madre a hija.

Hasta la segunda mitad del siglo XIX, no accedieron las primeras mujeres a la universidad en gran parte de los países de Europa y América para ser médicas. En la actualidad se prevé que a mediados de este siglo, las profesiones sanitarias serán mayoritariamente mujeres. Esta es una situación novedosa en un sector laboral donde hasta hace 50 años, la hegemonía femenina se limitaba a matronas y enfermeras.

Las universidades de la mayoría de los países europeos vetaron la entrada a las mujeres. En España, la superación de esa situación se logró en 1868, de nueve universitarias de este periodo, seis lograron terminar la carrera: **M.ª Elena Maseras** (1878), **Dolores Aleu** (1879), **Martina Castells** (1881), **Dolores Lleonart** (1886), **M.ª Luisa Domingo** (1861) y **Teresa De Andrés** (1889).

Las médicas que ya son una aplastante mayoría en las aulas, serán pronto mayoría en la sanidad española. Superan en número a sus colegas médicos varones entre los colegiados menores de 44 años y copan casi la mitad de las especialidades del Sistema Nacional de Salud.

La presencia de mujeres especializadas en traumatología, medicina interna y cirugía es menor que la de los hombres, aunque en paulatino aumento. El número de mujeres se aproximan al de los hombres en obstetricia-ginecología, pediatría y psiquiatría. Las mujeres tienen una mayor presencia en rehabilitación y como DUE/ATS, matronas y fisioterapeutas.

La presencia de mujeres farmacéuticas colegiadas supone cerca del 70% del total y son más de un 80% las diplomadas en enfermería (DUE) y matronas. La medicina tiene nombre de mujer sólo en la asistencia primaria, ya que conforme van subiendo peldaños en la escalera profesional, su número se va reduciendo a una pequeña minoría: ocupan sólo el 10% de las jefaturas de servicio de los hospitales españoles, el 14% de las cátedras universitarias y el 20% del escalón de profesorado de investigación. Se podrían explicar estos datos diciendo que las mujeres se han incorporado más tarde, pero esta es una verdad a medias ya que en la carrera de enfermería, donde la mayoría son mujeres, siguen siendo ellos los que ocupan las presidencias de los colegios profesionales. Otra posible razón, y tal vez la más evidente, es que los comités que deciden la promoción y la estructura de la medicina, en sus ámbitos clínico docente y de investigación, siguen dominados por hombres de avanzada edad que tienden a elegir a otros hombres.

Uno de los principales estereotipos de género en el sistema sanitario es aquel según el cual las mujeres se dedican a cuidar mientras que los hombres se centran en la tarea de curar. De esta manera se atribuye al sexo masculino el dominio de la técnica y la ciencia, mientras que las mujeres cuentan con una serie de destrezas y capacidades innatas que las hace mejores cuidadoras.

Las mujeres cuidan a hijos e hijas, cónyuges, progenitores en el ámbito privado y en el público su presencia es mayoritaria en matronería, enfermería, pediatría y geriatría.

Las mujeres que se dedican al ejercicio de la medicina se encuentran con el dilema de optar entre el ejercicio del derecho a la maternidad y la necesidad de desarrollo profesional, un conflicto que no es fácil de resolver y que tiene consecuencias en lo personal y en lo profesional. Las médicas tienen un menor número de criaturas, si se compara con sus colegas masculinos.

También existen diferencias de género en la forma de atender a los pacientes; distintos estudios demuestran que las médicas obtienen un mayor reconocimiento profesional por parte de las personas enfermas, son más participativas, realizan más actividades de prevención, dedican más tiempo a las consultas, transmiten más información. Pero esta atención más centrada en la persona enferma no siempre es reconocida entre los profesionales, más bien al contrario, suele suscitar sentimientos negativos por la presión ejercida por el propio sistema sanitario.

Los estudios prospectivos, según fuentes de la Fundación de la Confederación Estatal de Sindicatos Médicos (FCESM), señalan que alrededor de un 65%

de los profesionales médicos en el 2030 serán mujeres. Este hecho cambiará radicalmente el perfil de muchas especialidades y obligará a elaborar modelos más flexibles, que permitan una mejor conciliación de la vida laboral y la familiar. Esto es así como consecuencia de sus propias opciones biológicas (maternidad) y del mayor peso que como soporte familiar y social sigue teniendo la mujer frente al hombre, independientemente de la discusión sobre la mayor o menor aportación de éste y la necesidad de un reequilibrio de los roles. Parece evidente que la feminización de la medicina significara cambios

En este capítulo se revisarán las aportaciones que han realizado algunas mujeres en los distintos campos de la salud.

MÉDICAS

A partir del momento histórico de la introducción gradual de la agricultura y de la domesticación de los animales se transformaron radicalmente las costumbres de las comunidades humanas, que se volvieron sedentarias e iniciaron una diferenciación de roles sociales que culminaron con la instauración de una sociedad patriarcal, en la que las mujeres recolectaban hierbas medicinales y se iniciaban en las técnicas de obstetricia, entre otras tareas.

Así pues las mujeres, en mayor o menor grado y de una forma u otra, siempre han estado presentes en el ejercicio de la medicina. Las médicas que se mencionan a continuación, y sus peripecias vitales y profesionales, son una pequeña muestra de las múltiples dificultades que tuvieron que superar para desarrollar su oficio a lo largo de la historia.

Agnodice (300 a.C). Nació en Atenas, en una época en que las mujeres tenían prohibido ejercer la medicina, así que, vestida de hombre, se fue a Alejandria a estudiar medicina y obstetricia. Al volver a Atenas, todavía disfrazada de hombre, ejerció su profesión con éxito entre las mujeres de la aristocracia. Los médicos atenienses se sintieron celosos de sus éxitos y la denunciaron acusándole de seducir y corromper a las mujeres. Agnodice reveló entonces que era una mujer y fue condenada a muerte. Las mujeres de la ciudad, algunas de ellas esposas de los miembros del tribunal, se presentaron ante los jueces y amenazaron morir con ella si era ejecutada. Esta resistencia organizada dio sus frutos. Agnodice fue liberada y se le permitió seguir ejerciendo la medicina, vestida y peinada como quisiera. A raíz de eso, el Consejo Ateniense modificó la ley y autorizó a las mujeres a estudiar dicha profesión.

Durante los primeros tiempos no hubo médicos profesionales y no fue hasta los dos primeros siglos de nuestra era cuando la medicina se convirtió en una profesión. En los hospitales eran frecuentes las mujeres nobles, ejerciendo como médicas e incluso existían oportunidades de ingreso en la profesión para las mujeres plebeyas. Esta etapa finalizó con la instauración en Europa de una época oscurantista, propiciada por el auge del cristianismo, la aparición de numerosos cultos y el caos religioso.

En el siglo I de nuestra era, estos tres fenómenos provocaron el interés por la astrología y el misticismo, que sustituyeron a la investigación científica. A partir de ese momento se inició en Europa una larga étapa que se prolongó hasta el siglo IX, cuando se produjo una recuperación intelectual. En este periodo se puede destacar la figura de:

Trótula (1090-1160). Médica de la Escuela de Salerno, primer centro médico que no estaba conectado con la Iglesia y que gozaba de una gran reputación por sus estudios científicos y médicos y era considerada la primera universidad de Europa. En la escuela de Salerno se permitía a las mujeres acceder a la titularidad médica sin limitaciones, en una época en la que el acceso de las mujeres a la profesión médica estaba prohibido. Fue la autora del más célebre tratado de Obstetricia y Ginecología de la Edad Media: *De Pasionibus mulierum curandorum ante, in, post Jartum,* conocido como *Trótula Mayor.* Este tratado consta de sesenta capítulos y en el se recogen temas tales como la menstruación, la concepción, el embarazo, el parto, el control de la natalidad, además de diversas enfermedades ginecológicas y de otro tipo, así como de sus remedios. Se usó como texto de medicina hasta el siglo XVI. La obra se imprimió, por vez primera, en Estrasburgo, el año 1554.

Las enseñanzas ginecológicas de Trótula de Salerno serían seguidas durante muchos años en toda Europa, convirtiéndola en la mujer de mayor prestigio en Obstetricia y Ginecología de la Edad Media.

Hasta el siglo XIII las mujeres pudieron ejercer como médicas y sanadoras sin demasiadas dificultades, pero fue desde el momento en que aparecieron las universidades, a las que no tenían acceso las mujeres, y se afianzó la profesión médica entre los varones, que se inició una activa campaña contra las mujeres médicas, las mujeres sanadoras, **las Brujas.** La represión de las sanadoras bajo el avance de la medicina institucional fue una lucha política que duró más de cuatro siglos (desde el XIV al XVII). Miles de mujeres fueron ejecutadas, en su mayoría quemadas vivas en la hoguera, en Alemania, Italia, España, Francia e Inglaterra.

En el siglo XVIII la medicina seguía siendo oficialmente una actividad masculina, pero al igual que en las demás épocas había mujeres que luchaban para seguir trabajando en este campo y posteriormente para conseguir el reconocimiento oficial de su profesión. Algunas de ellas fueron:

Anna Morandi Manzolini (1714-1774). Anatomista italiana nacida en Bolonia. A los 20 años se casó con Giovanni Manzolini, un profesor de anatomía de la Universidad de Bolonia, experto en modelos anatómicos. A pesar de sus reservas para trabajar con cosas muertas, estudió diversos especimenes y se convirtió en una experta en hacer modelos de cera, los cuales alcanzaron fama en toda Europa. Desde los siglos XVI y XVII se utilizaba la cera para moldear el cuerpo humano, debido a la escasez de cadáveres para ser utilizados en estudios médicos.

Su marido enfermó de tuberculosis y ella obtuvo permiso para sustituirle impartiendo clase en la universidad, convirtiéndose en profesora de anatomía. En 1760 obtuvo el título de la Cátedra de Modelado Anatómico de la Universidad de Bolonia.

Sus modelos de cera obtuvieron el reconocimiento de la comunidad médica y el Papa Benedicto XIV le concedió una paga anual de por vida. Dos de sus figuras de cera, un autorretrato, en el cual se representa a si misma mientras disecciona un cerebro humano, y otra de su marido en la misma actividad, se encuentran expuestas en el Palacio Poggi de Bolonia.

Dorotea Christina Leporin Erxleben (1715-1762). Médica alemana nacida en Quedlimbourg e hija de un médico, que la educó de la misma forma que a su otro hijo varón. En 1741 fue admitida en la Universidad de Halle y, gracias a la intervención de Federico el Grande, se doctoró en 1754, convirtiéndose en la primera mujer alemana en obtener un doctorado en Medicina. Tardó muchos años en aprobar su tesis que tuvo que simultanear con su matrimonio con el Dr. Erxleben, viudo y con cuatro hijos, y el nacimiento de otros cuatro hijos. Sus reflexiones acerca de los inconvenientes que sufren las mujeres para compaginar sus estudios y sus labores domésticas le condujeron a escribir un libro titulado *Examen de las causas que alejan a las mujeres del estudio* (1742).

En 1747 se hizo cargo de la consulta médica de su difunto padre, ejerciendo sin titulación y originando numerosas críticas de los médicos varones. La muerte de uno de sus pacientes fue lo que la impulsó a realizar su tesis doctoral titulada *Quod nimis CITA AC quounde curare saepius fiat causa menos tutae curationis,* y a pasar el examen de suficiencia con éxito, pero aún tuvo que esperar el permiso real para que se le concediera el título. Desde ese momento ejerció la medicina, atendiendo especialmente a mujeres y niños. Es importante destacar que la Universidad de Halle no entregó ningún otro título a una mujer hasta 1901.

Marie Catherine Biheron (1730-1815). Pionera de los estudios de Anatomía. Nació en París en el seno de una familia modesta, su padre era boticario. Se apasionó por las reproducciones anatómicas, estudió dibujo en París y posteriormente en Londres. Cuando decidió que sus conocimientos eran suficientes fabricó reproducciones anatómicas en cera. No se conoce como Marie Catherine obtenía los cuerpos que le servían de modelo, en una época en la que las mujeres no pertenecían a la comunidad médica oficial, pero existen algunos testimonios escritos que narran como Biheron contaba con personas que robaban cadáveres al ejército y que luego ella conservaba en su jardín para su posterior utilización.

En 1759 presentó su obra a los académicos reales de Francia, recibiendo numerosas alabanzas. En una posterior reunión presentó un modelo de un cuerpo de mujer embarazada que se podía abrir y permitía examinar los componentes internos, y que era utilizado para enseñar al alumnado como actuar frente a partos peligrosos. Los modelos de Biheron fueron utilizados por la matrona **Le Boursier du Coudray**.

En 1771 realizó una presentación en la Academia Real de Ciencias a la que asistieron numerosas autoridades e incluso se permitió la entrada a las mujeres de la corte. La emperatriz Catalina II de Rusia, asistente a dicha reunión, compró los modelos de Marie Catherine para la Academia de Ciencias de San Petersburgo.

Biheron no recibió nunca ninguna compensación económica por su trabajo y se ganó la vida abriendo su gabinete anatómico todos los miércoles, para que los asistentes pudieran realizar sus estudios.

James Miranda Stuart Barry (1795-1865). Médica del ejército británico nacida en Belfast (Irlanda del Norte). Vivió toda su vida como un hombre, llamado James Barry, y solo cuando en 1865 se practicó su autopista se descubrió que en realidad era una mujer.

Se disfrazó de hombre para poder matricularse en la Universidad de Edimburgo obteniendo el doctorado en Medicina en 1812. Se unió al ejército británico y fue nombrado inspector médico en el sur de África. Trabajó en Sudáfrica mejorando los suministros de agua potable y realizando la primera cesárea de la que se tiene noticia. Después de estar en África, Malta y Crimen fue nombrada inspector general de los hospitales canadienses en 1857. Tras enfermar de fiebre amarilla y regresar a Gran Bretaña, se retiró en 1864 y murió un año más tarde. El revuelo creado tras descubrirse que era una mujer no impidió que fuera enterrada en el cementerio de Kensal Green, con el nombre de James Barry y su rango oficial.

Aparte de J.M. Barry Stuart y la ya mencionada **Agnodice** otras mujeres que se vieron obligadas a practicar el travestismo masculino para poder ejercer la medicina, fueron la estadounidense **Mary Edwards Walker** (1832-1919) y la suiza **Henriette Faver Caven** (1791-1856).

Madeleine Gébelin Brès (1839-1925). Médica francesa nacida en Bouillargues en Gard, cuya vocación nació acompañando a su padre al Hospital de Nîmes donde trabajaba como artesano. Casada a los quince años y madre de cuatro hijos, necesitó la aprobación de su marido para poder inscribirse en las pruebas de bachillerato. Tres años más tarde, y gracias al apoyo del ministro de Educación y de la propia Emperatriz Eugenia, consiguió entrar en la Facultad de Medicina (1868). Siete años más tarde presentó su tesis, convirtiéndose en la primera mujer francesa en obtener el título universitario.

Al estallar la guerra franco-prusiana trabajó en el Hospital de la Pitié, donde destacó por su ardor en el trabajo y su celo en el servicio hospitalario. Se especializó en pediatría e impartió conferencias sobre los cuidados infantiles. Dirigió el periódico «La salud de mujeres y niños» y escribió numerosos libros sobre el cuidado infantil. En Francia muchas escuelas infantiles llevan su nombre.

Elizabeth Blackwell (1821-1910). Nació en Bristol (Inglaterra). En 1831 su familia emigró a los Estados Unidos. Tras la muerte de su padre, ocurrida en 1847, decidió estudiar Medicina en Filadelfia pero no consiguió ser admitida. Elizabeth cambió de estrategia y envió más de diez solicitudes a otras tantas universidades de ciudades más pequeñas: todas ellas la rechazaron. Finalmente consiguió ser admitida en una pequeña universidad, el Geneva Medical College de Nueva York, aunque en su vida de estudiante tuvo que superar numerosas discriminaciones por ser mujer, tanto por parte del alumnado como del profesorado. En 1849 se convirtió en la primera mujer en recibir el título de doctora.

Regreso a Filadelfia e intentó ser admitida en algún hospital, para adquirir más experiencia en práctica hospitalaria. No lo consiguió y en 1849 se marchó a París, donde tras muchas vicisitudes, logró trabajar en el hospital La Maternité, pero no como doctora sino como estudiante de matrona. Un accidente laboral la dejó ciega de un ojo, truncándose así sus aspiraciones de convertirse en cirujana. Un año más tarde logró ser admitida en el St Bartholomew's Hospital de Londres y durante su estancia en esa ciudad conoció a **Florence Nightingale.**

En 1851 regresó a EE UU y comenzó la búsqueda de una casa donde instalar su consulta y desarrollar su labor profesional repartida entre la atención a familias de clase media y la atención a mujeres de escasos recursos económicos, influenciada sobre todo por las experiencias sanitarias relacionadas con la prostitución que había vivido en París y Londres.

Sus comienzos fueron difíciles y con escasos ingresos económicos, pero a pesar de eso consiguió salir adelante y en 1857, junto a su hermana Emily, fundó el Hospital de Mujeres y Niños de Nueva York, primero de una serie de hospitales de mujeres atendidos por mujeres y con la finalidad de proporcionar asistencia médica y quirúrgica a mujeres y niños necesitados, entrenar un eficiente cuerpo de enfermeras para servicio de la comunidad, y proporcionar un ambiente clínico donde las mujeres doctoras recién graduadas en medicina, pudieran recibir instrucción clínica práctica.

En 1868, y también junto a su hermana, fundó la Escuela de Medicina de Mujeres de Nueva York. Al año siguiente volvió a Inglaterra, donde ejerció la cátedra de ginecología en la London School of Medicine for Children, fundada por **Elizabeth Garrett**, hasta su jubilación en 1907.

Elizabeth Blackwell escribió tratados para difundir consejos y recomendaciones sobre la prevención de las enfermedades y la mejora de la higiene y la alimentación. Entre sus obras cabe destacar *La educación física de las jóvenes* (1852), *El elemento humano del sexo* (1884) y la autobiográfica *Primeros trabajos para la apertura de la profesión médica a las mujeres* (1895).

Emily Blackwell (1826-1910). La hermana de Elizabeth estudió Medicina y obtuvo su título en 1857. Tuvo también dificultades para poder ser admitida en la universidad. Lo logró primero en la Rush Medical College de Chicago, pero tuvo que abandonar al finalizar el primer año pues sus compañeros varones se organizaron para vetar su presencia. Tras ello aceptada para continuar sus estudios en la Western Reserve University en Cleveland (Ohio).

Durante dos años viajó a Edimburgo, Londres, París y Berlín para completar su formación y en 1857, a su regreso a los EE UU colaboró en la apertura del Hospital de Mujeres y Niños de Nueva York, junto a su hermana Elizabeth y la doctora **Marie Zakrzewska.** Se encargó de la gestión de enfermería y de la cirugía y se convirtió en la responsable única cuando Elizabeth viajó a Europa y María se estableció en Boston.

En 1868 las hermanas Blackwell abrieron la Escuela de Medicina de Mujeres de Nueva York, donde se convirtió en profesora de Obstetricia y que quedó también a su cargo cuando Elizabeth regresó de nuevo a Europa. Esta institución funcionó con éxito hasta el año 1899, cuando la Universidad de Cornell comenzó a admitir mujeres en su programa médico.

Rebecca Lee Crumpler (1831-1895). Nació en Richmond (Virginia) y creció en la casa de su tía en Pensilvana. Dedicaba mucho tiempo a cuidar a las personas enfermas de su entorno, hecho que influyó de forma decisiva en la trayectoria profesional de Rebecca.

En 1852, sin apenas preparación previa comenzó a trabajar como enfermera, en Charlestown (Massachussets). Durante los ocho años que trabajó de enfermera muchos de los médicos le sugirieron que estudiara Medicina. En 1859 se inscribió en la New England Female Mediacal College de Boston.

Al estallar la Guerra de Secesión tuvo que abandonar sus estudios y volver a Richmond. Regresó a la universidad en 1863 pero encontró que la dotación económica que le permitía asistir ya no existía, por lo que tuvo que buscar una nueva forma de financiación y obtuvo una beca de la Fundación Wade. Así continuó sus estudios, obteniendo su título en 1864 y convirtiéndose en la primera mujer médica afroamericana. Realizó prácticas médicas en Richmond y más tarde regresó a Boston. Centró su trabajo en las enfermedades que afectan a mujeres y niños, con especial atención a las personas de menor poder económico.

En 1883 escribió un libro autobiográfico titulado *A Boock of Medical Discourses in two parts,* donde exponía su lucha por ser admitida en una institución universitaria y sus conocimientos y experiencias médicas, considerado el primer libro de medicina escrito por una mujer afro titulado americana.

Elizabeth Garrett Anderson (1836-1917). Nació en Londres, pero su familia se trasladó a Aldeburg, donde Elizabeth pasó su infancia y después su madurez. Realizó su formación en casa y a los trece años fue enviada junto a su hermana a un internado.

En 1859 tras asistir a una conferencia de **Elizabeth Blackwell,** decidió estudiar Medicina. Inició la aproximación a estos estudios trabajando como enfermera en el Hospital Middlesex, en Londres. Intentó matricularse de Medicina en varias universidades y fracasó en todas ellas. Lo único que consiguió fue asistir a algunas clases, pero poco a poco fue haciéndose un curriculum que le permitiera acceder al examen de licenciatura. Una vez finalizada su preparación, inició nuevamente un peregrinaje por diferentes universidades para presentar su solicitud de examen. En 1865 la Sociedad de Boticarios se la aceptó y Elizabeth Garrett obtuvo las máximas calificaciones, convirtiéndose en la primera mujer médica de Gran Bretaña. Inmediatamente después esta organización cambió su reglamento para evitar que otras mujeres obtuvieran una licenciatura.

Comenzó su actividad profesional abriendo, con la ayuda económica de su padre, un consultorio privado, ya las mujeres seguían sin poder trabajar en los hospitales. Sus inicios fueron difíciles pero poco a poco fue haciéndose con una clientela. Coincidiendo con una epidemia de cólera que asoló Londres, y que hizo más permisiva la situación de las mujeres médicas, abrió el Dispensario St. Mary para ayudar a mujeres y niños de las clases más desfavorecidas.

Aunque estaba registrada y podía ejercer como médica, Elizabeth no renunciaba a poder obtener el doctorado en medicina. Enterada de que en París podría realizar su aspiración, estudió francés y se presentó a los exámenes con una tesis doctoral sobre la migraña. Consiguió el título en el año 1870.

Ese mismo año logró un puesto en el Hospital East London para niños pero al ser incompatible con su actividad privada y con su reciente maternidad dimitió. Dos años más tarde el dispensario se convirtió en el Nuevo Hospital para Mujeres, donde **Elizabeth Blackwell** ejerció de ginecóloga y ella de cirujana. En 1874 cofundó junto a **Sophia Jex-Blake** y las hermanas **Blackwell** la London School of Medicine for Women, donde ejerció como profesora el resto de su carrera profesional y asumió diversos puestos directivos. Ese mismo año fue admitida en la Asociación Médica Británica, siendo la primera mujer en conseguirlo y la única durante 19 años. Tuvo una participación activa en la misma pese a la hostilidad que mostraron muchos de sus compañeros.

Elizabeth Garrett participó activamente en el movimiento sufragista y en la vida política de Aldeburg, localidad a la que había regresado junto a su marido e hijos. Fue nombrada alcaldesa y, una vez más, fue una pionera de su época al convertirse en la primera mujer alcaldesa en Gran Bretaña.

A partir de 1912 la salud de Elizabeth comenzó a debilitarse, su visión y sus capacidades mentales empezaron a fallar. Murió cinco años después sin recordar su enorme contribución a la lucha de las mujeres por la igualdad.

Sophia Luisa Jex-Blake (1840-1912). Médica británica. Nació en Hastings, estudió en escuelas privadas del sur de Inglaterra y se matriculó en el Queen´s College de Londres, pese a las objeciones de su familia. Al terminar, aceptó un puesto de profesora de Matemáticas pero no pudo percibir un salario por ello ya que sus padres se opusieron a que realizara un trabajo remunerado.

Para conocer el funcionamiento de escuelas para chicas viajó a Alemania, donde trabajó como profesora de inglés. En 1865 viajó, con el mismo fin, a Estados Unidos y frecuentó medios hospitalarios femeninos. Fruto de estos contactos, empezó a surgir en Sophia la necesidad de estudiar Medicina; solicitó matricularse en la Universidad de Harward pero su solicitud fue denegada. Se desplazó a Nueva York y siguió un curso impartido por **Elizabeth Blackwell** en la escuela de medicina de mujeres. Tras dos meses de trabajo y estudio regresó a Inglaterra y, deseosa de obtener el título de doctora en Medicina, solicitó su inscripción en la Facultad de Medicina de Edimburgo, admisión que finalmente consiguió. Los años pasados en la Universidad de Edimburgo, desde 1869 a 1874, constituyen un capítulo fundamental en la biografía de Sophia Jex-Blake. Durante estos años cursó la totalidad de materias y realizó las prácticas hospitalarias requeridas para optar al título de médica. Al mismo tiempo desarrolló una continua actividad para tratar de superar las numerosísimas dificultades que impedían su acceso y el de sus compañeras a la universidad, y el posterior ejercicio de la profesión, lo que le creo muchos enemigos entre el profesorado y le impidió aprobar.

En el verano de 1874 crea en colaboración con **Elizabeth Garrett**, **Emily Blackwell** y **Elizabeth Blackwell** la London School of Medicine for Women, que acogió el primer año a 23 estudiantes, y siguió con su lucha para conseguir que las mujeres pudieran acceder a los tribunales de examen.

En el año 1877 Sofía, que había terminado sus estudios en Berna (Suiza), recibió la autorización para ejercer la medicina en su país. Al año siguiente se instaló en Edimburgo e inició el ejercicio de la medicina, dedicando especial atención a las mujeres de escasos recursos. Continuó su labor para conseguir el acceso de las mujeres a los estudios de medicina y en 1886 fundó el Edinburgh School Medicine y tres años más tarde abrió una segunda escuela de Medicina, denominada The Medical College for Women. Ambas instituciones coexistieron hasta 1898

En 1886 Sophia Jex-Blake publicó bajo el título de *Medical Women, A Thesis and a History,* formado por dos volúmenes: *I. Medicine as a Profession for Women*, y *II. The Medical Education of Women: I. The Battle in Edinburgh, II. The Victory won*

Martina Castells Ballespí (1852-1884). Nació en Lleida, hija de una extensa dinastía de médicos y debido a su precaria salud tuvo muchas dificultades para poder acceder a los estudios médicos. Estudió secundaria en Lleida y al terminar, en el año 1877, se matriculó de Medicina en la Universidad de Barcelona y realizó su examen de licenciatura en 1882. Ese mismo año se doctoró en Madrid con una tesis que reivindicaba la educación de las mujeres como un tema de actualidad y de vital importancia (*Educación física, intelectual y moral que debe darse a la*

mujer para que contribuya en grado máximo a la perfección y la dicha de la Humanidad). Fue la segunda mujer en alcanzar el doctorado. La polémica levantada por los bien pensantes de la época sobre la presencia de mujeres en las universidades, provocó la aparición, de una Real Orden que negaba el acceso a las mujeres a los estudios universitarios. Solamente aquellas alumnas que a esa fecha estuvieran dentro de la universidad, tendrían derecho a examinarse y terminar sus estudios.

Se casó con un médico militar y se trasladó a Reus (Tarragona), donde ejerció como pediatra en el Hospital militar y en el Instituto Pere Mata. Desgraciadamente su trayectoria profesional fue muy breve, ya que murió a los treinta y un años al sufrir una nefritis mientras estaba embarazada.

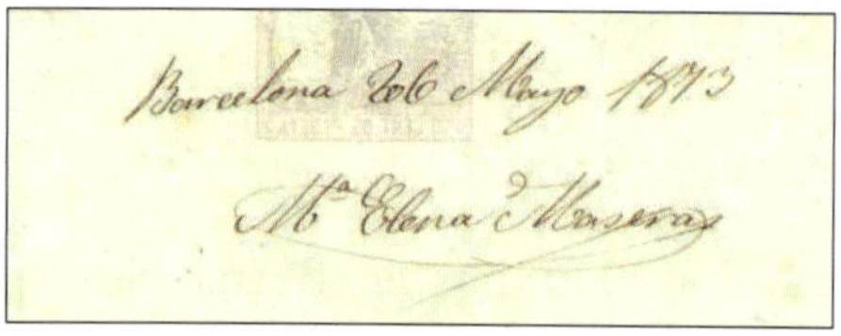

María Elena Maseras Ribera (1853-1900). Nacida en Vila-seca (Tarragona), fue la primera matriculada en la carrera de Medicina, en la Universidad de Barcelona. Hija de una familia de médicos, quiso seguir la tradición familiar. Para ello tuvo que pedir autorización al rey Amadeo I de Saboya, que en 1871, promulgó una Real orden que permitía el acceso de las mujeres a los estudios de Medicina. En septiembre de 1872, Elena Maseras fue la primera mujer que piso las aulas de la facultad, acompañada por los aplausos de sus compañeros. Terminó todos los estudios correspondientes a la licenciatura en junio de 1878, y se trasladó a Madrid para realizar el doctorado. Pero el hecho de que una mujer hubiera cursado la totalidad de los estudios de Medicina causó tal estupor a las autoridades madrileñas que le fue negado el título de Licenciatura, a que, evidentemente, tenía derecho. Finalmente obtuvo el grado de Licenciada en 1882, pero renunció a examinarse de la única asignatura que tenía pendiente para finalizar los estudios de doctorado, por la presión a que se vio sometida por parte del profesor de la misma, Tomás Santero. Elena Maseras, que debería haber sido la primera doctora de España, no ejerció nunca la Medicina. Ante las dificultades encontradas, aprovechó los años en los que se le impidió obtener de la licenciatura para cursar Magisterio, profesión a la que se dedicó posteriormente y que ejerció en Vilanova i la Geltrú (Barcelona) y en Maó (Menorca), donde murió.

María Dolores Aleu Riera (1857-1913). Nació en Barcelona. Hija única, fue educada en casa con profesores particulares y estudió secundaria en un instituto público de Barcelona. Ingresó en la Facultad de Medicina en septiembre

de 1874 y terminó sus estudios en 1879, pero no obtuvo permiso para realizar el examen de licenciatura hasta tres años después. Ese mismo año leyó su tesis doctoral titulada, *De la necesidad de encaminar por nueva senda la educación higiénico-moral de la mujer*, en la que trataba de rebatir el argumento de la falta de capacidad de las mujeres para los estudios profesionales, que según Aleu se debían a diferencias en la educación. La lectura de su tesis doctoral tuvo lugar cuatro días después de la de **Martina Castells.**

Ejerció la medicina durante 25 años y se especializó en Ginecología y Medicina infantil. Fue profesora de higiene doméstica en la *Acadèmia per a la Il.lustració de la Dona.*

Autora de textos de carácter divulgativo orientados a mejorar la calidad de vida de las mujeres, entre los que destaca *Consejos a una madre sobre el régimen, limpieza, vestidos, sueño, ejercicio y entretenimiento de los niños.*

Florence Rena Sabin (1871-1953). Nació en Colorado. Su madre murió siendo ella muy pequeña por lo que pasó su infancia y su adolescencia con sus abuelos. En 1893 terminó el bachillerato y aunque ese mismo año la Escuela de Medicina Johns Hopkins inició la admisión de alumnas, Florence tardó dos años en poder inscribirse ya que dado el coste económico que tenían los estudios de medicina, se dedicó a dar clases de Matemáticas y Zoología.

Tras su graduación se dedicó a la investigación, tarea en la que contó con el apoyo del Prof Mall, director del departamento de Anatomía. Fruto de ese trabajo fue el texto *An Atlas of the Medulla and Midbrain* (1901), una obra de referencia de la época.

Fue admitida como profesora asociada en la Johns Hopkins y al morir el profesor Mall, parecía que iba a ser designada para sustituirle pero el nombramiento recayó sobre otro alumno, a pesar del prestigio y el número de publicaciones que tenía Florence. En 1917 fue nombrada profesora de Histología y permaneció en la Universidad Johns Hopkins durante siete años, investigando sobre hematología, inmunología e histología. Fue la primera mujer en ocupar una cátedra en dicha universidad.

En 1925 se trasladó al Instituto Rockefeller de Nueva York para dirigir el Departamento de Inmunología. Fue la primera mujer que consiguió dirigir un departamento en dicho instituto. Enfocó sus investigaciones en la lucha contra la tuberculosis. Al año siguiente fue admitida en la Academia Nacional de Ciencias, siendo también la primera mujer en lograrlo.

En 1938 se jubiló y volvió a Colorado pero su jubilación duró poco tiempo; el gobernador del estado le pidió que encabezara el Comité de Salud del Estado, desde el que la Doctora Sabin hizo grandes reformas, destinadas a mejorar la salud infantil. Se retiró por segunda y última vez en 1951, aunque siguió escribiendo e impartiendo conferencias sobre salud pública.

Su labor ha sido reconocida con la Medalla Trudeau de la Nacional Tuberculosis Association (1945), y el Premio Lasker a su labor científica (1951). En homenaje a su figura la Universidad de Colorado le puso su nombre a un edificio del departamento de Medicina (1959) y también lleva su nombre uno de los cuatro colegios de la Universidad Johns Hopkins (2005).

Virginia Apgar (1909-1974). Médica estadounidense especializada en anestesia y pediatría. Creadora del test de Apgar, método utilizado para evaluar la salud de los recién nacidos a través del análisis de la frecuencia del corazón, la respiración, el movimiento, la irratibilidad y el color un minuto después del nacimiento. Nació en Wostfield, New Jersey, y en sus años de secundaria ya había decidido estudiar medicina. Tras graduarse en el Colegio Mount Holyoke (1929) donde se especializó en zoología, ingresó en la Universidad de Médicos y Cirujanos de Columbia, siendo una de las nueve mujeres que iniciaron los estudios ese año. Se graduó en 1933 y empezó a hacer prácticas de cirugía en el Hospital presbiteriano, pero sus tutores le aconsejaron, que, dadas las pocas perspectivas que tenía una mujer cirujana, cambiase de especialidad. Aceptó las sugerencias y realizó su formación como enfermera anestesista.

En 1938 fue nombrada Jefa de la división de anestesia del Departamento de Cirugía del Hospital presbiteriano. Durante diez años impartió la docencia y desarrolló proyectos de investigación sobre anestesia obstétrica, sobre la influencia de la anestesia en las mujeres gestantes, sobre los recién nacidos y como continuar disminuyendo las tasas de mortalidad neonatal.

En el año 1952 realizó un master en Salud pública en la Universidad Johns Hopkins, con el fin de mejorar sus conocimientos sobre estadística y se interesó por la prevención y mejora de los defectos congénitos. Ocho años después fue nombrada directora de la división de malformaciones congénitas. Fue profesora clínica de Pediatría (1971-1974) en la Universidad de Cornell.

Recibió varios premios en reconocimiento de su trabajo, entre ellos el Premio Elizabeth Blackwell de la Asociación de mujeres médicas americanas (1966) y fue nombrada Mujer del Año en la Ciencia en 1973.

Virginia Apgar nunca se retiró y permaneció activa hasta poco antes de su muerte.

Rita Levi-Montalcini (1909). Nació en Turín en el seno de una familia culta y acomodada. Inició su escolarización, en una escuela pública cercana a su casa. Estudió medicina en la facultad de Turín y en su segundo año entró como interna en el Instituto de Anatomía. Durante su etapa universitaria coincidió y compartió estudios con otros estudiantes que posteriormente también destacaron en el campo científico, entre ellos Salvador Luria y Renato Dulbecco, premios nobel en 1969 y 1975 respectivamente.

En 1938 finalizó sus estudios de Medicina y continúo trabajando en el Instituto de Anatomía y en la Clínica Neurológica, pero tuvo que abandonar ambos puestos al ser destituida por las leyes raciales, que le prohibían el ejercicio de su profesión por ser judía. Esta situación le impulsó a aceptar la oferta de un puesto de trabajo en el Instituto Neurológico de Bruselas. En la navidad de 1939, ante la inminente invasión alemana del país, Rita decidió volver a Italia. Ante la imposibilidad de continuar sus trabajos se decidió a volver, de forma clandestina, a la práctica de la medicina, cuidando a pacientes que desafiaban las leyes y a los que ya había atendido anteriormente en la clínica universitaria. Sin embargo la obligación de tener que recurrir a un médico ario para que firmara las recetas le hizo abandonar también esa actividad.

En otoño de 1940, tras un periodo de inactividad, decidió retomar su labor investigadora instalando un laboratorio clandestino en su casa. Pasó el invierno y la primavera de 1941 ocupada en los preparativos de su nueva tarea, y en los primeros experimentos con embriones de pollo que incubaba en su propia casa. La familia Levi tuvo que abandonar Turín e instalarse en el campo, donde Rita continuó sus trabajos en unas condiciones todavía más precarias. Desde 1943 a 1945 la familia Levi se instaló en Florencia, donde Rita volvió a ejercer la medicina y la enfermería, siendo este el último periodo de su vida en el que ejerció esta profesión.

Tras la liberación de Italia toda la familia volvió a Turín y ella se reincorporó a su antiguo trabajo. Consciente de la inadecuada formación científica que tenía para sus investigaciones se matriculó en Biología e inició una recuperación de la normalidad.

En septiembre de 1946 Rita Levi-Montalcini viajo a América y lo que debía ser una estancia corta se prolongó, con largos intervalos en Italia, durante treinta años. Sus comienzos en la Washington University de Saint Louis (Missouri) estuvieron llenos de dudas tanto sobre sus investigaciones como sobre la propia neuroembriología. Dudas que terminaron al observar en los embriones de pollo procesos migratorios y degenerativos de las células nerviosas y que fueron el inicio de todas las investigaciones que le condujeron a descubrir el factor de crecimiento de los nervios (NGF). Trabajos por los que recibió el Premio Nobel de Medicina y Fisiología en el año 1986, veintisiete años más tarde de haber finalizado el trabajo de investigación junto a Stanley Cohen.

En 1960 y tras un viaje a Italia para impartir una conferencia decidió establecer una unidad de investigación en Italia. A partir de entonces Rita vivió la mitad del año en Italia y ello le permitió recuperar su vida familiar. En 1979 alcanzó la edad legal de la jubilación y abandonó la dirección del laboratorio de Biología Celular, aunque a pesar de ciertas reticencias, prolongó su trabajo en el mismo, en calidad de superexperta durante ocho años más.

El reconocimiento de la figura de Rita Levi-Montalcini por parte de la comunidad científica es notorio. Así lo demuestran los numerosos premios, doctorados honoris causae y condecoraciones que posee, entre ellos el Premio Rosenstiel de la Universidad Braudein (1982), el Premio Horwitz de la Universidad de Columbia (1983). En el ámbito científico español su labor ha sido reconocida por la concesión del Diploma Cajal en 1988 y la Medalla de Oro del Consejo de Investigaciones Científicas que le fue otorgada en 1990. En agosto de 2001 recibió del presidente de la República italiana el nombramiento de Senador vitalicio por sus altísimos méritos en el campo científico y social.

Aparte de su obra autobiográfica *Elogio dell`imperfezione* (1987), Rita Levi-Montalcini es autora de numerosos ensayos: *NGH: apertura di una nuova frontiera nella neurobiología* (1989*), Il tuo futuro* (1993), *Senz'olio contra vento* (1996), *L'asso nella manica a brandelli* (1998), *La galassia mente* (1999*), I nuovi megallani nell'er@ digitale* (2006), *Abbi il coraggio di conescer* (2011).

Rita se ha mostrado siempre muy implicada en actividades de interés social tales como las campañas contra las minas antipersona o contra la pena de muerte. Desde que fue nombrada Embajadora de la FAO en 1999, Rita Levi-Montalcini ha publicado en numerosos medios de comunicación artículos y editoriales sobre el sufrimiento que representa el hambre para amplísimos sectores de la población mundial. En el año 2001 participó en una campaña publicitaria del grupo Telecom, donando el dinero recibido a las mujeres africanas. Rita tiene una gran confianza en el papel que las mujeres deben tener en la corrección de desigualdades e injusticias sociales. Sus palabras al respecto no ofrecen la menor duda

> «... las mujeres deberían tomar el liderazgo en asuntos sociales. Han demostrado siempre que son más sensibles a los problemas de violencia e injusticia. Demasiados niños son adictos a las drogas y a la criminalidad. La educación de los niños es todo un reto para el futuro. Para esta tarea confio en la capacidad de enseñar de las mujeres. Creo mas en las mujeres que en los hombres, ellas son más capaces de solidaridad».

Rita Levi-Montalcini ha viajado a España en múltiples ocasiones, ya sea en calidad de científica o como miembro de algunas de las organizaciones sociales en las que participa.

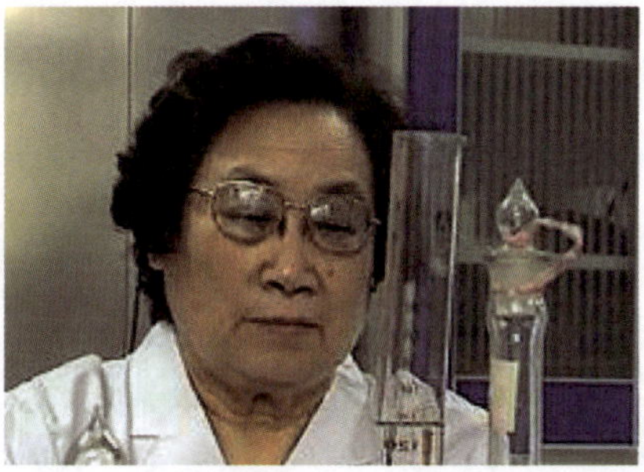

Tu You You (1930). Médica y química-farmacéutica china galardonada en el año 2011 con el pretigioso Premio Lasker-DeBakey de medicina clínica por su descubrimiento y aplicación de la artemisina como tratamiento contra la malaria.

Tu nació en la provincia de Zhejiang y desde su época de estudiante de secundaria se interesó por la medicina tradicional china. En 1951 se matriculó en la Facultad de Medicina de la Universidad de Pekin. Estudió en el Departamento de Ciencias Farmacéuticas y se graduó en 1955, ampliando sus conocimientos médicos mediante el estudio de la medicina tradicional china durante los dos años siguientes.

Al comienzo de su carrera investigó como curar la esquistosomiasis; posteriormente, y coincidiendo con la Revolución Cultural de los años 60, dirigió el proyecto «523», llamado así por que se anunció el 23 de mayo de 1967, destinado a encontrar un medicamento contra la malaria. Después de un trabajo muy concienzudo encontró que la planta *Artemisia annua,* contenia una sustancia denominada artemisina que inhibia el crecimiento del *Plasmodium* y por tanto era eficaz contra la enfermedad. En los años 80 los resultados fueron conocidos en todo el mundo y la artemisina fue adoptada por la Organización Mundial de la Salud. Hoy día es uno de los componentes del tratamiento contra la malaria más utilizado a nivel mundial.

María del Carmen Maroto Vela (1938). Nació en Madrid. Licenciada y doctora en Medicina y Cirugía por la Universidad Complutense, de la que ha sido profesora colaboradora. En 1973 se traslado a la Universidad de Granada, donde fue profesora adjunta de Microbiología y Parasitología, vicedecana y jefa de estudios. En la actualidad es catedrática y jefa del servicio de Microbiología del Hospital Clínico de esa ciudad y realiza su labor investigadora sobre el SIDA, la hepatitis y sobre inmunología y biotecnología de los virus de transmisión hepática. Fue la primera mujer en ocupar una cátedra en dicha Universidad. Ha sido también la primera mujer en ingresar, 267 años después de su fundación, en la Real Academia Nacional de Medicina, institución que hasta ahora contaba solo con una académica de honor, la doctora **Gabriela Monrreale**. También ha sido la primera mujer en presidir una academia de medicina en España, ya que desde 2005 preside la Real Academia de Medicina de Andalucía Oriental.

Pionera en la universidad, está acostumbrada a romper moldes y piensa que es absurdo enfrentar trabajo y familia. Dispuesta a no desperdiciar nada en la vida, ni la condición femenina, ni la profesional, ni la intelectual, es capaz de dar un golpe encima de la mesa con una sonrisa de oreja a oreja para poder desarrollar su trabajo. Convencida de que, en pocos años, la medicina en España va a estar en manos de mujeres, piensa que la incorporación de las mismas exige de las autoridades la resolución del problema que representa la armonización de conceptos como profesión y maternidad.

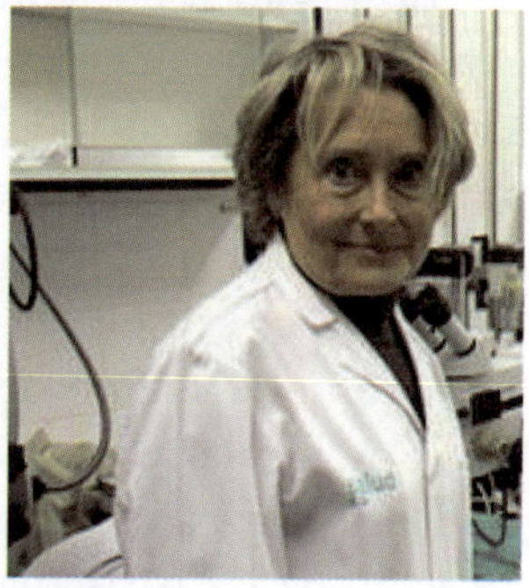

Marta Navarro Zorraquino (1942) Nació en Zaragoza. En 1966 se licenció en Farmacia en la Universidad Complutense de Madrid y en 1971 en Medicina en la Universidad de Zaragoza. Tres años más tarde obtuvo su doctorado en Medicina y Cirugía con su tesis «Contribución al estudio de la fibrinólisis, la función plaquetaria y agregación de la terapéutica antiagregante plaquetario bajo la influencia de la cirugía». Desde 1975 es jefa clínica del Servicio de Cirugía en el Hospital Clínico Universitario de Zaragoza y vicedirectora del Departamento de Cirugía, Ginecología y Obstetricia. Es también profesora asociada de Patología y Clínica Quirúrgicas desde 1974.

Ha dirigido diversos programas de investigación, casi todos ellos relacionados con aspectos del sistema inmune en relación con la cirugía. Es miembro de numerosos asociaciones, entre las que destacan la Academia Europea de Ciencias y Artes, donde es la primera mujer en ingresar en la Sección de Medicina, y la New York Academy of Sciences.

Por su edad es una de las mujeres pioneras en el ejercicio de la cirugía y su vida está llena de anécdotas derivadas de los estereotipos existentes en la sociedad española. Cuando entró como interna en la cátedra de Lozano Blesa cumplió su sueño pero la bata blanca no era suficiente, y más de una vez el profesor tuvo que salir a convencer al paciente de que «aquella chica» era cirujana y le iba a operar.

Linda B. Buck (1947). Nació en Seattle (EE UU), se graduó en Fisiología y Microbiología en la Universidad de Washington, y en 1980 obtuvo el doctorado en Inmunología de la Universidad de Texas (Dallas). Pasó los once años siguientes como investigadora en la Universidad de Columbia (Nueva York), y en 1991 ingresó en el Departamento de Neurobiología de la Facultad de Medicina de la Universidad de Harvard, en Boston, Massachussets. En 1994 se trasladó como investigadora al Instituto Médico Howard Hughes en Seattle Washington, donde sigue explorando los mecanismos de percepción olfativa y cómo las feromonas despliegan comportamientos instintivos.

En los años 80, como estudiante posdoctoral en el laboratorio de Richard Axel en Columbia empezó a investigar las bases moleculares del sentido del olfato. Hasta la década de los noventa, en que ella y Richard Axel presentaron sus resultados, el olfato había sido uno de los sentidos más enigmáticos y las investigaciones al respecto se centraban sobre todo en analizar la audición y la visión, dos sistemas sensoriales aparentemente más vitales. Los dos científicos revolucionaron este campo de investigación al ser los primeros en utilizar la metodología molecular para determinar el funcionamiento de este sentido. La cuestión que les ocupaba era encontrar las proteínas que conseguían la recepción y codificación de las partículas olfativas. Ambos determinaron que se trataba de buscar, no las proteínas, sino los genes que contenían las instrucciones para las proteínas que se encontraban únicamente en el epitelio olfativo.

Richard Axel y Linda Buck descubrieron la existencia de unos 1.000 genes que sirven de receptores olfativos, que a su vez son capaces de reconocer y memorizar en torno a 10.000 sustancias odoríferas conocidas. Hasta entonces nadie había explicado cómo funcionaba el olfato a nivel molecular. Por ejemplo, cómo los animales tienen la capacidad de olfatear la proximidad de depredadores, identificar las fronteras territoriales y encontrar alimentos, o cómo, en el ser humano, un olor determinado puede, a veces, evocar recuerdos o asociaciones intensas de años pasados. Este descubrimiento hizo posible el estudio del sentido del olfato por medio de técnicas de biología molecular y celular modernas, y la exploración de la forma en que el cerebro distingue los olores.

Después de publicar en 1991 sus hallazgos preliminares en un artículo de referencia en la revista *Cell*, Linda Buck y Richard Axel continuaron investigando por separado el procesado molecular de los olores. En concreto, Linda ha estudiado cómo el cerebro caracteriza sustancias químicas conocidas como feromonas, que están asociadas con el apareamiento y otras conductas en diversas especies animales.

Su trabajo sobre la lógica del olor fue galardonado con el Premio Takasago en 1992, el R.H. Wright en 1996, y obtuvo en 1997 el Premio Lewis Rosenstiel por su trabajo en el campo de la investigación médica básica. Desde el año 2003 es miembro de la Academia Nacional de las Ciencias. Además del Nobel ha compartido con Richard Axel el galardón «Unilever Science» (1996) y el Premio Neurociencia «Peri/UNC» el año 2003.

Lina Badimon Maestro (1953). Cardióloga e investigadora. Nacida en Barcelona, es profesora de investigación del Consejo de Investigaciones Científicas (CSIC) desde el año 1992. Directora del Centro de Investigación Cardiovascular (CIC), centro mixto entre el CSIC y el Institut Català de Ciències Cardiovasculars (ICCC), en el Hospital de la Santa Creu i Sant Pau de Barcelona, Lecturer Adjunt Associate Professor de Medicina y Cardiología en el Mount Sinai School of Medicine, New York (USA) y profesora visitante de la Universidad de Manchester en el Reino Unido.

Al terminar el doctorado, en 1979 decidió marcharse a Estados Unidos para realizar estudios postdoctorales en la Clínica Mayo (Rochester, EE UU). Allí se incorporó al equipo del cardiólogo español Valentí Fuster y fue directora del Laboratorio de Investigación de Cardiología del Mount Sinai School of Medicine de Nueva York (1981-1994). Fue profesora de Medicina en la Facultad de Medicina de Harvard y consultora en la Unidad Cardiaca del Hospital General de Massachussets, Boston (1991 a 1994). A partir de 1991 repartió su vida profesional entre Boston y Barcelona, hasta que en 1995 se estableció definitivamente en España.

Sus actividades de investigación están centradas en la arteriosclerosis, trombosis, patología celular y síndromes isquémicos. Su contribución ha sido decisiva para el estudio del desarrollo de trombos arteriales y ateroesclerosis, así como en el remodelado de la pared arterial y los mecanismos que contribuyen a la manifestación clínica de la enfermedad cardiovascular.

Ha publicado más de 400 artículos entre revistas científicas y capítulos de libros. Sus trabajos han sido referenciados amplia y asiduamente en la literatura científica. Además, ha presidido la Sociedad Europea de Investigación Clínica, la Sociedad Española de Arteriosclerosis y el Comité Ejecutivo de la Sociedad Europea.

Entre otros galardones ha recibido el Premio Fundación Lilly en Investigación Biomédica Preclínica (2008), convirtiéndose en la primera mujer que ha recibido este galardón. En 1993 recibió el Premio Narcis Monturiol al mérito científico de la Generalitat de Catalunya y en 2004 fue distinguida con la Creu de Sant Jordi de la Generalitat de Catalunya. En el año 2010 ha sido merecedora de la Albert Struyvenberg Medal ESCI.

La respuesta que Lina Badimón dio a la pregunta ¿Cuándo decidió convertirse en investigadora? nos proporciona mucha información acerca de esta gran científica:

> «Me marcó un libro, Madame Bovary. Lo leí cuando tenía 14 años, a una edad en la que no se recomendaba. Se me quedó la idea de que no quería tener una vida como la suya, aburrida, restringida, viviendo junto a otros que se dedicaban a decidir por ella. Yo atravesaba una edad en la que me preguntaba qué haría con mi vida, y al leerlo, me dije: «Eso es lo que no quiero ser». Me gustaba mucho la idea de descubrir, contribuir al conocimiento, a mejorar las cosas. (*El País*, febrero 2010)

Maria Carmo Fonseca (1959). Estudió Medicina en la Universidad de Lisboa, carrera que finalizó en el año 1983. Cinco años más tarde obtuvo el doctorado en Biología celular. Durante el periodo 1989-1992 realizó estudios de postdoctorado en el European Molecular Biology Laboratory de Heidelberg (Alemania).

A su regreso a Lisboa obtuvo una plaza de profesora asociada en la Facultad de Medicina y desde 1996 es investigadora del Laboratorio de Biología Celular y Molecular. En la actualidad es catedrática y directora del Instituto de Medicina Molecular de la Universidad de Lisboa. Las líneas de trabajo de este centro están dedicadas por un lado, a descifrar los mecanismos implicados en la biogénesis del ARN mensajero (ARNm) y, por otra, contribuir a una mejor comprensión de la patogénesis de las enfermedades causadas por errores genéticos que afectan a este proceso.

En 2002 recibió el Premio DuPont de Ciencia por sus importantes contribuciones en el campo de la genética molecular, en especial en el proceso que transmite la información contenida en los ácidos nucleícos a las proteínas. El premio DuPont de Ciencia se creó en 1991 para contribuir al desarrollo de la investigación científica y sus aplicaciones en la península Ibérica. María Carmo Fonseca es la primera mujer que recibió este premio desde su creación.

Teresa Gómez Isla (1965). Neuróloga e investigadora. Nació en Madrid, donde estudió y se especializó en Neurología, en la Universidad Complutense. Al finalizar sus estudios se marcharon a Estados Unidos donde se dedicó al estudio de las demencias, fue investigadora en Minessota. En el año 2000 volvió a España para poner en funcionamiento la unidad de memoria, primero en la Clínica Universitaria de Navarra, y posteriormente en el Hospital de Sant Pau de Barcelona.

En el año 2009, el Hospital General de Massachussets en Boston, en el que había trabajado, le ofreció dirigir un grupo de investigación en Alzheimer y un puesto de profesora en la Universidad de Harvard. En la actualidad comparte su vida entre Boston y Barcelona, adonde viaja una vez al mes para continuar su labor iniciada en el Hospital de Sant Pau.

Su línea de investigación actual se centra en el análisis cerebral de personas que tienen lesiones típicas de la enfermedad de Alzheimer pero no desarrollan síntomas para ver si existen en ellas mecanismos que han permitido que las neuronas sigan vivas y funcionando. Eso puede dar pistas sobre fármacos con capacidad de imitar lo que ocurre en esas personas.

Casada con el neurólogo Oscar Soto y madre de tres hijos, opina en una entrevista sobre como conciliar ciencia y familia:

> «Yo he sido tremendamente afortunada en este sentido y he podido compaginar ambas cosas, gracias a que en mi casa comparto todas las tareas con mi marido, pero es cierto que no todas las mujeres pueden decir lo mismo. Además, hay muchos trabajos en los que se imponen horarios laborales y citas para reuniones a horas imposibles para los que somos padres y esto es algo que estaría bien meditar y tratar de solucionar para que no suponga una perdida de oportunidades para las mujeres y también para algunos hombres. (*Vanity Fair*, marzo 2012)»

En la misma entrevista también opina sobre el papel de las mujeres en medicina:

> «Es cierto que en los hospitales y en los centros de investigación hay cada vez más mujeres. Cuando yo estudié medicina, ya éramos más mujeres que hombres en la clase y la tendencia continúa. Y sin embargo, en los puestos de mayor responsabilidad sigue habiendo una mayoría de hombres. Pese a ello, hay muchos ejemplos de excelentes investigadoras en nuestro país. Yo nunca me he sentido discriminada en mi carrera por el hecho de ser mujer, pero reconozco que otras mujeres no han tenido la misma suerte. Formar una familia y trabajar fuera de casa en este o cualquier otro campo laboral no es sencillo y valoro mucho todos los esfuerzos que se están haciendo en los últimos años para facilitar que las mujeres se incorporen al mercado de trabajo con las mismas oportunidades que los hombres.»

Colabora con la Fundación Pasqual Maragall para la Investigación sobre el Alzheimer y el propio Pascual Maragall le dedicó el premio Goya del documental sobre el Alzheimer *Bicicleta, cuchara, manzana*.

Almudena Ramón Cueto (1963). Se licenció en Medicina y Cirugía por la Universidad de Valladolid en 1987. Realizó dos años de investigación en la Universidad de California, en Irvine, y posteriormente se incorporó al Instituto Cajal de Madrid del Consejo Superior de Investigaciones Científicas (CSIC) donde realizó su tesis doctoral. Se doctoró por la Universidad Autónoma de Madrid en diciembre de 1993. Dos años más tarde se incorporó al Centro de Biología Molecular Severo Ochoa, donde estuvo cuatro años hasta que obtuvo su plaza de Científico Titular del CSIC para dirigir la Unidad de Regeneración Neural del Instituto de Biomedicina de Valencia.

Almudena Ramón es pionera en el mundo en la recuperación funcional de ratas parapléjicas, mediante trasplante de la glia envolvente del bulbo olfatorio. Desde el año 2007 sus trabajos han generado una gran polémica, tanto por la metodología empleada como por sus sistemas de búsqueda de financiación.

MATRONAS

La figura de la partera ha existido siempre, desde los pueblos más antiguos, egipcios, griegos, romanos y hebreos, hasta nuestros días. Las parteras de entonces eran mujeres autodidactas que no tenían ninguna preparación específica. Ejercían el arte de la obstetricia siguiendo los conocimientos aprendidos por tradición oral de parteras más antiguas y de su propia experiencia.

A mediados del siglo XVI aparecieron numerosos libros, escritos en romance o lengua vulgar por médicos varones, cuyo objetivo era enseñar a las mujeres que atendían los partos ya que no existía enseñanza oficial, ni control ni examen de las mujeres que ejercían como matronas. A lo largo del siguiente siglo la figura masculina se fue introduciendo en la especialidad obstétrica lo que creó una gran polémica social por el hecho de que los hombres, aunque considerados más competentes por su mayor preparación, asistieran a los partos. Surgió así la necesidad de mejorar la enseñanza de las mujeres y se promulgaron leyes para exigirles un examen que les capacitara para ejercer su profesión.

En el siglo XVIII se empezó a utilizar el nombre de matrona para denominar a las mujeres instruidas y legalmente reconocidas para atender a partos, con el objetivo de diferenciarlas de las parteras y de las mujeres que, sin cualificación, desempeñaban esta profesión. A raíz de este cambio los hombres entraron en la profesión porque generaba beneficios económicos y hubo una división de papeles: los hombres atendían a las mujeres próximas a la corte y a las residentes en las grandes ciudades y las matronas a las mujeres pobres.

Uno de los países europeos más avanzados en el tema de la obstetricia fue Francia y hubo muchas matronas, llamadas mujeres sabias (sage-femmes), que fueron capaces de formarse y responder a todos esos retos.

A continuación se rescatan algunas de estas mujeres que fueron conscientes de la necesidad de perfeccionar sus conocimientos y actuar como profesionales con base científica:

Louise Bourgeois (1563-1636). Nació en París en el seno de una familia burguesa y recibió una muy buena educación. En 1584 se casó con el cirujano Martin Boursier, que era ayudante del jefe de cirugía del Hospital para Pobres de París. Durante las guerras de la religión (1562-1598) su vida cambió drásticamente ya que las tropas rebeldes redujeron a escombros su barrio, a las afueras de París, y su casa.

Tuvieron que empezar de nuevo en París y Louise se ganaba la vida haciendo encajes y vendiendo muebles. Se interesó por los partos y, a través de las conexiones médicas de su marido, empezó a ejercer de partera, una profesión que ejercería toda su vida.

En 1598 obtuvo su licencia para practicar legalmente su profesión tras un examen en el que tuvo que realizar dos operaciones y asistir a dos partos.

Tres años más tarde se convirtió en la partera de la reina de Francia, María de Médicis, que influenciada por los comentarios que sobre Louise había oído de las damas de la corte se la impuso a su marido. Durante nueve años trajo al mundo a los seis bebes de la reina lo que le permitió a Louise Bourgeois mejorar mucho su situación económica ya que recibió 1000 ducados por cada hijo y 600 ducados por cada hija de la reina, cuando el ingreso medio de una partera era de 50 coronas. Se jubiló con una pensión de 300 coronas.

En 1609 decidió poner sus conocimientos por escrito y publicó su obra *Observaciones diversas sobre la esterilidad, el aborto, la fertilidad, el parto y enfermedades de la mujer y los recién nacidos.* El libro de Louise se convirtió en un auténtico tratado de obstetricia en el que plasmó su experiencia, casi 2000 partos, en 50 capítulos, con explicaciones que actualmente siguen estando vigentes. Su obra fue ampliamente difundida por toda Europa y se convirtió en un tratado imprescindible para la práctica de la obstetricia de la época.

Justine Dittrichin Siegemundin (1650-1705). Matrona alemana nacida en Rohnstock (Silesia). Después de sufrir un falso embarazo mal diagnosticado empezó a estudiar anatomía, fisiología y medicina por su cuenta, y fue una de las primeras matronas científicas. Después de ejercer durante doce años entre los pobres, llegó a ser matrona de la familia real de Prusia en 1688.

Fue la primera matrona autora de un texto en alemán: *Die Chur-Brandenburgische off Wehe-Mutter*, en el que se recogían de forma detallada e ilustrado con grabados en cobre posiciones fetales y los métodos para girar el feto cuando se presenta de hombros

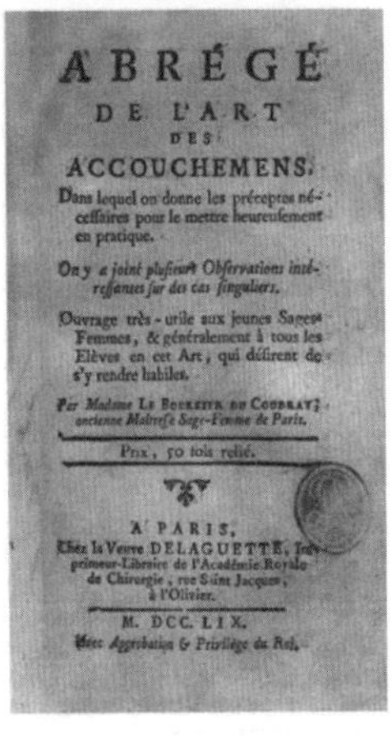

ABRÉGÉ
DE L'ART
DES
ACCOUCHEMENS;
Dans lequel on donne les préceptes nécessaires pour le mettre heureusement en pratique.
On y a joint plusieurs Observations intéressantes sur des cas singuliers.
Ouvrage très-utile aux jeunes Sages-Femmes, & généralement à tous les Elèves en cet Art, qui désirent de s'y rendre habiles.
Par Madame Le Boursier du Coudray, ancienne Maîtresse Sage-Femme de Paris.
Prix, 50 sols relié.
A PARIS,
Chez la Veuve DELAGUETTE, Imprimeur-Libraire de l'Académie Royale de Chirurgie, rue Saint Jacques, à l'Olivier.
M. DCC. LIX.
Avec Approbation & Privilège du Roi.

Angélique Marguerite **Le Boursier Du Coudray** (1712-1794). Matrona francesa que recorrió Francia enseñando a las mujeres campesinas el oficio de partera. Nacida en Clermont-Ferrand, aprendió el oficio en casa de otra partera y obtuvo su título de matrona en el hospital de Saint Come a pesar de no estar casada ni tener hijos, dos requisitos imprescindibles en esa época para poder ejercer de matrona.

Ese mismo año, 1759, escribió *Abrégé de l'art des acouchement: dans lequel on donne les préceptes nécessaires pour le mettre heureusement en pratice* adaptado al lenguaje y al nivel de las mujeres, que apenas sabían leer en francés y menos en latín, acompañado de láminas anatómicas coloreadas, que obtuvo mucho éxito y fue reeditado seis veces. El rey Luis XV la nombró para que encabezara una campaña para contrarrestar las altas tasas de mortalidad infantil en los partos, por lo que se la conoció como «La matrona del rey». Le encargó que divulgara sus conocimientos por todo el reino y para ello Madame du Coudray confeccionó un maniquí con piezas móviles para explicar los mecanismos del parto. Visitó más de cincuenta pueblos y dio cursos, que duraban unos dos meses, a los que asistían un centenar de mujeres que aprendían a «usar la máquina de parir».

A pesar de la oposición de los cirujanos varones, el rey le otorgó un salario para la enseñanza de la obstetricia en hospitales de toda Francia.

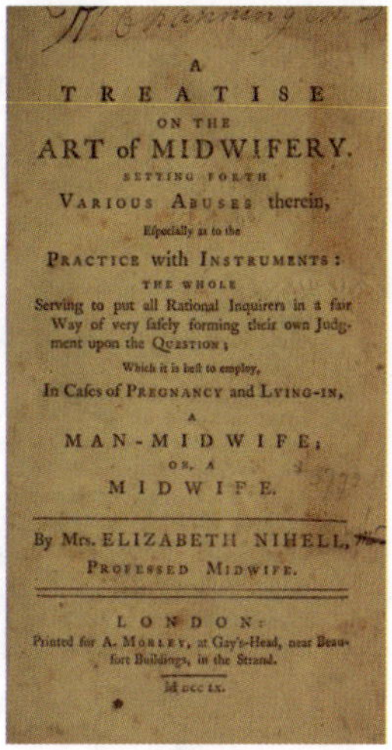
A
TREATISE
ON THE
ART of MIDWIFERY.
SETTING FORTH
VARIOUS ABUSES therein,
Especially as to the
PRACTICE with INSTRUMENTS:
THE WHOLE
Serving to put all Rational Inquirers in a fair Way of very safely forming their own Judgment upon the QUESTION;
Which it is best to employ,
In Cases of PREGNANCY and LYING-IN,
A
MAN-MIDWIFE;
OR, A
MIDWIFE.

By Mrs. ELIZABETH NIHELL,
PROFESSED MIDWIFE.

LONDON:
Printed for A. MORLEY, at Gay's-Head, near Beaufort Buildings, in the Strand.
MDCCLX.

Elizabeth Nihell (1723-1776). Matrona británica nacida en Londres en el seno de una familia de ascendencia francesa. Estudió en el hospital Hotel-Dieu de París y a su regreso se instaló junto a su marido en Haymarket, donde ejerció su profesión la mayor parte de su vida. En 1760 publicó *A Treatise on the Art of Midwifery Setting Forth Various Abuses Therein, Especially as to the Practice with Iinstruments,* un vehemente alegato contra el empleo de fórceps y otros instrumentos y contra el Dr William Smellie (inventor de los fórceps y director del movimiento que sustituyó a las matronas por médicos varones). Las matronas veían los fórceps como una intrusión violenta en el proceso natural del parto. El mal uso de los fórceps provocó muchas víctimas, tanto en el feto como en la parturienta, y las mujeres concienciadas con el problema llamaban a los médicos «carniceros».

Elizabeth Nihell era una matrona que luchó incansablemente por los derechos de las mujeres para mantener su status y prestigio personal como matronas.

Luisa Rosado (s. XVIII). Matrona española nacida en Toledo, apenas se conservan datos de su vida, pues no se conoce ni su fecha de nacimiento ni la de su defunción.

Obtuvo su título en 1765, de manos del Tribunal del Real Protomedicato, un cuerpo técnico creado en el siglo XV que controlaba a todas las personas que ejercían alguna actividad relacionada con la medicina. Inicialmente ejerció en Zamora pero desde 1768 trabajó como matrona en el real Colegio de Niños Desamparados de Madrid.

Existen documentos que informan sobre una especial cruzada que inició para poder anunciar sus servicios de asistencia en partos complicados y ofrecer un emplasto, de su invención, preventivo de abortos. Estas dos actividades estaban vetadas a las mujeres, ya que los partos complicados debían ser asistidos por médicos varones. Para ello solicito permiso al Real Tribunal Protomedicato que se lo denegó; se enfrentó a dicho tribunal solicitándolo al rey Carlos III por lo menos dos veces y en la última se ofreció incluso para asistir al parto de la princesa de Asturias. Finalmente obtuvo permiso real para hacer público su cartel pero el Protomedicato nunca se lo permitió.

Luisa Rosado representa la resistencia de las matronas frente al avance de los hombres en este campo profesional.

Marie-Louise LaChapelle (1769-1821). Matrona francesa nacida en París, hija y nieta de parteras de las que aprendió su oficio. Se casó con el cirujano M. LaChapelle que murió tres años más tarde. A partir de ese momento se dedicó a su profesión a tiempo completo y en 1795 fue nombrada ayudante y adjunta de su madre, **Marie Jonet Dugués** (1730-1797). Organizó la obstetricia del hospital Port-Royal de París y llegó a ser jefa del Hôtel-Dieu.

Introdujo muchas innovaciones en el parto, sobre todo en los casos difíciles, practicó el uso del fórceps y utilizó en el uso del mismo una maniobra que lleva su nombre. Escribió sus experiencias y sus recomendaciones para los partos difíciles *Practique des accuchements* en tres volúmenes; el primero se publicó en 1821 y los otros dos tras su muerte. Se convirtió en una obra de consulta para los médicos y matronas europeas; en ese texto se oponía al uso indiscriminado de los fórceps y de las cesáreas, que en su opinión se utilizaban en exceso. Por todo ello se la conoce como la madre de la obstetricia moderna.

Marie Anne Victorine Boivin (1773-1847). Matrona francesa, fue alumna y más tarde asistente de Mme La Chapelle. Nació en Montreuil, a las afueras de París y fue educada en el hospital d´Étampes, donde aprendió su oficio. Al quedarse viuda y con una hija a su cargo decidió buscar trabajo en el hospital de la Maternidad, dirigido por **Mme LaChapelle**. Obtuvo su titulación de matrona en 1800 iniciando y desarrollando su trayectoria profesional en numerosos hospitales, llegando a ser directora del Hospital de la Maternidad y de la Casa Real de la Salud.

Su trabajo como matrona destaca por la invención de un espéculo vaginal para poder observar el cuello del útero, por el uso de un estetoscopio para escuchar el corazón del feto y por la escritura de numerosas obras: *Memoire de l'art des acouchements* (1812), del que se hicieron tres ediciones y fue publicado en varios idiomas; *Memoires sur les maladies tuberculeuses des femmes et des enfants* (1825); *Recherches sur les causes le plus fréquentes et les moins connues de l'avortement* (1828). Esta última fue elogiada por la Real Sociedad de medicina de Bourdeaux.

Su trabajo fue reconocido en 1814 por el rey de Prusia que le otorgó la Orden del Mérito y, en 1827, recibió el grado honorario en medicina de la Universidad de Marburg, en Alemania, siendo una de las pocas mujeres de la época que poseían este reconocimiento.

ENFERMERAS

El origen de la enfermería se encuentra en el de la propia humanidad. Desde que el mundo es mundo ha habido personas encargadas de cuidar a aquellas otras que enfermaban.

La enfermería es por eso una profesión antigua y joven a la vez. Antigua porque en la lucha por la supervivencia humana siempre ha habido personas, generalmente mujeres, que han cuidado de niños, ancianos, enfermos, heridos... También es joven porque hasta el siglo XIX de nuestra era no se dispuso de una formación específica para esta actividad, hoy conocida como enfermería.

A pesar de que los médicos y los administradores de hospitales tenían a las enfermeras bajo rigurosa subordinación, con horarios excesivos de trabajo y oponiéndose a que se les diera una preparación específica, se fueron abriendo escuelas de enfermería, en unos casos a cargo de la Cruz Roja y otros como anexos a la Universidad. La historia de la gran impulsora de las escuelas de enfermería **Florence Nightingale**, y la de otras mujeres pioneras de esta profesión se detallan a continuación:

Florence Nightingale (1820-1910). Enfermera británica considerada la madre de la enfermería moderna. Nació en Florencia y logró su sueño de asistir a

los enfermos después de enfrentarse a sus padres y familiares. Se rebeló contra los prejuicios de su época, y contra su destino de mujer que debía permanecer en el hogar, y escogió la profesión de enfermera, que hasta ese momento estaba desprestigiada y se reservaba a los pobres. Destacó desde muy joven en la matemática, que aplicó después en sus estadísticas epidemiológicas y es reconocida por su lucha para mejorar las condiciones sanitarias. Participó como enfermera en la Guerra de Crimea, donde recibió el apodo de la Dama de la lámpara, una de sus imágenes más reproducida. De vuelta a Londres tras la guerra, y con el dinero recibido como tributo por su trabajo en la misma, fundó la Escuela y Hogar para Enfermeras Nightingale, en el Hospital Saint Thomas, que en la actualidad forma parte del King´s College. Fue la primera escuela laica de enfermería del mundo.

En 1859 se publicó *Notes on nursing: What it is, and what it is not*. Ardua defensora de la matemática aplicada publicó sus investigaciones en *Notas sobre hospitales* y *Propuestas para mejorar las estadísticas sobre las operaciones quirúrgicas*

Fue la primera mujer en ser condecorada con la Medalla de la Orden del Mérito de Gran Bretaña, en 1907. El Juramento Nightingale, efectuado por las enfermeras al graduarse, fue creado en su honor en 1893. Y el 12 de mayo, día de su cumpleaños se celebra el Día Internacional de la Enfermería.

Linda Richards (1841-1930). Primera enfermera estadounidense. Nació en Nueva York, estudió magisterio y trabajó como docente durante varios años, pero los cuidados que dedicó a su marido, herido en la guerra civil americana, y los recuerdos de la enfermedad de su madre, determinaron su decisión de convertirse en enfermera.

Su primer trabajo como cuidadora fue durante tres meses en el Boston City Hospital y posteriormente se matriculó en el hospital de Nueva Inglaterra para mujeres y niños de Boston, siendo la primera estudiante matriculada. Después de graduarse se trasladó a Nueva, donde trabajó como supervisora de noche en el hospital de Bellevue. Mientras trabajaba allí creó un sistema de elaboración de historiales médicos individuales, sistema que después fue adoptado en todos los Estados Unidos y en Japón.

Se trasladó a Gran Bretaña para ampliar su formación en el hospital Saint Thomas. Allí conoció a **Florence Nigthingale** y, siguiendo los consejos de ésta, continuó su formación en la escuela de Enfermería Real de Edimburgo.

En 1878 regresó a América, para colaborar en la fundación de una escuela de formación de enfermeras en el Boston City Hospital. Posteriormente, en 1886, se trasladó a Japón, donde permaneció durante cinco años, para establecer los estudios de la Escuela de Formación de Enfermeras en el hospital Doshisba de Kyoto. A su regresó a EE UU continuó durante veinte años trabajando en su profesión y en el establecimiento de programas de enfermería en Filadelfia, Massachussets y Michigan.

Linda Richards fue la primera presidenta de la Sociedad Americana de Superintendentes de Enfermería y jefa de la Sociedad de Enfermeras de Filadelfia.

Mary Eliza Mahoney (1845-1926). Fue la primera enfermera afro-americana registrada en los EE UU Nació en Massachussets y se interesó por la enfermería desde muy joven. Durante quince años trabajó en el hospital de Nueva Inglaterra para Mujeres y Niños, actualmente el Dimock Community Health Center en Roxbury, Massachusetts, como cocinera, portera, lavandera y enfermera. A los 33 años fue aceptada para estudiar enfermería, se graduó en 1878 y empezó su carrera profesional como enfermera privada.

A su jubilación siguió trabajando por la igualdad de las mujeres y fue una firme partidaria del sufragio femenino en 1920 fue una de las primeras mujeres de Boston que se registró para poder votar.

En 1936, la NAGGN (Nacional Association of Colored Graduate Nurses) estableció, en reconocimiento a su destacado ejemplo para todas las enfermeras de todas las razas, el Premio Mary Mahoney, que continuó después de su fusión con la ANA (American Nurses Association). En la actualidad es otorgado cada dos años en agradecimiento por sus importantes contribuciones en la promoción de la igualdad de oportunidades en la enfermería para miembros de los grupos minoritarios.

Mary Adelaide Nutting (1858-1948). Primera enfermera profesora de enfermería del mundo y la primera en ocupar una cátedra en una escuela universitaria. Nacida en Québec (Canadá), en 1889 se trasladó a los EE UU para estudiar en la Escuela Johns Hopkins Hospital en Baltimore, Maryland. Se graduó en 1981 fue jefa de enfermeras durante dos años. En 1984 fue nombrada directora de la escuela, cargo que mantuvo hasta que, en 1907 ésta se integró en la Universidad de Columbia (Nueva York) y se convirtió en la primera profesora del centro. Tres años más tarde asumió la dirección del departamento de Enfermería y Salud.

Firme defensora de la educación universitaria para las enfermeras, colaboró durante su estancia en el Johns Hopkins en el establecimiento de normas y formas de trabajo para las enfermeras: amplió los estudios de dos a tres años, estableció un periodo de prácticas, disminuyó las horas de trabajo y creó una biblioteca histórica y profesional sobre enfermería.

Mary Adelaida Nutting hizo una importante contribución a la literatura de enfermería. Escribió *A Sound Economic Basis for Nursing* y fue coautora de dos volúmenes de *History of Nursinf*, además de numerosos artículos.

En 1934 fue nombrada Presidenta Honoraria de la Fundación Internacional Florence Nightingale. En 1944 la Liga Nacional para la Educación en Enfermería creó la Medalla Mary Adelaida Notting en su honor y fue la primera enfermera en recibirla.

Elizabeth Kenny (1886-1952). Conocida como Hermana Kenny esta enfermera australiana fue pionera en el tratamiento de la poliomielitis, conocida como Hermana Kenny. Nació en Nueva Gales del Sur y su primer contacto con la enfermedad lo tuvo a los 13 años cuando se fracturó la muñeca al caerse de un caballo. Su convalecencia tuvo lugar en casa del médico que le atendió que puso a su disposición libros de anatomía.

En 1911 empezó a trabajar como enfermera sin formación oficial, aunque contaba con los conocimientos que le habían proporcionado sus contactos con

el médico y la matrona del pueblo de Guyra, donde había vivido parte de su juventud. Al estallar la Primera Guerra Mundial se ofreció como voluntaria y, aunque no la reconocieron oficialmente como enfermera, aceptaron su ofrecimiento. En 1917 ganó el título de hermana, que en el cuerpo de enfermería del ejército australiano era equivalente al de primer teniente. Ella utilizó este título el resto de su vida.

Al finalizar la guerra empezó a cuidar a un chico que había sufrido un ataque de polio y desarrolló un método terapéutico novedoso. Consistía en aplicar calor húmedo para vencer el espasmo muscular durante la fase aguda de la enfermedad. Una vez finalizada esta fase manipulaba los músculos, hasta que la persona enferma podía hacerlo de forma autónoma.

Su método para tratar la poliomielitis provocó una gran controversia entre los médicos de su época. Hasta bien entrada la década de los cuarenta, del siglo XX, la American Medical Association no aceptó sus tratamientos.

En 1937 presentó sus trabajos en el Queen Mary's Hospital de Londres, consiguiendo que se aceptaran sus métodos. Viajó a EE UU acompañada por su hija adoptiva, que también había aprendido su método, para impartir conferencias y realizar demostraciones de su sistema de rehabilitación. Éste fue por fin aceptado y, en 1943, recibió el doctorado de Ciencias de la Universidad de Rochester y el de Humanidades de la Universidad de Nueva York. Se constituyó, también el mismo año, el Instituto Elizabeth Kenny en Minneápolis (Minnesota), para formar nuevos profesionales que siguieran sus pasos en el tratamiento de esta enfermedad. Se la considera la fundadora de la Fisioterapia.

Entre sus publicaciones destacan *Treatment of Infantile Paralysis in the Acute Stage* (1941) y una obra autobiográfica que lleva por título *And They Shall Walk* (1943).

Margaret Higgins Sanger (1879-1966). Enfermera estadounidense que acuñó el término control de natalidad. Nacida en Nueva York, estudio enfermería en el hospital White Plains, influenciada por la observación de la progresiva debilidad de su propia madre tras los numerosos partos que había tenido, eran once hermanos, y por la observación de las secuelas que sufrían las mujeres después de someterse a abortos clandestinos.

En 1902 se casó con el arquitecto William Sanger, del cual conservaría su apellido pese a su divorcio en el año 1920. Se volvió a casar dos años más tarde con el magnate del petróleo Noah H. Slee.

Dedicó grandes esfuerzos para ayudar a las mujeres de clase obrera a prevenir embarazos no deseados y en 1914 fundó una revista, *The Woman Rebel*, para promover el control de la natalidad. Fue acusada de violar la ley Comstock, una ley contra la pornografía, al estar divulgando información sobre anticonceptivos y tuvo que huir a Gran Bretaña. Regreso a EE UU un año más tarde tras desaparecer las acusaciones que pesaban sobre ella.

En 1917 abrió en Brooklyn la primera clínica de planificación familiar, hecho que la enfrentó de nuevo con las autoridades que clausuraron el centro y la encarcelaron durante un mes.

Margaret continuó con su trabajo durante toda su vida, en 1921 fundó la liga Americana para el control de natalidad y en 1927 colaboró en la organización de la 1.ª Conferencia Mundial sobre Población, celebrada en Ginebra. En el año 1951, logró financiación para que Gregory Pincus empezara a investigar sobre la píldora anticonceptiva.

Margaret Sanger es una figura muy controvertida por su acercamiento a los movimientos eugenésicos en busca de apoyo para defender sus planteamientos sobre la planificación familiar.

Escribió numerosos panfletos y libros: *Family Limitation* (1914), *What Every Girl Should Know* (1916), *Woman and the New Race* (1920), *My Fight for Birth Control* (1931) entre otros.

María De Madariaga (1905-2001). Enfermera española nacida en Madrid, en el seno de una familia de clase media-alta y profundamente cristiana. A los 18 años de edad ingresó en la Unión de Damas Apostólicas y después en la Acción Católica. Su relación con las personas enfermas despertó su interés por la enfermería; realizó un curso en el Hospital del Niño Jesús de Madrid y posteriormente se matriculó en los estudios de enfermería que se impartían en la Facultad de Medicina de Madrid (1935-1936).

Al finalizar sus estudios empezó a plantearse la creación de un centro especializado, donde ella y sus compañeras pudieran actualizar sus conocimientos.

En 1940 las autoridades religiosas le apoyaron para que organizara la Asociación Católica Nacional de Enfermeras y Asistencia Médica y Social. Dos años más tarde fundó Sales Infirmorum (Asociación Católica de Hermandades Diocesanas de Sanitarias Españolas), donde quedaron integradas todas las profesionales sanitarias españolas.

A lo largo de su vida fundó ocho escuelas de enfermería, reconocidas por el Estado y por la Iglesia, entre las que se encuentran Madrid, Cuenca, A Coruña, Cádiz, Salamanca, Palma de Mallorca, Tánger y Valladolid.

Irena Sendler (1910-2008). Esta enfermera polaca conocida como «El Ángel del Guetto de Varsovia». Nació en esa ciudad y al morir su padre, cuando ella tenía siete años, la comunidad judía le ayudó económicamente en sus estudios.

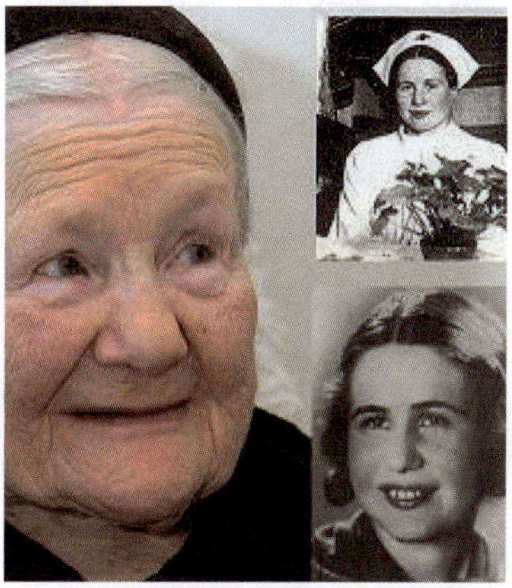

Cuando Alemania invadió Polonia trabajaba en el Departamento del Bienestar Social de Varsovia, que se encargaba de los comedores sociales, lo que le permitió acceder al gueto y salvar a más de 2.500 niñas y niños judíos ocultándolos en casas de familias católicas y conventos.

Para salvaguardar la seguridad de las niñas y niños escondía sus nombres y sus nuevas identidades en botes de conserva, que enterraba bajo un manzano cercano a su casa. Su trama fue descubierta por los nazis y fue condenada a muerte, pero los resistentes polacos lograron rescatarla de manos de la Gestapo cuando era conducida al patíbulo. Por su labor fue propuesta, el año 2007, por Polonia para recibir el Premio Nobel de la Paz, que finalmente fue a parar al norteamericano Al Gore.

Fue arrestada el 20 de octubre de 1943, después de que los nazis aplastaran la rebelión del gueto, y fue torturada por la Gestapo. Nunca habló ante sus torturadores, por lo que fue condenada a muerte y fue milagrosamente rescatada por un oficial alemán que se había unido a la resistencia polaca cuando estaba a punto de ser ejecutada. Continuó trabajando con otra identidad hasta que acabó la guerra y entonces, se encargó de la supervisión de orfanatos y asilos en Varsovia. Al finalizar la guerra recuperó sus archivos, aunque la mayor parte de las familias de los niños que salvó había muerto en los campos de concentración, logró ubicar a las niñas y niños en orfanatos y poco a poco fueron enviados a Israel.

RADIÓLOGAS

La presencia de mujeres en el mundo de la radiología no se produce hasta las postrimerías del siglo XIX. Entre estas mujeres se puede citar a las estadounidenses **Elizabeth Fleischmann, Zoe Allison Johnston**, **Edith Hinkley Quimby, Sarah Donaldson**, la británica **Florence Ada Stoney**, y la insigne **Marie Curie** La mayoría desarrolló su trabajo en gabinetes privados y su salud sufrió las consecuencias de su trabajo con la radioactividad.

En España las primeras huellas de mujeres radiólogas datan de casi cincuenta años después, siendo **Encarnación Ramirez Pérez** la primera radióloga que se inscribe en la Sociedad Española de Radiología, Electrología Médicas y de Medicina Nuclear.

Un breve repaso de algunas de estas mujeres pioneras de la radiología pondrá en evidencia los logros y dificultades que encontraron para desarrollar esta actividad profesional.

Elizabeth Fleischmann (1859-1905). Nació en El Dorado (California) y se trasladó a San Francisco para estudiar en la Girls High School un programa de comercio y negocios que le permitió desarrollar su profesión de contable. A la muerte de su madre, e influenciada por el interés que tenía el médico de la familia, Doctor Wolf, por los recientes descubrimientos de los rayos X, abandonó su profesión y estudió durante seis meses en la Escuela de Ingeniería y Electricidad de San Francisco. Con la ayuda económica de su padre compró un aparato de rayos X y un fluoroscopio y junto al doctor Wolf, abrió la primera clínica privada de radiología.

Trabajó en el Hospital que el ejército había instalado en la cárcel de San Francisco para tratar a las víctimas de la guerra de Cuba, entre España y Estados Unidos.

En 1900 se casó con Isadore Ascheim pero continúo trabajando como radióloga. Su exitosa carrera se vio interrumpida por una dermatitis en las manos, producida por la radiación. Murió unos años más tarde.

Florence Ada Stoney (1870-1932). Pionera de la radiología británica. Nacida en Dublín, tuvo que estudiar en Londres ya que en esa época la Universidad de Dublín no aceptaba mujeres. Se graduó en la London School of Medicine for Women en 1898. Entró a trabajar en el departamento de radiología del Royal Free Hospital de Londres, en 1902 tras haber sido rechazada, por su condición de mujer, en el Departamento Británico de la Guerra.

Posteriormente viajó a Estados Unidos para conocer las instalaciones de diversos departamentos de radiología y quedó impresionada por las medidas de seguridad que utilizaban.

Al comienzo de la Primera Guerra Mundial ofreció sus servicios y equipos al Departamento de Guerra pero fue nuevamente rechazada. Acto seguido se integró en la unidad hospitalaria de la Liga de Mujeres Voluntarias, donde ocupó el cargo de jefa de la unidad médica de radiología, desarrollando parte de su labor en Bélgica. Esta unidad fue condecorada por su valentía.

En 1915, de regreso en Gran Bretaña, consiguió finalmente trabajar en el Hospital Militar de Fulham como jefa del departamento de radiología, siendo la primera mujer que trabajó a tiempo completo en el Ministerio de Guerra y durante mucho tiempo fue la única mujer del cuerpo médico de ese hospital. Compartió este trabajo con su actividad académica y publicó en la revista *Lancet* un estudio sobre el hipertiroidismo en los soldados. En junio de 1919 recibió la Orden del Imperio Británico.

Edith Hinkley Quimby (1891-1982). Estudió con una beca en el Whitman College, especializándose en Matemáticas y Física. Trabajó como profesora de ciencias antes de entrar en la Universidad de California en Berkeley, donde estudió Física.

En 1919 inició sus trabajos en el Memorial Hospital de Nueva York y comenzó a trabajar con el Dr. Joaquin Failla, una asociación científica que habría

de durar cuarenta años. En esa época era la única mujer estadounidense dedicada a la investigación radiológica.

Edith Quimby fue una de las primeras personas que determinó la distribución de la cantidad de radiación que aparecía en los tejidos de los pacientes. A partir de ahí Edith investigó sobre las dosis de radiaciones gamma y beta necesarias para producir efectos biológicos y enfermedades dermatológicas. Estos experimentos le permitieron calcular y definir el concepto de lo que ella denominó *efectividad biológica relativa de la radiación.* Los resultados obtenidos de su trabajo adquirieron gran importancia, pues aparecen en una época en la que el radio se utilizaba para el tratamiento de cánceres de forma algo desconsiderada y sin las debidas precauciones; además, los instrumentos y técnicas empleados eran poco sofisticados y los radiólogos empleaban películas de rayos X para estimar la exposición a la radiación.

Edith Quimby fue nombrada profesora de Física Radiológica, del Colegio de Médicos y Cirujanos, en 1954, y profesora emérita de Radiología de la Facultad de Médicos y Cirujanos, en 1960. Ese mismo año se retiró como profesora emérita.

Además de su labor como investigadora y docente Edith Quimby trabajó en el Proyecto Manhattan, que desarrolló la bomba atómica. Colaboró también con la Comisión de Energía Atómica, actuó como consultora en la administración de Veteranos de los Estados Unidos para terapias contra la radiación y dirigió un comité científico del Consejo Nacional de Mediciones y Protección Radiológica.

Escritora prolífica publicó numerosos escritos sobre diversos aspectos de los usos médicos de rayos X, y sobre radioterapia e isótopos radiactivos. Fue coautora del libro *Fundamentos Físicos de la Radiología.*

Pilar Gallar Barberá (1940). Nació en Alicante, terminó sus estudios de Medicina en el año 1964. Desarrolló su formación radiológica y su vida profesional, en el Hospital General Universitario Gregorio Marañón de Madrid hasta su jubilación en 2005.

Su actividad docente se ha centrado en los médicos residentes de la especialidad y en los técnicos especialistas en radiología. Fue también profesora asociada en el Departamento de Radiología y Física Médica de la Universidad Complutense.

Su actividad de gestión sanitaria ha tenido dos ejes: el ya citado Hospital Gregorio Marañón y la Sociedad de Radiología. Respecto al Hospital ha sido Jefa de Sección de Radiología Oncológica durante 20 años y en el periodo 1996-2005 fue jefa del Departamento de Diagnóstico por Imagen. Ha sido Miembro del Comité de Expertos de la Campaña de Detección Precoz del Cáncer de Mama.

Su relación con la Sociedad Española de Radiología Médica comenzó a principios de los sesenta. Durante ocho años, de 1974 a 1981, fue su Secretaria General. Años después, desde marzo de 1998 hasta julio de 2000, fue Secretaria del Patronato de la Sociedad Española de Radiología. En 1972 la SERAM reconoció su labor profesional con la Medalla de Oro del XIII Congreso Internacional de Radiología. Igualmente fue nombrada Miembro de Honor de la Sociedad en 1981 y, por último, le fue concedida la Medalla de Oro de la Sociedad Española de Radiología.

Ha publicado numerosos trabajos en diferentes revistas de la especialidad y diversos libros relacionados con la radiología: *Capturemos la imagen* (1995), *La captura de lo invisible* (1995/2010), *Radiología y Pensamiento* (2006), *Léxico radiológico* (2010), *Sobre las radiólogas españolas* (2005). En este último libro la autora pretende dar visibilidad a las mujeres que trabajan en este campo de la ciencia médica.

FARMACÉUTICAS

Los antecedentes más concretos de la práctica farmacéutica en el mundo se remontan a las antiguas civilizaciones de Babilonia y Egipto. Los descubrimientos de píldoras arcillosas, así como la descripción de su elaboración en los largos papiros, constituyen la primera información en cuanto a preparación de medicamentos.

Es en la Grecia antigua donde se define la medicina, que constituye la propia génesis de las ciencias farmacéuticas. Según la mitología griega, Asclepio el dios de la Medicina, al que los latinos llamaron Esculapio, tuvo dos hijas: Hygea, diosa de la salud, a la que se representaba como una bella mujer portando en sus manos una copa en la que se enrollaba un áspid, y Panacea, el «remedio contra todos los males».

Durante el Renacimiento se comenzaron a emplear sustancias químicas para la terapia interna, al tiempo que la extracción vegetal de sustancias biológicamente activas se convirtió en un objetivo en si mismo. El avance de la farmacia como ciencia particular, y sus condicionantes socio-económicos, propiciaron que en el siglo XVIII, comenzaran a extenderse por Europa las instituciones académicas que impartían estudios farmacéuticos universitarios, fundamentalmente en Italia, Francia y Alemania. A principios del siglo XIX, la farmacia comenzó a mostrar su independencia de la medicina, desapareciendo la práctica médica de las tiendas públicas de medicamentos, que se transformándose estas en centros privados, principalmente en los Estados Unidos de Norteamérica.

Han sido las mujeres las que en los inicios de la ciencia recolectaron las plantas medicinales de su entorno, elaboraron fármacos y los aplicaron a sus congéneres. De ahí que algunos historiadores reconozcan a las mujeres su papel como origen de la Farmacia.

En este apartado se presentarán algunas mujeres que han destacado por ser pioneras en los estudios de Farmacia y se hará especial hincapié en el grupo de farmacéuticas pertenecientes a la Real Academia Nacional Española, por representar un colectivo que ha logrado romper el techo de cristal de la profesión aunque solo sea a partir del año 1987.

María Corina Putnam Jacobi (1842-1906). Es considerada la primera farmacéutica estadounidense aunque dedicó toda su vida a la medicina. Nació en Londres, donde estaban viviendo temporalmente sus padres, ambos americanos que regresaron a América en 1848. Mary Putnam pasó su infancia y adolescencia en Nueva York. Estudió en el Colegio de Farmacia de Nueva York, donde se graduó en 1863 y recibió el grado *MD* en el *Female (más tarde Woman's) Medical College* de Pennsylvania en 1864. Cuatro años más tarde se trasladó a París para ampliar sus estudios. Allí fue la primera estudiante de la *École de Médecine*. Se graduó con honores y recibió la medalla de bronce por su tesis. Cuando regresó a Nueva York organizó una asociación para defender los cambios en la formación médica de las mujeres (1872). Fue su presidenta desde 1874 a 1903. Ejerció y enseñó en el *New York Infirmary and Mount Sinai Hospital*. Fue profesora de Materia médica y de Terapéutica hasta

1889. En 1873 se casó con Abraham Jakobi reconocido como «padre de la pediatría americana», que luchó para que admitieran a su mujer en las sociedades médicas de Nueva York. Tuvieron tres hijos

Mary Putnam publicó nueve libros y ciento veinte artículos. En 1876 su trabajo *The Question of Rest for Women during Menstruation* mereció el Premio Bolyston de la Universidad de Harvard. En él defendió que las mujeres no tienen ninguna limitación física en razón de su sexo. Se trataba de un ensayo que respondía al publicado por Edward H. Clarke, *Sex in Education; or, A Fair Chance for the Girls* (1873), que defendía todo lo contrario. La refutación la llevó a cabo rigurosa y científicamente, aportando datos estadísticos del pulso, presión arterial, tasas de fuerza, etc.

Elvira Moragas Cantarero (1881-1936). Nació en Lillo (Toledo). De familia de boticarios, su padre fue farmacéutico de la Casa Real española, decidió estudiar la carrera de Farmacia rompiendo con las ideas preconcebidas que sobre las mujeres había en esa época. Estuvo en la universidad desde 1899 a 1904 aunque hasta un año después no se presentó a los ejercicios de Grado. Su título de licenciada fue expedido el 30 de junio de 1909. Existen testimonios recogidos en la Revista Semana Médica del año 1939, de cómo transcurría su vida en la facultad

> «Elvira iba acompañada a clase de su padre, o de su hermano. Hasta clase, la acompañaba el bedel. Y por fin, el profesor le hacía sentarse cerca de él. Más exactamente en la puerta la recogía un bedel y la llevaba hasta el aula, a la que entraba por el laboratorio con el profesor, quien la sentaba en el estrado, sin mezclarse con los estudiantes, todos varones, manteniéndose así respeto a la mujer en los claustros universitarios».

Elvira trabajó como farmacéutica adjunta de la farmacia de su padre y se hizo cargo de la misma cuando su padre murió, hasta que su hermano terminó la carrera. A los 34 años decidió entrar en un Convento de Carmelitas descalzas y cambió su nombre por María del Sagrario. Allí siguió utilizando sus conocimientos farmacéuticos para elaborar los medicamentos que se necesitaban en el convento. Murió en 1936 victima de la Guerra Civil.

Otras mujeres que obtuvieron su título de licenciadas en Farmacia antes que ellas de las que apenas se tiene información fueron las siguientes: **Dolores Martinez Rodríguez** (1893), **Gertrudis Martínez Otero** (1897), **María Felicia Carreño Sardiñas** (1899), **Marina Rodríguez Vargas** (1900) **Manuela Barreiro Pico** (1901), **M.ª Blanca de Lucía Ortiz** (1905), **Juana Clotilde Echevarria Madoz** (1907).

Felicitas Cheverri Matamoros (1886-1934). Es la primera mujer costarricense que obtuvo un título profesional al graduarse de farmacéutica. Su ingreso en la escuela de Farmacia (1912) causó revuelo ya que en su reglamento no estaba autorizada la presencia de mujeres pero tampoco estaba prohibida, aunque hasta entonces ninguna mujer había pretendido cursar estudios universitarios. Se graduó el año 1917 y trabajó en varias oficinas de farmacia de su país y ocupó la jefatura del departamento de Drogas y estupefacientes del Ministerio de Salubridad Pública.

Zoe Rosinach Pedrol (1894-1973). Primera española doctora en Farmacia. Nacida en Lleida, se matriculó en la Universidad de Barcelona en 1913 y permaneció en esta universidad hasta el curso 1915-16, aprobando todas las asignaturas con excelentes notas con la excepción de análisis químico, por la negativa frontal de su catedrático a aprobarla. Se trasladó a la Universidad Complutense de Madrid para poder terminar su carrera y se licenció aprobando el examen de grado en el año 1917.

Al finalizar la carrera solicitó una plaza de investigadora al Dr. Obdulio Fernández, director del Instituto Nacional de Higiene Alfonso XIII. El 17 de junio de 1920 leyó su tesis doctoral, dirigida por el Dr. Antonio Ruíz Falcó, titulada *Bacilos diftérico y pseudodiftérico. Crítica de los procedimientos empleados para su diferenciación y modificación introducida al método de Costa, Troisier y Dauvergne.* Su trabajo mereció el elogio de la comunidad farmacéutica hasta el punto de que el Instituto le ofreció la posibilidad de continuar investigando. A pesar de los rápidos progresos iniciales Zoe no solicitó su título de doctora hasta el año 1952.

Durante sus años de estancia en Madrid estuvo acompañada de su hermana Pau estudiante de Medicina; ambas sensibilizadas por las cuestiones de género, participaron en los movimientos feministas de mano de Victoria Kent. En 1920 Zoe fue nombrada secretaria de la Juventud Universitaria Feminista de Madrid.

Se casó con un médico y se instaló en Albalate del Arzobispo (Teruel) y abrió una oficina de Farmacia. En abril de 1936 tuvo que trasladarse a Zaragoza y dos años más tarde consiguió nuevamente disponer de una farmacia, que regentó hasta su muerte.

María Cascales Angosto (1934). Nació en Cartagena y estudió Farmacia, en las universidades de Granada y Madrid, donde finalizó, en 1958. Se doctoró en Farmacia por la Universidad de Madrid en el año 1961 y trabajó como investigadora del Consejo Superior de Investigaciones Científicas (CSIC) y jefa de la sección de Enzimología del Departamento de Bioquímica CSIC en el periodo 1971-1982. Desde esta última fecha hasta 1989 dirige el Instituto de Bioquímica del Centro Mixto CSIC/UCM y, en 1996, es elegida directora del Departamento de Bioquímica Farmacológica en 1996, en la actualidad es Doctora «ad honorem» del CSIC. Fue la primera mujer española que, en 1987, accedió a una academia científica, la de Farmacia. Académica numeraria de la Real de Doctores y miembro del Instituto de España, ha realizado a lo largo de su trayectoria profesional numerosas estancias en el extranjero, Francia (Centre National Recherche Agronomique de Versalles, 1961), Estados Unidos (Departament of Biochemistry, Kansas, 1965-1966), Gran Bretaña (Londres, Nottingham, 1984-85), Suiza (Basilea, 1995-1996) y recibido numerosos premios y distinciones, entre los que destacan la Medalla del Instituto de Investigaciones Citológicas de Valencia y el Premio a la Mujer Progresista (1994), la Medalla de Oro de la Facultad de Farmacia de la UCM (2005) y el doctorado honoris causa por la UNED (2008).

Una de las líneas de trabajo con la que más se ha comprometido la profesora Cascales, dedicándose a ella desde los años 70 del siglo XX, es la relativa al mecanismo de hepatotoxicidad y los efectos del envejecimiento. Ha publicado numerosos artículos científicos y libros.

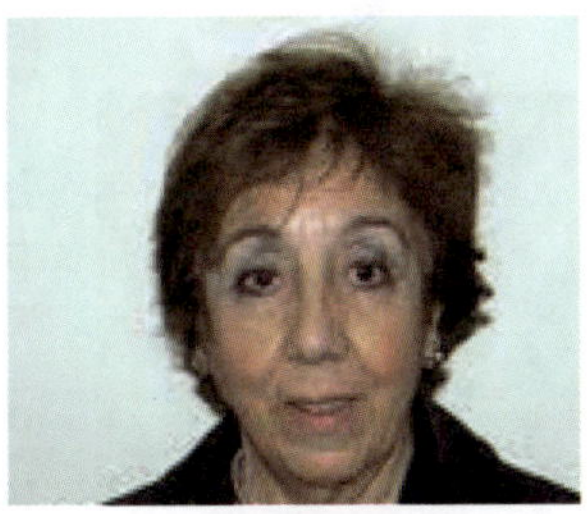

Ana M.ª Pascual-Leone Pascual (1930). Nació en Valencia, estudió la carrera de Farmacia en la Universidad de Barcelona (1953), obteniendo el Premio Extraordinario, y realizó el doctorado en la Universidad de Madrid. Obtuvo un Diploma de Estudios Superiores en la Sorbona (París), donde realizó formación postdoctoral.

En 1966 ingresó en el Consejo Superior de Investigaciones Científicas como profesora ayudante. Ha sido directora del Instituto de Bioquímica del CSIC (1989-95) y en la actualidad es Investigadora Científica «Ad Honorem».

Sus líneas de investigación se han centrado en los desequilibrios hormonales y malnutrición en el desarrollo de mamíferos, y en la regulación del metabolismo de carbohidratos e interacción entre nutrientes y factores endocrinos.

En 1994 recibió el Premio Nacional de Investigación Reina Sofía sobre Prevención de las Deficiencias y en el año 2001 fue nombrada Académica de la Real Academia Nacional de Farmacia. El título de su discurso inicial fue *Visión endocrina actual de las interconexiones celulares: la familia de la insulina.*

Carmen Avendaño López (1942). Nació en El Bonillo (Albacete) es hija de maestros nacionales, dudó entre seguir la carrera de Arquitectura o de Químicas y finalmente eligió Farmacia, donde, en el estudio de la estructura de las moléculas químicas, encontró una síntesis de las dos especialidades. Su familia le impuso una condición: ser maestra además de farmacéutica, la cumplió en 1961.

Catedrática de universidad y directora del Departamento de Química Orgánica y Farmacéutica de la Facultad de Farmacia de la UCM, sus numerosas contribuciones científicas en investigación de nuevos fármacos han sido objeto de publicaciones en revistas internacionales. Es fundamental señalar el enorme esfuerzo realizado por Carmen para conseguir una docencia en química farmacéutica de calidad, con la elaboración como autora y coordinadora del texto *Introducción a la Química Farmacéutica.*

En 2001 ingresó en la Real Academia Nacional de Farmacia pronunciando una conferencia titulada *Repercusión de la síntesis química en la investigación y desarrollo de nuevos fármacos.*

M.ª del Carmen Francés Causapé (1944). Nacida en Bubierca (Zaragoza), finalizó sus estudió de Farmacia en la Facultad de Farmacia de la Universidad Complutense de Madrid (UCM), en el año 1967, y se doctoró en la misma universidad en 1973. En la actualidad es catedrática de Historia y Legislación Farmacéutica en la UCM, es académica de la Real Academia Nacional de Farmacia desde 1995 y pertenece a numerosas academias y sociedades científicas de países iberoamericanos (Perú, Argentina, Chile). Miembro Agregado de la Académie Internationale d'Histoire de la Pharmacie. Fue la primera mujer española en ser admitida en esta institución científica. Desde 1990 a 1995 ha ocupado el cargo de vicepresidenta, primera vez que una mujer ostenta un cargo en la Junta Directiva de esta institución. Desde 1995 a 2001 ha sido Presidenta de esta corporación. En 2007 fue nombrada Presidenta de Honor.

Ha instituido el «Prix Carmen Francés» en 1995, de ámbito internacional para tesis doctorales en el área de Historia de la Farmacia, que se entrega cada dos años. Ha creado la «Médaille Carmen Francés» en 1998, también de ámbito internacional, como reconocimiento a Personalidades científicas en el área de Historia de la Farmacia.

Ha escrito numerosos artículos en revistas especializadas y libros relativos a la historia de la Farmacia, entre ellos: *El devenir de Historia de la Farmacia en España* (1995), *Consideraciones sobre ciencia, farmacia y terapéutica* (2008), *Libro de Oro del cólera* (2010).

Su labor docente e investigadora ha sido reconocida con los Premios de Investigación de la Real Academia Nacional de Farmacia IBYS (1975), ANTIBIOTICOS (1976), la Medalla Carracido, categoría de bronce, de la Real Academia de Farmacia (1995), el Premio Giulio Conci de la Accademia Italiana di Storia della Farmacia (1997) y las Medallas de la Facultad de Farmacia UCM: Bronce (1988), Plata (1992) y Oro (1997).

Rosa Basante Pol (1945). Nacida en Cascabeles (León), estudió Farmacia (1968) y realizó su doctorado en la Universidad Complutense de Madrid (1977).

Es profesora titular de Historia de la Farmacia y Legislación Farmacéutica en la Facultad de Farmacia de la Universidad Complutense de Madrid. Ha sido Vicedecana de la Facultad de Farmacia, Vicerrectora de Alumnos y Asistencia la Comunidad Universitaria.

Ha publicado numerosos artículos y libros, entre los que cabe mencionar: *La Real Oficina de Farmacia en el reinado de Isabel II* (1993), *Farmacia y mujer* (2000), *El Farmacéutico en el siglo XXI* (2006), *Enfermedad y muerte de una reina de España: Bárbara de Braganza* (2011). Está en posesión de diversas distinciones como la Medalla de Honor de la Universidad Complutense y la del Mérito Naval con distintivo blanco.

Desde 2011 es Académica de la Real Academia Nacional de Farmacia y su discurso reglamentario se tituló: *La Farmacia. Ayer y hoy. Reflexiones en torno al medicamento y sus profesionales.*

M.ª Teresa Miras Portugal (1948). Nació en Carballino (Orense), licenciada en Farmacia (1970) y doctora en 1975 por la Universidad Complutense de Madrid (UCM). Bioquímica, especialista en neurociencias y pionera en el estudio de receptores y transportadores de nucleótidos y aminoácidos en células nerviosas. Según sus propias palabras:

> «... a la bioquímica llegue más tarde, pero yo me defino como neuroquímica o neurocientífica. Estudie Farmacia porque me encantaba la botánica —soy una botánica frustrada—, y allí estaba, me encantaba la química, y había química, y me encantaba dar un poco de trascendencia a ese conocimiento, buscar algo más, y Farmacia tenía una vertiente de salud que me atraía. Pero llegó la bioquímica y me di cuenta de que era lo que estaba por hacer...»

Catedrática de Universidad a los 34 años y Docteur Sciences en la Universidad Louis Pasteur, Estrasburgo (Francia), actualmente desarrolla su trabajo en la Facultad de Veterinaria de la UCM donde ha nucleado un equipo de trabajo especialmente cualificado. Es científica destacada de la Sociedad Española de Bioquímica y Biología Molecular (SEBBM) y de la International Society for Neurochemistry.

En el año 2001 fue nombrada miembro de la Real Academia Nacional de Farmacia, su discurso de ingreso versó sobre *Funciones extracelulares del adenosín trifosfato, ATP, y otros nucleótidos*. En 2007 fue elegida Presidenta, siendo la primera mujer en ocupar la presidencia de una Real Academia Española. Llegó al cargo con el objetivo de orientar a la profesión de cara al futuro, posicionándose en las áreas de debate más actuales sobre los medicamentos, los estudios de farmacia, el papel de la industria farmacéutica y la investigación básica en todos los campos de las ciencias de la vida y de la salud. En el año 2010 fue reelegida de nuevo.

A lo largo de su carrera ha participado en 36 proyectos de investigación como Investigador Principal, y su nombre aparece en más de 250 publicaciones en Web of Science y en diciembre de 2011 ha recibido el Premio Miguel Catalán concedido por la Comunidad de Madrid.

Concepción Campa Huergo (1951). Farmacéutica cubana, nacida en Sagua la Grande, desde su adolescencia sintió siempre predisposición hacia temas relacionados con la salud, diplomándose en Ciencias Farmacéuticas en 1974. Comenzó su etapa investigadora en el Centro de Preparados Biológicos de La Habana donde trabajó al comienzo como supervisora de las vacunas y posteriormente se integró en el grupo de investigación de la vacuna antimeningocócica. Es la descubridora de la única vacuna con eficacia comprobada que existe en el mundo contra la meningitis B y C. Por tal motivo la Organización Mundial de la Propiedad Intelectual le otorgó la medalla de oro.

En mayo de 2003 la Fundación Cultural y Científica Iberoamericana, con sede en Madrid, otorgó a Concepción Campa el Premio Iberoamericano José Martí por sus méritos como investigadora de prestigio mundial y en especial por el desarrollo de la vacuna contra la meningitis.

Directora del Instituto Finley, centro de investigación y producción de vacunas y sueros, es miembro activo en política y madre de familia. En la actualidad, Concepción Campa está liderando la creación de una vacuna contra el cólera, el dengue y la hepatitis, aunque su investigación principal se orienta hacia el cólera.

M.ª José Alonso Fernández (1959). Nacida en Carrizo de la Ribera (León), licenciada, doctora en Farmacia y catedrática del Departamento de Farmacia y Tecnología Farmacéutica, desde 1998, en la Universidad de Santiago. Inició su actividad en el campo de las nanopartículas como sistemas de fármacos en la Universidad de París Sur (1986-87) y ha trabajado como investigadora visitante en la Universidad de Angers (1988) y en el Instituto Tecnológico de Massachussets (MIT) (1991-92). Es vicerrectora de Investigación e Innovación de la Universidad de Santiago.

Las líneas de investigación de M.ª José Alonso están relacionadas con las mejoras sanitarias en los países en vías de desarrollo y la nanotecnología aplicada a la medicina. Su trabajo se ha traducido en doce patentes internacionales. Fue la primera científica española que consiguió, en 2005, una ayuda de la Fundación Bill y Melinda Gates para desarrollar una vacuna nasal contra la hepatitis B.

Su actividad científica ha sido reconocida con su ingreso en la Real Academia Nacional de Farmacia, en 2010, con un discurso de entrada titulado *Ciencia y salud global: la brecha del desarrollo.* En 2011 recibió el Premio Jaume I de Nuevas Tecnologías, concedido por la Generalitat Valenciana y la Fundación Valenciana de Estudios Avanzados. El jurado valoró:

> «El uso de nanopartículas capaces de superar barreras biológicas con aplicaciones en el tratamiento de enfermedades oculares, diabetes y psoriasis; el desarrollo de nanovacunas monodosis y no inyectables de especial utilidad problemática asociada a la prevención de enfermedades en vías de desarrollo y terapias innovadoras para el tratamiento del cáncer, con el diseño de nanopartículas que actúan como transportadores de fármacos hacia células diana cancerígenas y metastásicas».

Ese mismo año ocupó el puesto número nueve en el ranking de Farmacología y Toxicología elaborado por el Times Higher Education, siendo la única mujer y la única persona española incluida en esa lista.

Listado alfabético de médicas, matronas, enfermeras, radiólogas y farmacéuticas mencionadas en el tema 3

Agnodice	Médica ateniense ejerció la medicina y la obstetricia vestida de hombre, s. IV a C.
Aleu Riera, M.ª Dolores	Primera doctora en medicina de la universidad española, s. XIX-XX
Alonso Fernándes, M.ª José	Farmacéutica española académica de la Real Academia Nacional de Farmacia, en 2010, s. XX-XXI
Apgar, Virginia	Médica estadounidense especialista en anestesia y pediatría. Creadora del test Apgar, método utilizado para evaluar la salud de los recién nacidos, s. XX
Avendaño López, Carmen	Farmacéutica española académica de la Real Academia Nacional de Farmacia, en 2001, s. XX-XXI
Badimon Maestro, Lina	Investigadora cardiovascular, Premio Lilly de Investigación Biomédica Preclínica (2008), s. XX-XXI
Basante Pol, Rosa	Farmacéutica española académica de la Real Academia Nacional de Farmacia, en 2011, s. XX-XXI

Biheron, Marie Catherine	Anatomista francesa, s. XVIII-XIX
Blackwell, Elizabeth	Médica de origen británico que desarrolló su actividad profesional entre EE UU y Gran Bretaña gran luchadora por una formación de calidad para las mujeres estudiantes de medicina, s. XIX-XX
Blackwell, Emily	Médica de origen británico que logró ejercer como cirujana, gran luchadora por una formación de calidad para las mujeres estudiantes de medicina, s. XIX-XX
Boivin, Marie Anne Victorine	Matrona francesa autora de numerosas libros, s. XVIII-XIX
Bourgeois, Louise	Matrona francesa, fue la primera mujer que publicó un tratado sobre el parto y las enfermedades de las mujeres, s. XVI-XVII
Buck, Linda B.	Médica estadounidense, Premio Nobel de Medicina Y Fisiología 2004, s. XX-XXI
Campa Huergo, Concepción	Farmacéutica cubana descubridora de la única vacuna con eficacia probada contra la meningitis B, s. XX-XXI
Cascales Angosto, María	Primera farmacéutica española que accedió a la Real Academia Nacional de Farmacia en 1987, s. XX-XXI
Castells Ballespi, Martina	Tercera universitaria española y segunda en obtener el doctorado en medicina, s. XIX
Crumpler, Rebecca Lee	Primera mujer afroamericana titulada en medicina, s. XIX
Curie, Marie	Premio Nobel de Física en 1903 y en Química en 1911, descubridora del fenómeno de la radioactividad, s. XIX-XX
Cheverri Matamoros, Felicitas	Farmacéutica, primera mujer en obtener el título en Costa Rica, s. XIX-XX
Dittrichin Siegemundin, Justine	Matrona alemana fue una de las primeras con formación científica, s. XVII-XVIII
Donaldson, Sarah	Radióloga estadounidense especialista en radiología pediátrica, s. XX-XXI
Edwards Walker, Mary	Médica estadounidense que ejerció su profesión oculta bajo una vestimenta masculina, s. XIX-XX
Faver Caven, Henriette	Médica helvética que ejerció su profesión oculta bajo una vestimenta masculina, s. XVIII-XIX
Fleischmann, Elizabeth	Radióloga estadounidense que abrió la primera clínica privada de radiología en San Francisco, s. XIX-XX
Fonseca, Maria Carmo	Médica portuguesa especialista en biología molecular. Fue la primera mujer galardonada con el Premio DuPont de la Ciencia, s. XX-XXI

Francés Causapé, M.ª Carmen	Farmacéutica española, académica de la Real Academia Nacional de Farmacia, en 1995, s. xx-xxi
Gallar Barberá, Pilar	Radióloga española, ha desarrollado su trayectoria profesional en el Hospital General Gregorio Marañón de Madrid, s. xx-xxi
Garret Anderson, Elizabeth	Primera mujer médica en Gran Bretaña, s. xix-xx
Gébelin Brès, Madeleine	Médica francesa especialista en pediatría, s. xix-xx
Gómez Isla, Teresa	Neuróloga, investigadora sobre Alzheimer, s. xx-xxi
Hinkley Quimby, Edith	Radióloga estadounidense, fue la segunda mujer presidenta de la Sociedad Americana de Radiología, s. xix-xx
Jex-Blake, Sophia Louise	Médica británica fundadora de la London School of Medicine for Women, s. xix-xx
Johnston, Zoe Allison	Radióloga estadounidense, fue la primera mujer presidenta de la Sociedad Americana de Radiología, s. xix-xx
Kenny, Elizabeth	Enfermera australiana pionera en el tratamiento de la poliomielitis, s. xix-xx
LaChapelle, Marie-Louise	Matrona francesa considerada la madre de la obstetricia moderna, s. xviii-xix
Le Boursier Du Coudray, Angélique Marguerite	Matrona francesa que divulgó sus conocimientos por toda la Francia rural, s. xviii
Leporin Erxleben, Dorothea Christina	Primera médica alemana que obtuvo un doctorado en medicina, s. xviii
Levi Montalcini, Rita	Neuróloga italiana, Premio Nobel de Medicina y Fisiología en el año 1986 por sus descubrimientos sobre los factores de crecimiento de los nervios, s. xx-xxi
Madariaga, María De	Enfermera española fundadora de ocho escuelas de enfermería, s. xx-xxi
Mahoney, Mary Eliza	Primera enfermera afro-americana registrada en los EE UU, s. xix-xx
Maroto Vela, M.ª Carmen	Médica española, ha sido la primera mujer miembro de la Academia Nacional de Medicina, s. xx-xxi
Maseras Ribera, Martina	Primera mujer matriculada en medicina en la Universidad de Barcelona, s. xix-xx
Miras Portugal, M.ª Teresa	Farmacéutica española presidenta de la Real Academia Nacional de Farmacia, desde, s. xx-xxi
Moragas Cantarero, Elvira	Farmacéutica española pionera en el ejercicio de la profesión, s. xix-xx
Morandi Manzolini, Anna	Anatomista italiana experta en la realización de modelos anatómicos en cera, s. xviii

Navarro Zorraquino, Marta	Médica española especialista en cirugía, primera mujer en ingresar en la sección de Medicina de la Academia Europea de Ciencias y Artes, s. xx-xxi
Nightingale, Florence	Enfermera británica considerada la madre de la enfermería moderna, s. xix-xx
Nihell, Elizabeth	Matrona británica muy crítica con el uso de los fórceps y con el papel de los hombres en los partos, s. xviii
Nutting, Mary Adelaide	Enfermera de origen canadiense, primera profesora de enfermería del mundo y primera en ocupar una cátedra en una escuela universitaria, s. xix-xx
Pascual-Leone Pascual, Ana M.ª	Farmacéutica española, académica de la Real Academia Nacional de Farmacia en 2001, s. xx-xxi
Putnam Jacoby, Maria Coria	Primera farmacéutica estadounidense, aunque dedicó toda su vida al ejercicio de la medicina, s. xix-xx
Ramírez Pérez, Encarnación	Primera radióloga que se inscribió en la Sociedad Española de Radiología, s. xx-xxi
Ramón Cueto, Almudena	Médica e investigadora, especialista en la recuperación funcional de ratas parapléjicas mediante trasplantes de glía de bulbo olfatorio, s. xx-xxi
Rena Sabin, Florence	Médica estadounidense que ocupó por primera vez una cátedra en la Universidad Johns Hopkins, s. xix-xx
Richards, Linda	Primera enfermera estadounidense, s. xix-xx
Rosado, Luisa	Matrona española que solicitó permiso para ofrecer sus servicios con un cartel publicitario, s. xviii
Rosinach Pedrol, Zoe	Primera farmacéutica española que obtuvo el título de doctora, s. xix-xx
Sabuco De Nantes Barrera, Olivia	Autora española de un tratado sobre medicina, s. xvi-xvii
Sanger Higgins, Margaret	Enfermera estadounidense que estableció el término control de natalidad, s. xix-xx
Sendler, Irena	Enfermera polaca conocida como *El Ángel del Gueto de Varsovia*, s. xx-xxi
Stoney, Florence Ada	Pionera británica del uso de la radiología fue la primera médica que trabajó en el Ministerio de la Guerra, s. xix-xx
Stuart Barry, James Miranda	Médica del ejército británico que vivió toda su vida como un hombre, James Barry, s. xviii-xix

Trótula	Médica de la Escuela de Salerno, autora del más célebre tratado de Obstetricia y Ginecología de la Edad Media, s. XI-XII
You You, Tu	Médica china descubridora de la artemisina como tratamiento contra la malaria, s. XX-XXI

TEMA 4

QUÍMICAS, FÍSICAS Y CRISTALÓGRAFAS

Marie Curie con su hija Irene Joliot-Curie.

INTRODUCCIÓN

Las mujeres se involucraron en el estudio y práctica de la química desde sus orígenes, así encontramos a las primeras químicas en las perfumistas de Mesopotamia y la mayoría de aparatos químicos de esa época surgieron como modificaciones de utensilios de cocina.

La física se inicia en la época griega con el establecimiento de la teoría atómica desarrollada por Demócrito, pero no empieza a organizarse hasta mucho más tarde. La mujer no empieza a ser importante en el mundo de la física hasta finales del siglo XIX cuando esta disciplina empieza a despegar.

En este tema se trata de describir los logros a través de la historia de algunas mujeres que destacaron tanto por sus investigaciones en el mundo de la química y la física como por conseguir igualdad de oportunidades. Se incluyen también las cristalógrafas dado que las mujeres en cristalografía provienen en su mayoría de los dos ámbitos, además de algunas matemáticas.

QUÍMICAS

La química se dedica al estudio de la materia y los cambios que experimenta. Es la *ciencia central* para la comprensión de casi todas las disciplinas científicas, siendo de importancia fundamental para el estudio de la bioquímica, genética, fisiología, arqueología, agricultura, metalurgia, nutrición y otros muchos campos de la ciencia del siglo XXI.

La química como ciencia empieza con la alquimia. Esta misteriosa disciplina aliada con lo oculto formaba parte de las culturas de China, India, Grecia, Roma y Egipto y fue ampliamente practicada en el siglo XVII. Basada en la creencia de la continuidad de la materia y por lo tanto de su interconvertibilidad, la alquimia atrajo a ilustres pensadores, incluyendo a Isaac Newton que acabó desilusionado de tal ciencia en 1693.

Aunque no hay duda de que las mujeres fueron protagonistas en alquimia hay pocas referencias a sus aportaciones después de la revolución científica de Galileo y Newton. Durante los siglos xvii y xviii las mujeres fueron ayudantes de químicos y contribuyeron a popularizar la química y sus usos, pero muy pocas participaron en los descubrimientos que siguieron a la revolución de Lavoisier al final del siglo xviii.

La participación de las mujeres en química como en otras áreas científicas se vio limitada por la falta de acceso a la educación universitaria, en particular al doctorado, y a los laboratorios de la industria. Sin embargo encontraron subdisciplinas o inventaron áreas en las que trabajar, como por ejemplo química agrícola, nutrición o economía doméstica.

La diosa egipcia **Isis** es considerada una de las deidades mitológicas que dió a luz la ciencia de la química. Enseñó a los humanos la práctica de la agricultura y el arte de tejer y de la medicina. Además de instituir el matrimonio, era la diosa del Nilo y del delta egipcio o *Kemet*, que parece ser el origen de la palabra química.

Dos mujeres destacan como fundadoras de la alquimia, **María La Judía**, hermana de Moisés, y **Cleopatra**. María creía que toda la materia es una y que sería posible preparar oro cuando todas las partes se juntaran. Cleopatra era a la vez una filósofa y una experimentalista, legando un manuscrito *Chryosopoe* muy utilizado por los alquimistas. Un concepto básico para los alquimistas era la combinación de los principios macho-hembra o masculino-femenino, la dualidad de todo lo existente en el universo.

En el siglo xvii la química empieza a diferenciarse de sus raices alquimistas y se convierte en una ciencia experimental, no para descubrir la piedra filosofal sino para estudiar la naturaleza de la materia, y se consiguen medicinas por métodos químicos.

Destaca **Marie Le Jars De Gournay** (1565-1645) que nació y falleció en París, De formación desconocida escribió dos libros *Égalité des hommes et des femmes* y *Le Grief des dames.* Seguidora de Montaigne fue introducida a la alquimia por d'Espargnet, y a ello se dedicó como una investigación intelectual defendiéndose de los ataques que contra esa ciencia y las mujeres realizaba la sociedad.

A mediados del xvii empiezan a aparecer libros de ciencia dedicados especialmente a mujeres y el primero de ellos *La Chimie charitable et facile en faveur des dames* de **Marie Meurdrac** data de 1666. Su libro, que fue traducido al alemán e italiano, consta de seis partes: i) Principios y operaciones, ii) Propiedades de los elementos, su preparación y como extraerlos de sus sales, iii) Animales, iv) Metales, v) Metodos de preparación de medicamentos y vi) Para las mujeres, sobre como preservar y aumentar su belleza. Meurdrac fue una alquimista reconocida en su época, y su tratado sigue los principios de la alquimia del mismo modo que sus contemporáneos Lefevre, Boyle o Lémery y no fue su tiempo sino la historia quien la ha olvidado.

Otra mujer olvidada de la historia de la ciencia y que pertenece a la misma época es la condesa inglesa lady **Anne Finch Conway** (1631-1679). Astrónoma. matemática y filósofa y en cierto modo también alquimista, fue autora del libro *The principles of the most ancient and modern philosophy concerning God, Christ, and the creature; that is concerning spirit, and matter in general,* que se convertiría en la piedra angular de la nueva filosofía de la naturaleza de Leibniz. En la portada del libro no aparecía el nombre de su autora y solo en el prefacio se atribuía a «cierta condesa inglesa, mujer de conocimientos que rebasan lo común entre los miembros de su sexo»; siempre se mencionó como autor a su editor van Helmont.

El concepto de la atracción entre los cuerpos de Newton y la naturaleza corpuscular de la materia fueron las teorías de mayor influencia en los siglos xvii y xviii. Su combinación con los resultados obtenidos por el ejercicio de la química en el laboratorio, el conocimiento de los elementos y los compuestos y los métodos cuantitativos permitió el establecimiento de las bases de la química moderna por Lavoisier.

Marie Anne Pierrette Paulze (1758-1836), la mujer de Lavoisier, fue una ayudante entusiasta del trabajo de su marido realizando conjuntamente con él experiencias de laboratorio. Persona muy cultivada que conocía diversas lenguas, traducía las obras que interesaban a Lavoisier y preparó las ilustraciones del *Traité de Chimie*. Las fiestas y reuniones que organizaba en sus salones facilitaban la difusión de los nuevos descubrimientos. En 1794 Lavoisier fue guillotinado y Marie después de pasar una época en la cárcel, completó, editó y publicó las *Memoires de Chimie* en 1805, para mostrar la contribución de su esposo a esa ciencia sin indicar en ningún momento cuál había sido la suya propia.

Una de las mejores y más populares divulgadoras de la ciencia fue **Jane Haldimand Marcet** (1769-1858) cuyas *Conversations on Chemistry* aparecieron en 1805 y fueron editadas 16 veces y a menudo pirateadas. Era hija de una familia suiza que residía en Londres y se casó con Alexander Marcet, médico y químico. Esta obra tuvo gran influencia en un niño de 13 años, Michael Faraday, que trabajaba como ayudante de encuadernador.

Elizabeth Fulhame convencida por las teorías de Lavoisier elaboró su tratado *Essay on combustion* estimulando el interés por la nueva química. Realizó en Londres experimentos para Priestley e hizo investigaciones sobre la reducción de sales de oro por acción de la luz, siendo considerada pionera en fotografía. Aunque hay pocos datos sobre ella, se sabe que pertenecía a una familia culta y que fue elegida miembro honorario de la Sociedad Química de Filadelfia.

Durante el siglo XIX las mujeres tuvieron pocas oportunidades de contribuir al explosivo crecimiento de la química. Mientras los científicos ingleses, franceses y alemanes establecían las bases de la química orgánica moderna, descubriendo sus reacciones, el carácter tetravalente del átomo de carbono, la naturaleza cíclica del benceno y el fenómeno de la isomería, la química física se separaba de la química y la comprensión de las moléculas que constituían la bioquímica estaba a punto de culminar, la mayoría de los laboratorios y universidades estaban cerrados a las mujeres. Los ciento cuarenta químicos que asistieron al Congreso de Karlsruhe en 1860 eran varones, y aunque a algunas mujeres se les permitía trabajar en el laboratorio, únicamente en Suiza las que estaban interesadas en química podían conseguir el grado de Doctor. Muchas mujeres llegaban por esa razón a Suiza de otros países, entre ellos Rusia y América.

Helen Abbott Michael (1857-1904) natural de Filadelfia, había estudiado medicina en un *college* de mujeres y aunque interrumpió sus estudios a raíz de una lesión, continuó realizando investigaciones por su cuenta; es un claro ejemplo de lo que una mujer puede conseguir incluso sin educación universitaria. A raíz de la intoxicación y muerte de varios niños en 1883 por haber ingerido raíces de chirivía, se interesó en el análisis y estructura de los productos químicos que contenían las plantas. El trabajo de Abbot, particularmente en saponinas ha proporcionado información muy valiosa a los farmacéuticos del siglo XIX, siendo la primera en proponer la idea de una clasificación de las plantas según la naturaleza de los compuestos químicos aislados. Gracias a sus resultados consiguió nuevos laboratorios de investigación y la posibilidad de incorporar mujeres a su grupo. En 1887 decidió estudiar química en el *Tufts College* con Arthur Michael, con quien se casó un año después.

Otra mujer relevante es **Agnes Pockels** (1862-1935) fundadora de la química de superficies. Nació en Venecia, pero en 1871 su familia se desplazó a Brunswick donde ella asistió a la escuela municipal de chicas. Después permaneció en casa por razones familiares y al no ser las mujeres aceptadas en la universidad desarrolló sus investigaciones en la cocina, para lo que contó con la ayuda de su hermano Friedrich estudiante en Gotinga. Realizó numerosos trabajos sobre los efectos de los contaminantes en la tensión superficial de sustancias orgánicas y la tensión interfacial entre agua y líquidos no miscibles con ésta. Sus trabajos fueron reconocidos y desarrollados posteriormente por Rayleigh y Langmuir. Éste último científico recibió el premio Nobel en 1932 por sus trabajos sobre monocapas que eran una mejora y desarrollo del trabajo pionero de Pockels.

Ellen Henrietta Swallow Richards (Dunstable, MA, 1842-1911) fue la mujer más notable en química industrial y medioambiental en los EE UU del siglo XIX. Feminista pragmática y pionera del ecofeminismo defendió activamente que el trabajo de las mujeres en el hogar constituye un aspecto vital de la economía.

Realizó sus estudios secundarios en la *Westford Academy* y obtuvo el bachillerato en el *Vassar College* (1868). Fue la primera mujer en ser admitida en el *Massachussets Institute of Technology* (MIT) en 1870, bajo el supuesto de que su ingreso en dicho centro no establecía un precedente para la entrada generalizada de mujeres, donde continuó sus estudios siendo también la primera mujer en obtener el grado en química en EE UU tres años después. Sin embargo no pudo doctorarse ya que el MIT no permitiría obtener dicha mención a las mujeres hasta 1886.

Se casó en 1875 con Robert H. Richards, director del Departamento de *Mine Engineering* del MIT y con su ayuda permaneció asociada a dicho instituto, trabajando de forma voluntaria y contribuyendo con 1.000 dólares anuales para la creación de programas para estudiantes mujeres. Un año después se creó el *MIT Womens's Laboratory* del que se convirtió sin remuneración económica en ayudante del profesor John M. Ordway, para la enseñanza de análisis químico, química industrial, mineralogía y biología aplicada. Ese mismo año iniciaría una larga colaboración como profesora de la primera escuela americana por correspondencia, la *Society to Encourage Studies at Home*. Las mujeres empezaron a ser admitidas de forma regular en el MIT en 1883, el laboratorio cerró y Ellen pasó a ser instructora de un nuevo laboratorio de química sanitaria en la *Lawrence Experiment Station*, cargo que continuaría desempeñando el resto de su vida. Fue responsable en 1887 del primer estudio sobre la calidad del agua en el estado de Massachusetts, el primero de dicha naturaleza en América. Sus datos darían lugar al desarrollo de la primera planta de tratamiento de aguas residuales, una de las causas principales de la polución del agua. Coautora con A. G. Woodman del texto *Air, Water, and Food from a Sanitary Standpoint*, su interés por el medio ambiente la llevó en 1892 a introducir al inglés el término Ecología, que había sido forjado en Alemania para describir «el hogar de la naturaleza».

Aplicó los principios científicos a situaciones domésticas como nutrición, vestimenta, forma física, higiene y una gestión económica eficiente en el hogar. En 1908 fue elegida presidenta de la *American Home Economics Association* y publicó numerosos libros sobre dichos tópicos entre los que cabe destacar: *The Chemistry of Cooking and Cleaning: A Manual for House-keepers* (1881), *Food Materials and their Adulterations* (1886), *Conservation by Sanitation, The Chemistry of Cooking and Cleaning, The Cost of Living* (1899), *Air, Water, and Food* (1900), *The Cost of Food, The Cost of Shelter, The Art of Right Living, The Cost of Cleanness, Sanitation in Daily Life* (1907), and *Euthenics, the Science of Controllable Environment* (1910).

Ellen Richards y Marion Talbot (promoción 1880, Universidad de Boston) fueron, cuando invitaron a una reunión en casa de Talbot en Boston, MA, en 1881, a otras 15 mujeres graduadas, las madres fundadoras de lo que sería la *American Association of University Women* (AAUW). Su propósito era crear una organización para mujeres que facilitara su acceso a la educación superior y al ejercicio profesional. Hoy, ciento treinta años después, es una organización líder en la defensa de la educación y la igualdad de todas las mujeres.

Ellen falleció en Jamaica Plain, MA, un año después de serle otorgado un doctorado honoris en ciencia por el *Vassar College* en 1910. Su casa ha sido declarada Monumento Histórico Nacional y entre otros honores el MIT estableció en 1973, con motivo del centenario de su graduación, la beca Ellen Swallow Richards para mujeres profesoras. Ocupa la octava posición en el listado *MIT150* de 2011, que reúne las 150 personalidades más relevantes de dicha institución.

Yulia Vsevolodovna Lermontova (1846-1919) fue una de las pocas mujeres en conseguir un doctorado *in absentia* en una universidad alemana, la de Gotinga, por su trabajo *The Study of Methylene Compounds*. De origen ruso se unió en 1869 a su amiga matemática Sofía Kovaleskaya en Heidelberg para estudiar análisis cualitativo y cuantitativo. Más tarde ambas se trasladaron a Berlin donde Lermontova realizó un trabajo sobre el diaminohidrazobenceno en el laboratorio de Hofman.

Después de su tesis en 1874 volvió a Rusia donde trabajó, en Moscú con Markovnikov y en San Petersburgo con Butlerov llegando a diseñar un aparato para el craqueo del petróleo. Dejó su investigación en 1886, por razones familiares.

Además de Suiza, otros países empiezan a abrir sus universidades a las mujeres, siendo posible doctorarse en Alemania desde 1908 y en París y Gran Bretaña hacia 1870. En Estados Unidos se crea un programa de doctorado (*Ph. D.*) en el *Bryn Mawr* de la Universidad de Chicago desde su fundación en 1891. A pesar de ello sigue siendo difícil para las mujeres encontrar puestos en las mismas condiciones que los hombres, apareciendo, a partir de ese momento y como consecuencia de los trabajos de investigación realizados por ellas, subdisciplinas en las que fueron muy activas como nutrición, química agrícola, bioquímica, cristalografía y técnicas espectroscópicas y de análisis.

Un rama en la que destacaron enormemente por sus aportaciones es la química nuclear y el descubrimiento de nuevos elementos radiactivos: **Marie Curie** (1867-1934) por el polonio y el radio, **Irene Joliot-Curie** (1897-1956) por la síntesis de isótopos radiactivos y **Lise Meitner** (1878-1968) por el protactinio. Citar también a **Ida Tacke Noddack** (1896-1978) química que estudió en la Universidad de Berlín y al finalizar en 1923 colaboró con su padre que poseía una industria de barnices. Descubrió el renio en 1925 en colaboración con Walter Noddack con quién se casó un año más tarde, y a **Marguerite Perey** (1909-1975), química y física, que a los 20 años entró como laborante de Madame Curie y primera titular de la Cátedra de Química Nuclear creada en 1949 en Estrasburgo, por el francio. Volveremos con más detalle sobre ellas, en este mismo tema, al tratar de las mujeres físicas.

A mediados del siglo XIX el conocimiento químico era tan vasto que fue necesaria una división en especialidades. Una de las áreas de mayor producción fue la química orgánica que estudia los compuestos del carbono y que fue la responsable del desarrollo de grandes industrias basadas en la síntesis de compuestos como aspirina, novocaína o sacarina y sus aplicaciones en agricultura y bioquímica.

En esa época destacan: **Rachel Lloyd** (1839-1900), la primera mujer americana en doctorarse ya con 48 años en la Universidad de Zurich, por sus trabajos en química agrícola sobre la remolacha de azúcar y **Emma Perry Carr** (1880-1972) que se dedicó al estudio del espectro de absorción ultravioleta de hidrocarburos con un doble enlace, identificando los dos tipos de bandas electrónicas en mono-olefinas.

Ya en el siglo XX mencionar los nombres de: **Gerty Theresa Cori** (1896-1957), que junto con su marido recibió el premio Nobel en Medicina y Fisiología en 1947 por la elucidación del metabolismo del glucógeno.

Maud Menten (1879-1960) que estudió en la Universidad de Toronto y es corresponsable de la famosa ecuación de Michaelis-Menten, fundamental para interpretar la reacción enzima-sustrato, además de haber aplicado la técnica azo-colorante al enzima fosfatasa y la electroforésis para separar dos hemoglobinas.

Leonor Michaells (1875-1949)

Maud Menten (1879-1960)

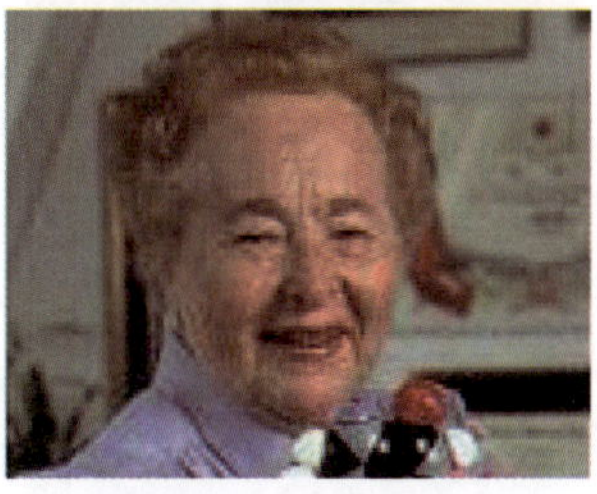

Allene Rosalind Jeanes (1906-1995) que estudió la naturaleza del almidón y cientos de dextranos, desarrollando la nueva técnica de oxidación con periodato y **Gertrude B. Elion** (1918-1999), química orgánica, farmacóloga, administradora y directora de investigación en la industria, que recibió el premio Nobel de Fisiología y Medicina en 1988 por sus trabajos en quimioterapia (tratamiento de la leucemia, inmunosupresores como la azatioprina para trasplante de órganos) y metabolismo de los fármacos (tratamiento del ácido úrico).

Aunque nuestro propósito no es enciclopédico, ya que a través de Internet o de la bibliografía mencionada al final del texto es posible encontrar otras biogragrafías de mujeres químicas cuyas actividades han permitido avanzar a la ciencia, a pesar de las barreras que la sociedad había o incluso ahora pone al desarrollo de su carrera profesional, la lista es mucho más extensa.

Añadamos pues, algunas más:

Carolyn Ruth Bertozzi, (Boston, MA, 1966), hija de un profesor de física en el MIT es una química americana que estudia la funcionalidad de los hidratos de carbono. Hace aproximadamente una década que se descubrió que los oligosacáridos participan en muchas enfermedades, incluyendo infecciones virales y bacterianas, metástasis cancerosas e inflamación. Carolyn está convencida de que sus estudios sobre biosíntesis de oligosacáridos conducirán a mejores tratamientos de enfermedades crónicas como arterioesclerosis, artritis, diabetes o inflamación del colon.

Graduada en química por la Universidad de Harvard en 1988, al principio de su carrera trabajó en el área de la química física participando en la construcción de un calorímetro fotoacústico. Inició su andadura hacia la bioorgánica en Berkeley bajo la dirección del profesor Mark Bernadski con quien realizó la tesis doctoral que defendió en 1993. Posteriormente aplicó su conocimiento de la química de los hidratos de carbono al estudio de la capacidad de los oligosacáridos en promover la adhesión celular en los centros de inflamación, en la Universidad de California-San Francisco (UCSF). Ha recibido un gran número de honores y premios por su labor científica, y entre los más recientes cabe destacar, ser miembro de la *National Academy of Sciences* (2005), Premio Ernest Schering (2007), miembro de la *German Academy of Sciences Leopoldina*, Medalla Willard Gibbs (2008), Medalla Albert Hofmann de la Universidad de Zurich (2009), *Bioorganic Chemistry Award* de la *Royal Society of Chemistry* (2010) y miembro del *Institute of Medicine* (2011). Entre sus aficiones destacan el interpretar al piano y la montaña.

Darleane Christian Hoffman (Iowa, 1926), química nuclear formalmente retirada en 1991, es una de los lideres del grupo que ha descubierto los elemen-

tos pesados de la tabla periódica 116 y 118. Recibió en el año 2000 la medalla Priestley de la *American Chemical Society* por sus descubrimientos sobre los límites o fronteras de la Tabla Periódica. La primera mujer en obtener tal distinción fue Mary L. Good en 1997.

Aunque inició sus estudios en artes aplicadas se interesó particularmente por la química gracias al entusiasmo de la profesora que la impartía, Nellie Taylor. Decidió después de muchas dudas cambiar de artes aplicadas a química y a pesar de ser la única mujer en ese momento, no se sintió nunca sola o discriminada. Para ayudarse económicamente en sus estudios realizaba pequeños trabajos, destacando el qué como alumna desarrolló en el Instituto de Energía Atómica de Iowa (más tarde *Department of Energy's Ames Laboratory*) bajo la dirección del químico inorgánico y nuclear Donald S. Martin Jr. Allí conoció al que más tarde se convertiría en su marido Marvin M. Hoffman. Darleane defendió su tesis sobre reacciones fotonucleares en 1951 y pocos días después se casaron. En 1952 encontró trabajo en *Oak Ridge National Laboratory*, mientras Marvin acababa la tesis.

Se les presento a ambos la posibilidad de ir a trabajar a Los Alamos, pero al principio a ella no la quisieron contratar por el simple hecho de ser mujer, lo que la enfrentó por vez primera a la cruda realidad de la discriminación. Finalmente en 1953, consiguió trabajo en el grupo de radioquímica de Spence, Seaborg y Ghiorso, poco después de que éstos hubieran descubierto el einstenio y el fermio.

Se involucró totalmente en estudios de fisión nuclear y como miembro del grupo de radioquímica que pertenecía a la división de ensayo de armamento de Los Alamos, participó en pruebas de armas nucleares que se desarrollaban en los laboratorios de Nevada. Fue la primera mujer involucrada en el análisis del impacto medioambiental de dichos ensayos.

Durante los 31 años que permaneció en Los Alamos intervino en cursos y programas destinados a atraer a jóvenes mujeres hacia la ciencia que estaba desarrollando.

En 1984 ocupa un puesto de profesora en la Universidad de Berkeley donde se centra en la investigación sobre elementos pesados. Realiza tareas docentes renovando totalmente el laboratorio de alumnos y motivada también por el hecho de ser únicamente la segunda mujer en la Facultad de Química de dicha universidad se involucra en la gestión académica. Posteriormente, comenta con satisfacción, cuatro mujeres mas se incorporaron a la Facultad.

En Berkeley su grupo investigó el elemento 104 (rutherfordio), la química de las disoluciones acuosas del elemento 105 (dubnio), y en 1993 confirmó el descubrimiento del elemento 106 (seaborgio) estudiando también sus propiedades. En el 2000 sus intereses se centraron en el elemento 107 (bohrio) y en la creación de los elementos superpesados 114, 116 y 118. El elemento 118 fue producido mediante bombardeo del plomo-208 con iones kripton-86.

Ha recibido numerosas distinciones por su trabajo: En 1983 fue la primera mujer en obtener el *ACS Award for Nuclear Chemistry*, en 1990 el *ACS Garvan-Olin Medal* que se entrega a mujeres químicas y en 1997 el Presidente Clinton le entregó la *National Medal of Science.*

Además de dedicarse a su familia, tiene una hija Maureane profesora en la Duke University Medical School y un hijo Daryl cirujano plástico que le ha dado tres nietos a los que cuidar, sigue trabajando, parece que retirarse no le atrae excesivamente. Como bien dice su colaborador Gregorich «*She likes being very busy*».

Mary Lowe Good (Grapevine, Texas, 1931), es una química inorgánica que realiza investigación industrial. Se licenció en la *University of Central Arkansas* en Economía Doméstica, y más tarde obtuvo la doble licenciatura de química y física. Se doctoró en 1955 y en 1980 fue nombrada por Jimmy Carter para la *National Science Board* de la *National Science Foundation* (NSF), puesto para el que Ronald Reagan la volvió a proponer en 1986.

George Bush la nombró en 1991 presidenta del Consejo de Asesores sobre Ciencia y Tecnología, siendo la primera mujer en dirigir ese organismo. Ha dedicado muchos años de su vida profesional a evaluar las tendencias de investigación y tecnología en EE UU, primero en la empresa privada y después en la administración. Aunque jubilada sigue trabajando en la identificación y transferencia de tecnologías y su larga experiencia le ha dado un gran conocimiento sobre el papel de la mujer en la ciencia. Según comenta, en física el número de mujeres sigue siendo muy bajo, muy inferior al correspondiente en química y biología o medicina; también en ingeniería química ha aumentado la presencia femenina.

Actualmente es profesora en la *University of Arkansas* y decana fundadora del *George W. Donaghey College of Engineering and Information Technology.*

Janet Del Bene de origen italiano, nacida en Estados Unidos en 1940, es *Professor Emeritus of Chemistry en Youngstown* (Ohio) donde ha trabajado desde 1970. Hizo la tesis (1968) en Cincinnati dirigida por H. H. Jaffe, fue postdoc con J. E. Harriman en el *Theoretical Chemistry Institute* en Madison (Wisconsin, 1968-69) y con John A. Pople en 1969-70 en la *Carnegie Mellon University* de Pittsburgh (Pensylvannia). Realizó diferentes estancias como profesora visitante: en *Carnegie Mellon* (1980-81), en Ohio con Isaiah Shavitt (1988-89), en Cambridge con A. D. Buckingham (1996-97) y en Florida con R. J. Bartlett. Pertenece a diversos comités de *la American Chemical Society* y ha sido nombrada *Outstanding Young Women of America.* Ha publicado centenares de artículos, es aficionada al golf y a la lectura y una gran conversadora.

Janet del Bene y Otilia Mó en Madrid en 2002

Otilia Mó Romero nacida en Lira (Salvatierra de Miño, Pontevedra) en 1947, fue la primera de su familia en acceder a la universidad. Realizó sus estudios primarios en la Escuela Nacional de niñas de Lira, bachillerato en Pontevedra y licenciatura en Ciencias Químicas con premio extraordinario en Santiago de Compostela (1970). En el curso 1970-71 fue profesora de Física y Química de la Universidad Laboral de Cheste (Valencia), simultaneado esa tarea con una ayudantía sin dedicación en la Universidad de Valencia donde empezó los estudios de doctorado bajo la dirección de. J. I. Fernández Alonso. Se incorpora como becaria de FPI a la UAM y defiende su tesis doctoral en 1974 también con premio extraordinario. Después de un periodo (1974-76) postdoctoral en la *Carnegie Mellon University* con John A. Pople vuelve a la UAM donde en la actualidad es catedrática de universidad después de haber pasado por adjunto contratado (1976-1978), adjunto numerario (1978-1983) y profesora titular de universidad (1983-2000). Autora de alrededor de 300 artículos científicos y el texto «*Enlace Químico y Estructura Molecular*» desempeñó durante tres años el cargo de secretaria del Instituto Universitario de Estudios de la Mujer de la UAM (1991-1993), siendo directora del mismo entre 1994 y 1996. Vicedecana de Estudiantes de la Facultad de Ciencias de la UAM (1996-98) fue representante oficial de los Institutos Universitarios en la *Fourth World Conference on Women Beijing* en septiembre de 1995. Involucrada en estudios de género y ciencia señalar alguna de sus publicaciones al respecto: «*A Look to the Spanish Situation and Improvement of the last decade. The Under Representation of Women in Science and Technology*», 1994; «*Mujer y Poder*», 1996; «*Public Administration. Women and the University Curriculum. Towards Equality, Democracy and Peace*», 1996; «*El Instituto Universitario de Estudios de la Mujer de la UAM*», 1998. En 2008-2009 fue nombrada directora general de Programas y Transferencia de Conocimiento y presidenta de la Comisión Nacional Evaluadora de la Actividad Investigadora del Ministerio de Ciencia e Innovación.

Casada y con 3 hijas ha podido disfrutar plenamente de su maternidad al dejarlas con su madre mientras ella trabajaba. Aunque nunca se ha sentido discriminada por el hecho de ser mujer en el trabajo cotidiano, «... si se para a pensarlo...», ella promocionó a catedrática de Química Física en la Universidad Autónoma de Madrid en el año 2000, su marido también químico lo fue 20 años antes, a pesar de ser compañeros de curso y con *curricula* muy similares.

Concepción González Bello (Vigo, 1966), licenciada en Química en la Universidad de Santiago de Compostela en el año 1989, es actualmente catedrática en dicha universidad. Durante su doctorado, bajo la dirección de los profesores E. Guitián y L. Castedo, realizó además estancias en los laboratorios de los científicos M. Vandewalle (Gante, Bélgica) y K. C. Nicolaou (La Jolla,

EE UU), obteniendo el grado de Doctor en 1994. A continuación obtuvo un contrato postdoctoral en la Universidad de Cambridge (Reino Unido) con el profesor C. Abell de dos años de duración, a cuya finalización se incorporó como ayudante a la Universidad de Santiago.

Investiga en diseño de fármacos con nuevos modos de acción para el tratamiento de infecciones bacterianas, y en particular en la síntesis de inhibidores de enzimas esenciales involucrados en la biosíntesis de aminoácidos aromáticos, destacando sus trabajos sobre inhibición de *Mycobacterium tuberculosis* y *Helicobacter pylori*. Otro aspecto muy importante de su trabajo es el establecimiento de relaciones estructura-actividad para la mejora de la actividad biológica, mediante el uso de cristalografía de rayos-X y técnicas de Resonancia Magnética Nuclear y modelado molecular.

Según González-Bello hay tres cualidades esenciales para ser buena científica en Química Médica: imaginación, astucia y perseverancia. Se confiesa enamorada de la química por ser tan intrigante como la vida y considera quizás su mayor logro, el haber sido capaz de mantenerse motivada y entusiasta incluso cuando ha obtenido resultados negativos.

Rosa María Menéndez López nació en Corollos, Asturias, en 1956. Tras graduarse en Química y doctorarse en esta misma disciplina por la Universidad de Oviedo en 1986, pudo llevar a cabo varias estancias postdoctorales en Inglaterra y EE UU. En 1989 se incorpora al Instituto Nacional del Carbón (Incar) del CSIC, donde actualmente lleva a cabo su trabajo como profesora de investigación. Entre los años 2003 y 2008 ha sido directora de este instituto, y entre 2008 y 2009 ostentó el cargo de vicepresidenta de Investigación Científica y Técnica del CSIC. Es autora de más de 160 artículos en revistas científicas de impacto y ha dirigido varias tesis doctorales.

Obtuvo el Premio DuPont en su XIX edición, en el año 2009. Su labor investigadora se desarrolla en el campo de nuevos materiales producidos a partir de derivados del carbón y del petróleo. Se ocupa de diseñar materiales a la carta y sintetizarlos, entre ellos el grafeno. Según Menéndez:

> «Los materiales de carbono, en el sector industrial, pueden usarse para muchas actividades, por ejemplo, almacenamiento energético, en baterías de ión-litio y supercondensadores. El átomo de carbono es el más abundante en la Naturaleza y tiene la capacidad de combinarse de distintas formas, dando lugar a estructuras muy variadas, que generan materiales de propiedades incluso contrapuestas: aislantes o conductoras, elevada densidad o elevada porosidad. Según la necesidad, es posible preparar el material para distintas aplicaciones en energía, medio ambiente, medicina, química, microelectrónica, etc».

Carmen Nájera Domingo (Nájera, La Rioja, 1951), se licenció en Química en la Universidad de Zaragoza en 1973, realizando su tesis doctoral en la Universidad de Oviedo bajo la supervisión de los profesores J. Barluenga y M. Yus. Realizó estancias postdoctorales con D. Seebach en el ETH de Zurich, con J. E. Baldwin en *Dyson Perrins Laboratory* de Oxford, con E. J. Corey en la Universidad de Harvard, y con J.-E. Bäckvall en la Universidad de Uppsala.

Casada, tiene una hija y un hijo, fue profesora titular desde 1985 primero en la Universidad de Oviedo y más tarde en la de Alicante donde accedió a una cátedra de Química Orgánica en 1993. Considera haber tenido los mismos problemas y ventajas que cualquier persona en el desarrollo de su carrera científica. Y que sí, que le ha sido complicado como a cualquier madre trabajadora, con unos primeros años muy estresantes pero con mucha fuerza e ilusión. Ha tenido una gran ayuda por parte de su marido y ha necesitado una persona para el cuidado de los niños y de la casa, ha vivido siempre alejada del domicilio de sus padres. Cree que su trabajo es maravilloso, con muchas compensaciones, sobre todo por las relaciones humanas con los colaboradores y los alumnos, y por su creatividad.

Investigadora visitante en universidades y centros de investigación en Europa y EE UU, es autora de más de 250 artículos científicos, varios capítulos de libros, ha supervisado el trabajo de 30 tesis doctorales y es miembro de los consejos editoriales de prestigiosas revistas: *Synthesis*, *Synlett*, *European Journal of Organic Chemistry*, and *Letters in Organic Chemistry*.

Sus contribuciones científicas en el ámbito de la síntesis orgánica abarcan desde química de sulfonas, nuevos agentes peptídicos de acoplamiento, síntesis asimétrica de α-aminoacidos, paladaciclos derivados de oximas como precursores de nanopartículas de paladio, hasta organocatálisis o catálisis asimétrica mediante metales.

Su labor investigadora es mundialmente reconocida como lo demuestran los premios y honores recibidos entre los que señalaremos el Premio de Química Orgánica 2006 de la Real Sociedad Española de Química y la *2006 Rosalind Franklin International Lectureship* de la *Royal Society of Chemistry*. Ha sido nombrada académica de la Real Academia de Ciencias Exactas, Físicas y Naturales en marzo de 2012.

Margarita Salas Falgueras de la Real Academia de Ciencias Exactas, Físicas y Naturales en 1998, nace en Canero (Asturias) en 1938. Hija de un médico que alentó sus estudios en la Universidad de Madrid donde se licenció en Química (especialidad Bioquímica) debido a la influencia del Profesor Severo Ochoa muy amigo de su padre. Realizó su tesis doctoral con Alberto Sols, que en palabras de la propia Margarita «Era un científico excelente, pero con poca fe en la mujer», junto al que más tarde sería su marido Eladio Viñuela.

Al terminar ambos la tesis doctoral viajan a Nueva York y empiezan a trabajar por separado con Severo Ochoa. Margarita se siente tratada como científica independiente por vez primera. Al cabo de tres años vuelven a España creando el Centro de Biología Molecular en una sala del Consejo Superior de Investigaciones Científicas. El dinero para financiar sus trabajos de investigación lo consiguen de Estados Unidos, no fue hasta un año más tarde (1968) cuando surgen las primeras becas que ellos solicitan y consiguen posibilitando el desarrollo de su trabajo científico. Estamos hablando del comienzo de la Biología Molecular en España.

La investigación básica (sobre el virus bacteriano Φ 29) ha sido y es su vida y repasando su trayectoria quizás lo único que lamenta es haber tenido que retrasar su maternidad, tiene una hija. Es presidenta del Instituto de España, lo ha sido de la Sociedad Española de Bioquímica y pertenece al consejo científico de la *European Molecular Biology Organization*. Su actividad científica ha sido reconocida con premios como el Leonardo Torres Quevedo (1963), Santiago Ramón y Cajal (1973), Premio de Investigación Biomédica Severo Ochoa (1986), Premio Carlos J. Finaly de la UNESCO (1991), Premio Jaime I (1994) y Premio de Investigación e Innovación Tecnológica de la Comunidad de Madrid (2000). Junto con su marido recibió en 1998 el III Premio Correo a los valores humanos al considerarse que reunían méritos excepcionales en su labor profesional y una singular proyección social.

Viuda desde 1999, a lo largo de toda su vida Margarita ha militado como feminista aunque rechazando el calificativo y manteniendo siempre que la inteligencia del hombre y de la mujer son iguales. Su vocación es la Ciencia, a la que se dedica el cien por cien; según comenta «Este trabajo, o es así, o simplemente no es nada».

Fue elegida el 20 de diciembre de 2001 para ocupar el sillon **i** en la Real Academia Española

> «Piensa que los cientificos tienen una misión importante en la Academia, solucionar los problemas relacionados con el vocabulario científico, definir esa terminología, es importante que la sociedad tenga acceso a los conocimientos científicos, el mundo está muy interesado en ellos, pero si no los entiende... Cree que en torno a la ciencia debe haber más de un lenguaje, uno para divulgar o difundir y otro para especialistas».

Forma parte de las ocho mujeres que, frente a más de 1.000 hombres, se han sentado o se sientan, en uno de los 46 sillones de los que consta la RAE desde su fundación en 1713. Carmen Conde (1979) fue la primera mujer académica, habían tenido que pasar casi tres siglos desde dicha fundación. Le siguieron Elena Quiroga (1983), Ana María Matute (1996), la historiadora Carmen Iglesias (2001), la científica Margarita Salas (2002), la filóloga Inés Fernández Ordóñez (2008), y las escritoras Soledad Puértolas (2010) y Carme Riera (2012).

Margarita fue galardonada con el Premio Clara Campoamor del año 2012, otorgado por el Ayuntamiento de Madrid, por su aportación al avance de la igualdad entre mujeres y hombres. La alcaldesa de Madrid, Ana Botella, le hizo entrega de dicho premio el 8 de marzo en el acto institucional del Día Internacional de la Mujer.

Mencionar también que en el año 2000, Salas recibió el premio, que la UNESCO en colaboración con la firma l'Oréal otorgó por segunda vez, destinado a fomentar la participación de la mujer en el ámbito de la investigación.

El mismo jurado constituido por un total de 14 científicos presididos por el premio Nobel de Medicina Christian de Duve asignó el Premio Homenaje a una Carrera Excepcional a **Thressa Campbell Stadtman** (Sterling, NY, 1920), bioquímica norteméricana, que inició sus investigaciones hace mas de 50 años cuando muy pocas mujeres formaban parte de la comunidad científica internacional.

Diplomada en la Universidad de Cornell, finalizó su doctorado en Berkeley en 1949. Realizó una estancia postdoctoral en la *Harvard Medical School* entrando posteriormente en el *National Institute of Health* del cual sigue siendo miembro en la actualidad. Entre sus numerosas contribuciones a la ciencia cabe destacar su trabajo sobre el papel de la vitamina B_{12}, el selenio y la selenocisteina. Ha recibido numerosos premios y distinciones y en reconocimiento a la excepcionalidad de su trabajo fue elegida académica en la Academia Americana de Ciencias en 1981 y en la Academia Americana de Artes y Ciencias en 1982. Todavía hoy sigue investigando en los laboratorios de bioquímica del *National Heart, Lung and Blood Institute* de los Estados Unidos. En la entrega de premios declaró

> «Estoy orgullosa de recibir esta distinción en el marco de un programa que muestra cuán importante y fundamental es el papel de las mujeres en investigación. Es preciso, aún hoy, luchar para que las mujeres puedan ejercer como científicas en las mejores condiciones y su trabajo sea reconocido en su justa medida».

Susan Solomon, nacida en Chicago en 1956, es una química experta en investigación atmosférica que sabe muy bien de qué habla cuando nos alerta del cambio climático, ha sido la mujer que midió por primera vez el agujero de la capa de ozono.

Hija de una profesora y un agente de seguros, quedó fascinada por el mundo submarino cuando a los nueve años vio por televisión un documental de Jacques Cousteau. Esa naturaleza silenciosa tenía una cualidad que no encajaba con su mentalidad analítica, «Descubrí que la biología no era muy cuantitativa» confesó años más tarde en una entrevista. Estudió química en el Instituto de Tecnología de Illinois, en Chicago, donde investigó la atmósfera de Júpiter y la capa gaseosa que nos mantiene con vida, el aire.

En 1977, Solomon ingresó en la Administración Nacional Atmosférica y Oceánica (NOAA), en Boulder (Colorado), donde contactó con el científico Paul Crutzen, que la animó a estudiar la química atmosférica terrestre.

Más tarde, en la Universidad de Berkeley, en California, conoció a dos de sus mentores, Harold Johnston y Mario Molina. Este último, junto con Sherwood Rowland, lanzó en 1974 una hipótesis que fue recibida con escepticismo, pero que 21 años después les gratificó con el Nobel de Química: los clorofluorocarbonos (CFC) se descomponían en la estratosfera y liberaban átomos de cloro que reaccionaban con el ozono provocando su destrucción. Hasta ese momento, nadie había considerado la importancia que tiene este gas para la vida en la Tierra, y la idea no fue considerada seriamente hasta 1985 al informar los científicos de que la capa de ozono sobre la Antártida menguaba durante la primavera austral. Al año siguiente, varios expertos, entre los que figuraba Susan Solomon, fueron enviados a la zona para realizar mediciones.

Solomon estuvo trabajando dos años consecutivos en el oscuro invierno polar y así recordó aquellos tiempos durante la recepción del Premio Volvo de Medio Ambiente 2009:

> «A pesar de las dificultades, ir a la Antártida resultó ser una de las experiencias más excitantes de mi vida, no sólo por la detección de la pérdida de ozono, sino porque constatamos los componentes químicos que causaban el agujero, en particular, los clorofluorocarbonos».

A su regreso, ya en su laboratorio del NOAA, Solomon publicó un estudio sobre el agujero de ozono que supuso un antes y un después, y que tendría como consecuencia la firma del histórico protocolo de Montreal que prohibía la fabricación de los CFC. Por su contribución ha recibido un aluvión de galardones, entre ellos, la medalla de oro del Departamento de Comercio (1989) y la Medalla Nacional de la Ciencia (2000) estadounidenses. Un glaciar antártico lleva su nombre.

En 2002, Solomon codirigió el Grupo Uno del Panel Intergubernamental para el Cambio Climático (IPCC), que convenció al mundo de la evidencia del calentamiento global. En 2007, el IPCC recibió el Nobel de la Paz junto a Al Gore.

Tras el agujero de ozono, el calentamiento global pasó a ser el siguiente objetivo de Solomon. En su opinión el calentamiento global es ya inevitable, incluso si ahora se pararan las emisiones de gases de invernadero derivados de la actividad humana, los efectos del cambio climático se harán notar durante unos mil años, los océanos absorben muy lentamente el exceso de CO_2.

A pesar de ello defiende que si basamos nuestras decisiones en el conocimiento científico, se podrá conseguir la necesaria transformación social.

> «Creo que el mundo va a unirse en torno a este tema. Allá donde mires, se desarrollan nuevas tecnologías más eficientes y baratas para generar energías renovables. Yo soy optimista. A largo plazo, lo lograremos».

Entre las diferentes asociaciones creadas para apoyar a mujeres científicas y ayudarlas a obtener un puesto adecuado en el mundo académico, cabe mencionar el *Comittee on the Advancement of Women Chemists* (COACh; http://www.coach.uoregon.edu), creado en 1998 en EE UU bajo los auspicios de la Fundación Camille y Richard Dreyfus que, aunque inicialmente incluía únicamente a químicas e ingenieras químicas, cuenta en la actualidad con más de 6.000 miembros de los diferentes ámbitos de conocimiento con trayectorias excepcionales.

Las 13 mujeres fundadoras que constituyeron el consejo director del COACh han sido:

- **Kristin Bowman-James**, Universidad de Kansas, Lawrence
- **Sally Chapman**, Bernard College, New York City
- **Marye Anne Fox**, North Carolina State University, Raleigh
- **Cynthia M. Friend**, Harvard University
- **Sandra C. Greer**, University of Maryland
- **Esin Gulari**, Wayne State University, Detroit
- **Leslie S. Jiminez**, Rutgers, State University of New Jersey, New Brunswick
- **Margaret V. Merritt**, Wellesley College, Wellesley, Massachusetts
- **Kathlyn A. Parker**, Brown University, Providence, Rhode Island
- **Jeanne E. Pemberton**, University of Arizona, Tucson
- **Geraldine L. Richmond**, University of Oregon, Eugene

- **Angelica M. Stacy**, University of California, Berkeley
- **Mary J. Wirth**, University of Delaware

FÍSICAS

Podríamos decir que la historia de la física se inicia en la época griega con el establecimiento de la *teoría atómica* atribuida a Leucipo y desarrollada por Demócrito, que suponía a la materia formada por objetos indisociables y muy pequeños, los átomos. Por otro lado, la asociación de la física a las matemáticas aparece con Pitágoras y está basada en las relaciones simples que existen entre la longitud de las cuerdas y los sonidos producidos por los instrumentos musicales. Otra idea destinada a ser desarrollada posteriormente es la de reducir los constituyentes de la materia a cuatro: tierra, agua, fuego y aire. Aristóteles añadió la quintaesencia a los cuatro elementos propuestos por Empédocles.

Sin embargo esta ciencia no empieza a organizarse hasta mucho mas tarde, confirmando la idea de que existen unas pocas leyes fundamentales que gobiernan los fenómenos físicos. Ello es posible gracias a los trabajos de Galileo (s. XVI-XVII), de Newton (s. XVII-XVIII) sobre la gravitación, de Lagrange (s. XVIII-XIX) sobre las ecuaciones matemáticas del movimiento o a la relación entre electricidad y magnetismo establecida por Faraday (s. XVIII-XIX) y al descubrimiento de Maxwell (s. XIX) de las leyes que gobiernan el campo electromagnético.

Después, los avances son espectaculares y destaca en el siglo XX la mecánica cuántica con Niels Bohr, Werner Heisenberg, Paul Dirac, Erwin Schrödinger, Max Born y Louis de Broglie. A partir de esa teoría surge la estructuración de la física actual, atómica, de sólidos, física nuclear, de partículas, etc.

La mujer empieza a ser importante en el mundo de la física a finales del siglo XIX, es decir cuando esta disciplina inicia su desarrollo. A pesar de ello, el número de mujeres físicas es bajo y es difícil evaluar las razones, sin considerar otra vez que las mujeres pertenecían a un grupo minoritario y eran tratadas como estudiantes de segunda clase.

Laura María Caterina Bassi (1711-1778) fue coetánea de María Gaetana Agnesi en la Italia de la revolución científica. Aprendió como esta última, idiomas, matemáticas, filosofía, anatomía, etc., obteniendo un doctorado en filoso-

fía por la Universidad de Bolonia en 1733 y financiación del senado para continuar sus estudios. Fue profesora con 21 años, aunque en realidad no se le ofreció una cátedra universitaria hasta 1776, siendo la primera mujer en conseguirla en Europa. Sus aportaciones más significativas se refieren a física cartesiana y newtoniana, consiguiendo una fama extraordinaria y ejerciendo una gran influencia en la incorporación de las mujeres al mundo académico.

Continuamos con un personaje, **Emmy Noether** (1882-1935), cuya biografía se mencionará con más detalle como matemática en el Tema 5. La razón reside en que su trabajo teórico sobre *invariantes* publicado en 1918 ha sido de gran utilidad en física y prácticamente desprovisto de interés por los matemáticos.

Uno de los objetivos de los físicos era predecir el movimiento de los objetos mediante un conjunto de ecuaciones diferenciales. La solución para cada caso concreto es un problema matemático difícil, por lo que es de gran valor saber que ciertas cantidades, energía, momento, momento angular, etc., no cambian mientras el movimiento tiene lugar. Emmy propuso en su célebre teorema que estas cantidades *invariantes* pueden expresarse mediante una función matemática y las relacionó con las simetrías de la función de Lagrange para un sistema de campos. En la actualidad todos los estudiantes de física de partículas conocen el *teorema de Noether*, pero muy pocos saben que se trata de una mujer.

Su artículo original *Invariante Variationsprobleme* apareció en la revista de la Real Sociedad de Ciencias de Gotinga y fue enviada por F. Klein, ya que ella había mandado otra publicación al mismo volumen. Debido a los prejuicios contra las mujeres nunca consiguió ser miembro de dicha sociedad.

Marie Curie (1867-1934) es la mujer física mas famosa. Es la única persona que ha conseguido el Premio Nobel dos veces, en física en 1903 y en química en 1911. Nacida en Polonia, su familia apoyaba su educación y la de sus hermanas. Aunque trabajó durante un tiempo como niñera para financiar los estudios

de su hermana, se licenció en física en 1893 y en matemáticas en 1894, presentando su tesis doctoral en 1903 sobre la radiactividad. Aparentemente era más fácil para una mujer en Francia que en Alemania acceder a la educación superior.

El tema de la radiactividad era nuevo. Inspirada en el descubrimiento de Becquerel de que el uranio emitía una misteriosa y muy penetrante radiación, Marie examino un gran número de sustancias y encontró que el torio y sus compuestos se comportaban de modo parecido al uranio. Examinando la plecbenda descubrió el radio y el polonio, logrando aislar el primero en estado puro en 1910.

Los resultados de Marie y Pierre Curie tuvieron gran incidencia en los descubrimientos realizados por otros científicos de la época. En 1899 Becquerel al examinar las radiaciones del radio metal que le habían dado los Curie demostró su similitud con los rayos catódicos y demostró que la radiación emitida por el polonio era menos penetrante que la del radio. Hoy sabemos que el polonio sólo emite rayos alfa, mientras que el radio emite alfa y beta.

Rutherford demostró que las radiaciones emitidas por el uranio eran también de dos tipos, alfa y beta, y Madame Curie sugirió que las radiaciones alfa podrían ser partículas. Marie instaló y puso a punto el material del laboratorio en el que investigaban en la Sorbona. Después de la muerte de Pierre en 1906 tuvo que asumir la responsabilidad de dirigir las investigaciones, sucediendo a su marido como profesora. Además, la señora viuda Curie debía sostener y cuidar a dos niñas y a su suegro, manteniendo con brillantez su posición en la universidad.

Comienza la fama personal de Marie Curie que culmina con el segundo Nobel en diciembre de 1911, lo que de alguna manera la compensa por no haber sido admitida en la Academia de Ciencias de Francia en enero de ese mismo año. En esa época Marie está débil y enferma y va a recoger el premio acompañada por su hermana y su hija Irene. Después vienen años difíciles para Marie, su suegro muere en 1910 y se difunde en *Le Journal* su relación sentimental con Langevin, un hombre casado aunque infeliz desde hacía bastante tiempo. Marie recibe un duro golpe y muy débil físicamente cae en una profunda depresión.

Durante la primera guerra mundial trabajó con su hija Irene en las aplicaciones médicas de la radiactividad. Como otros muchos colegas no fue consciente de los peligros de las penetrantes radiaciones emitidas por los elementos con los que trabajaba, muriendo de leucemia en 1934, y desde 1995 su tumba se encuentra en el Panteón de Paris, el mausoleo nacional de Francia. La biografía que su hija Eva escribió reúne la lista de títulos, medallas y premios concedidos a Marie Curie hasta 1937, se cuentan 128.

Lise Meitner (1878-1968) no fue tan afortunada como Marie Curie, sufriendo como Emmy Noether los problemas de discriminación originados en Alemania contra los judíos, aunque quizás no de forma tan acuciante en Austria. La larga colaboración de Meitner con Otto Hahn culminó con el descubrimiento del torio y el protactinio y numerosos estudios de isomería nuclear. Uno de sus trabajos más populares es *Disintegration of Uranium by Neutrons: A New Type of Nuclear Reaction*, publicado en 1939 con Frisch, que discute la posibilidad de que diferentes experiencias hechas independientemente por Hahn y ella, Strassmann y Fermi, fueran debidas a la fisión del núcleo de uranio.

Otra de sus aportaciones versa sobre la naturaleza de las radiaciones —gama, beta y alfa— o su libro con Max Delbrück «La construcción del núcleo atómico».

Ida Tacke Noddack (1896-1978) era alemana, algo mas joven que Meitner y se doctoró en ingeniería en 1921 por la universidad de Berlín-Charlottenburg. Trabajó con su marido Walter Noddack en química y ambos descubrieron el renio (en homenaje al Rin) en la columbita. Expresó en un artículo su crítica a la fisión nuclear tal como la había propuesto Meitner, indicando que los experimentos de Hahn, Meitner y Fermi podían explicarse diferentemente a la creación de elementos transuránidos; según ella era necesario el análisis químico de los productos para detectar elementos de menor número atómico, no únicamente los que estaban por debajo del plomo. Junto a su marido publicó numerosos artículos y libros entre los que destacan *Das Rhenium* en 1933 y *Développement et Structure de la Chimie* en 1937.

Ida sobrevivió a la segunda guerra mundial y volvió a Alemania al instituto geoquímico de Bamberg una vez finalizada ésta. Su contribución al concepto de fisión nuclear fue básicamente ignorado en su época y sólo ha sido recogido recientemente en algunos libros. En 1944 Otto Hahn recibió el Premio Nobel de Química por el descubrimiento en 1939 de bario entre los productos de reacción obtenidos por bombardeo de uranio con neutrones lentos. Este trabajo era continuación del iniciado con Lise Meitner, que ella tuvo que abandonar al verse forzada a dejar Alemania por la política de Hitler. Finalmente Hahn admitió en una de sus últimas entrevistas que «Ida tenía razón a pesar de todo».

Nunca ha quedado claro por qué Lise Meitner no estuvo incluida en el Nobel, quizás por distracción o por motivos políticos. Sin embargo hoy en día nadie pone en duda la importancia de la contribución de Meitner al conocimiento del fenómeno de la fisión nuclear.

Marguerite Perey (1909-1975), química y física, fue ayudante de Marie Curie y descubridora del francio. Obtuvo una cátedra de química nuclear en 1949 en Estrasburgo y, casi 50 años después de que Marie fuera rechazada fue elegida miembro correspondiente de la Academia de Ciencias.

Irene Joliot-Curie (1897-1956) había terminado el bachillerato justo antes de iniciarse la primera guerra mundial, siendo ayudante de su madre en los trabajos de radiología, lo que la llevó con 18 años a instalar y responsabilizarse del equipo de radiografía de un hospital cercano al frente. Finalizada la guerra estudia en la Sorbona donde se gradúa como su madre en física y matemáticas. En 1920 empezó a trabajar en el laboratorio Curie del Instituto del Radio de la Universidad de París para preparar su tesis doctoral que presentó en 1925 sobre los rayos alfa del polonio. Irene se había sentido fuertemente influenciada por su madre a quién quería profundamente, sin embargo eran muy diferentes y quizás éllo fuera debido a que su espíritu y su postura frente a cuestiones políticas y religiosas se formaron esencialmente con su abuelo Eugène Curie. Se casó en 1926 con Frederic Joliot, estudiante de Paul Langevin en l'*École de Physique et de Chimie Industrièlles* que trabajaba desde 1925 también en el Instituto del Radio.

Una vez casados publicaron juntos sus primeros artículos en 1928, dedicándose a investigar cuestiones relacionadas con la medida y caracterización de emisiones radiactivas. Perdieron la oportunidad de descubrir el neutrón, siendo James Chadwick quién, a partir de estos resultados, lo consiguiera. Algo más tarde lograron el reconocimiento científico por la radiactividad artificial y caracterizaron tres isótopos radiactivos de nitrógeno, silicio y fósforo. Marie Curie tuvo aún la oportunidad de conocer la aportación de su hija antes de su muerte. En 1935, su hija y su yerno obtuvieron el Nobel de Química.

Como consecuencia del Nobel, Irene fue nombrada en 1936 subsecretaria de estado para investigación científica. Fue una de las 3 mujeres en el gobierno del Frente Popular y en 1937 accedió a una cátedra en la Sorbona. Durante la segunda guerra mundial Irene y su marido permanecieron inicialmente en París, ella dedicada esencialmente a sus hijos, Helène (1927) y Pierre (1931). En 1944 Irene y sus hijos escaparon a Suiza mientras Fréderic que era miembro de la resistencia francesa permaneció en Francia bajo el nombre de Jean Pierre Gaumont.

En 1949 se convirtió en directora del Instituto del Radio y colaboró activamente en la creación del *Commissariat à l'Énergie Atomique* (CEA). Murió en 1956 también como consecuencia de su larga exposición a radiaciones ionizantes.

No debemos deducir a partir de lo expuesto hasta ahora que todas las contribuciones de mujeres físicas están relacionadas con la radiactividad. Así en otras subdisciplinas de la física destaca **Katharine Burr Blodgett** (1898-1979).

Después de licenciarse en el *Bryn Mawr* y realizar un máster en la Universidad de Chicago, encontró en 1918 trabajo en la *General Electric* de Schenectady (New York), siendo ayudante de Irving Langmuir. Langmuir la recomendó para que fuera aceptada en el laboratorio Cavendish y en 1926 fue la primera mujer en doctorarse en física en la universidad de Cambridge. La mayor parte de su trabajo en la *General Electric* estuvo relacionado con la técnica de deposición de películas sobre vidrio, y en 1938 fue declarada inventora del cristal no reflectante. A lo largo de su carrera desarrolló otros proyectos, como la mejora del filamento de tungsteno en las lámparas o, durante la segunda guerra mundial una pantalla antigás para la tropa.

Aunque los premios o medallas por su trabajo no reflejan su talla científica, debemos destacar que su posición, a pesar de su condición femenina, en una industria como *General Electric* en la década de 1920 era en sí misma un reconocimiento de su extraordinaria valía.

María Goeppert–Mayer (1906-1972) es un ejemplo claro de la discriminación hacia las mujeres casadas en cuanto a carrera profesional y salario. Si una mujer demostraba su valía y estaba sola, cualquiera entendía que debía mantenerse, pero en cuanto se casaba lo tenía mucho más difícil, ya estaba su marido para ocuparse de ella. Goeppert–Mayer obtuvo su doctorado en Física en 1930 en la Universidad de Gotinga a la edad de 24 años. Ese mismo año se casó y se fue a EE UU con su marido Joseph Mayer. Toda su carrera postdoctoral se desarrolló en América, en Baltimore su trabajo fue complicado pues nacieron sus dos hijos y además el nepotismo universitario la impidió conseguir un puesto de trabajo que correspondiera a su categoría, ayudaba a los miembros del Departamento de Física con la correspondencia en alemán. Sin embargo, la universidad sí dejó que María indicara la dirección *Johns Hopkins University* en sus publicaciones, entre las que destacan *Calculations of Lower Excited Levels of Benzene* y *Rare Earth and Transuranic Elements*. Los Mayer se mudaron a Chicago en 1946 iniciando el periodo nuclear que culminó con el Premio Nobel de Física en 1963.

Yvette Cauchois (1908-1999) profesora en la universidad de París y directora del laboratorio de Química-Física, es un personaje que ha rehusado siempre dar detalles biográficos y de la que a través del *Science Citation Index* se conoce que presentó su tesis doctoral en 1933 y que sus aportaciones más relevantes tratan sobre la espectroscopía de rayos-X y la estructura electrónica de la materia (metales). Ha publicado varios libros entre los que destacan: *Longeurs d'Onde des Emissions X et des Discontinuités d'Absorption X* con H. Hulubei y *Les spectres de rayons X et la structure electronique de la matière*, además de la serie *Cheminement des particules chargées.*

A pesar de que los resultados de sus investigaciones, con H. Hulubei o con N. Mott, son de gran importancia en física de sólidos, han sido poco divulgados en el mundo universitario. Quizás una de las muchas posibles razones sea que sus textos existen únicamente en francés.

Chien-Shiung Wu (1913-1997) es una de las mujeres más populares en física de partículas y física nuclear experimental. Su carrera se inicia en Berkeley y finaliza en Columbia donde fue catedrática durante 30 años. Su experimento más importante fue la demostración de la no-conservación de la paridad en la *interacción débil.* La teoría que inspiró dicho experimento fue propuesta por Lee y Yang que recibieron el Nobel en 1957.

Muchas de las sustancias investigadas por Madame Curie emitían radiaciones beta y durante los años 1950 se conoció la naturaleza de la fuerza que causa la radiactividad, denominándose *interacción débil* porque las sustancias radiactivas necesitan un cierto tiempo para decaer, así para que un neutrón salga fuera del núcleo se tarda en promedio alrededor de 15 minutos. Por el contrario, la fuerza que mantiene a los nucleones juntos dentro del núcleo se conoce como *interacción fuerte.*

Wu realizó muchos experimentos posteriores sobre las interacciones débiles en núcleos, y medidas muy cuidadosas sobre los rayos-X y gama que emiten los *ácidos muónicos* o átomos en los que uno de los electrones externos ha sido reemplazado por una partícula 200 veces más pesada llamada *muon.*

Su carrera, aunque caracterizada por la estabilidad y la continuidad, no permitió a Madame Wu —mantuvo su nombre de soltera, el de casada era Yuan— alcanzar el estatus en la comunidad física que sus investigaciones, en terrenos tan delicados como las correlaciones de espín y las propiedades de las interacciones nucleares débiles, merecen.

Jocelyn Bell Burnell (1943), radioastrónoma inglesa nacida en Irlanda del Norte que descubrió los cuatro primeros púlsares, con solo 24 años de edad, durante la realización del doctorado en Cambridge. Su director Anthony Hewish obtuvo el Premio Nobel de Física en 1974 por su papel decisivo en dicho descubrimiento y aunque después de dicho premio se rumoreó que se había engañado a Jocelyn, ésta defendió siempre a Hewish señalando que el premio era merecido y a ella se la trató con justicia. Actualmente profesora de Astrofísica en la Universidad de Oxford en Gran Bretaña ha recibido, sin embargo, otros muchos premios y distinciones por sus contribuciones a la radioastronomía, siendo el más reciente la Medalla de Oro Grote Reber en 2011.

Rosalyn Sussman Yalow (1921-2011) nació en Nueva York. Hija de una familia judía que había emigrado a Nueva York, toda su vida y carrera profesional se desarrollaron allí con excepción de unos años en la Universidad de Illinois. Recibió en 1977 una mitad del Nobel de Medicina por su contribución al desarrollo de ensayos radioinmunológicos de las hormonas peptídicas; la otra mitad fue otorgada a Andrew Schally y Roger Guillemin. Rosalyn había realizado este trabajo en colaboración con el Dr. Solomon Berson que murió cinco años antes del Nobel y que sin duda habría recibido también ese honor. Destacar que su carácter y su capacidad para imponerse han contribuido sin duda a sus éxitos en ciencia. Aunque el talento es importante en investigación hay que tener empuje, perseverancia y agresividad para triunfar en ese terreno. En su discurso de recogida del Nobel manifestó:

> «... Pero cuando nosotras, mujeres, queremos alcanzar nuestro objetivo, debemos creer en nosotras mismas. Debemos armonizar nuestros anhelos y aspiraciones con capacitación, valor y voluntad de éxito, y debemos sentir una responsabilidad personal de allanar el camino a quienes vienen detrás».

Casada y orgullosa de sus dos hijos, lo está también de los que ha formado en el laboratorio y que hoy en día ocupan importantes puestos de trabajo en medicina. Completar la enumeración de físicas relevantes en los inicios del siglo XXI es una tarea difícil, pero lo intentaremos con algunas.

Caterina Biscari (1957), italiana que, finalizada su licenciatura en Física en la Universidad Complutense de Madrid, se desplazó a Ginebra para trabajar en el CERN y que como tantas otras mujeres consiguió compatibilizar sus tareas como científica con las de madre y ama de casa. Desde 1985 desarrolla su carrera en el Laboratorio Nacional de Frascati uno de los principales centros de física nuclear de Italia, siendo reconocida por sus contribuciones al diseño, construcción y funcionamiento de aceleradores de partículas y por promover las iniciativas de la *European Physical Society*. Insiste en que es necesario conseguir que las mujeres puedan disfrutar de su trabajo y familia:

> «Debemos trabajar sin remordimientos. Tenemos derecho a divertirnos trabajando, a tener una ocupación interesante, bonita y no tener remordimientos por si trabajamos mucho y no vemos a la familia o al contrario».

María Luisa Calvo Padilla se licenció en Física en la Universidad Complutense de Madrid (UCM) en 1969, realizando a continuación una estancia en Phillips (Eindhoven, Holanda) para trabajar en control de calidad de fabricación del vidrio. Después se incorporó al Instituto de Óptica del CNRS en Paris, bajo la dirección de los profesores Lucien Prod'homme y Aniuta Winter-Klein, doctorándose en 1971 en la Universidad de Paris VI. Un año más tarde obtuvo una plaza de ayudante en la UCM, en el departamento de Armando Durán, donde iniciaría sus estudios teóricos sobre dispersión de la luz en medios isotrópicos, obteniendo el grado de Doctor en el tema en 1977. Se convertiría en profesora asociada en 1981 y en catedrática de óptica en 1999, pasando a desempeñar el cargo de directora de departamento desde 2006 hasta 2010.

Directora del Grupo Interdisciplinar de Computación Óptica (GICO-UCM) desarrolla investigación científica en nuevos materiales holográficos vidrios fotopolímeros, procesado óptico y digital de la información, almacenamiento holográfico de datos y óptica electromagnética. Autora de unos 150 artículos científicos, ha publicado a su vez varios libros sobre óptica avanzada y representa los intereses de la óptica y la fotónica a nivel internacional. Ha sido secretaria general de la *International Commission for Optics*, ICO, (2002-2005 y 2005-2008), organismo asociado al *International Council of Science*, presidenta del *Image Technical Committee of the Spanish Optical Society* (1992-1997) y del ICO (2008-2011). Colabora además con la Dirección General para la Investigación y Tecnología de la Unión Europea en Bruselas, con el *International Center for Theoretical Physics* de Trieste (Italia), y con el sistema español de proyectos en ciencia e innovación.

Fabiola Gianotti (1962) es una física de partículas responsable jefe del experimento Atlas en el acelerador de partículas LHC (Large Hadron Collider) del CERN en Suiza, en el que participan 3.000 físicos e ingenieros de 38 países y cinco continentes. Atlas es uno de los cuatro grandes detectores del LHC y Gianotti está en el proyecto desde sus inicios, a mediados de los años 90.

Doctora por la Universidad de Milan entró en el CERN en 1987 y ha trabajado en numerosas investigaciones que incluyen los experimentos UA2 y Aleph en el precursor del LHC. Graduada también en el Conservatorio de Milan es una excelente pianista.

Gianotti comenta que «Atlas es un instrumento científico maravilloso de altísima tecnología y complejidad, que permitirá obtener respuestas importantes y resolver misterios que nos acompañan durante décadas». Para ella lo mejor sería encontrar algo completamente inesperado y si tuviera que elegir algún escenario se inclina por el de las partículas supersimétricas.

Maria Rosario Heras Celemín (Zamora, 1950). Elegida en diciembre de 2009 primera mujer al fente de la Real Sociedad Española de Física en sus 103 años de existencia. Nunca se ha sentido discriminada, aunque en sus mismas palabras «el mundo de la Física es un mundo de predominio maculino». Apasionada de la Física, una disciplina que considera fléxible y amplia, es reconocida por sus investigaciones sobre eficiencia energética.

Nacida en Zamora y criada en Valladolid, es hija de maestros, la madre de letras y el padre de ciencias. Finalizó la licenciatura en Física en 1975 y al año siguiente se convirtió en profesora en la mísma Facultad entrando a formar parte del grupo de Energía Solar. Obtuvo el doctorado en 1981 con la primera tesis que se defendió en España sobre estudios fototérmicos, para realizarla llegó a analizar sesenta recubrimientos selectivos de los cuales funcionaron, más o menos bien, tres.

En diciembre de 1985 obtuvo el puesto de jefe de la Sección de Arquitectura Bioclimática y Baja Temperatura en el Centro de Investigaciones Energéticas, Medioambientales y Tecnológicas (CIEMAT), en un proceso de selección en el que compitió frente a otras 33 personas. Desde entonces ha sido responsable de numerosos proyectos con universidades y grandes empresas constructoras y energéticas implicadas, vinculados a la arquitectura bioclimática, que consiste en adaptar los edificios al clima.

Jefa de la Unidad de Eficiencia Energética en la Edificación del CIEMAT es coordinadora del Proyecto Singular Estratégico Arfrisol (Arquitectura Bioclimática y Frío Solar). No está casada y no tiene hijos, es consciente de que ha tenido que ceder en algunas cosas de la vida personal para dedicarse a su profesión.

Lisa Randall (Nueva York, 1962) es una física teórica estadounidense, especializada en física de partículas y cosmología. Licenciada en Harvard en 1983 y doctorada en física de partículas en 1987 bajo la dirección de Howard Georgi, entró a formar parte de la Academia Americana de Artes y Ciencias en 2004. Fue nombrada por la revista *Newsweek* en el número «Who's next» de enero de 2006 como una de las más prometedoras físicas teóricas de su generación.

Ha trabajado en varios de los modelos de teoría de cuerdas que tratan de explicar el funcionamiento íntimo del universo. Su contribución más conocida en este campo es el modelo de Randall-Sundrum o modelo RS publicado en 1999 junto con Raman Sundrum. Fue la primera mujer en ocupar un puesto en el Departamento de Física de la Universidad de Princeton y la primera mujer Física Teórica en el MIT y en la Universidad de Harvard.

Autora del libro *Universos ocultos: Un viaje a las dimensiones extras del cosmos* (Acantilado, 2011), donde expone sus teorías sobre las dimensiones ocultas que explicarían por ejemplo por qué la gravedad es tan débil comparada con otras fuerzas de nuestro universo, es también la libretista de la ópera de Hector Parra, *Hypermusic prologue*, en la que pone en escena dichas teorías, mostrando su interés por la divulgación de la física.

CRISTALÓGRAFAS

Aunque las mujeres en cristalografía provienen de la Química, la Fisica o las Matemáticas, quizás y en nuestra opinión sus aportaciones científicas han sido de especial relevancia en el campo de la Química y la Bioquímica. Así las estructuras del ADN, la penicilina, la insulina, la vitamina B_{12} y los ribosomas han podido ser establecidas gracias a mujeres cristalógrafas como **Rosalind Franklin**, **Dorothy Crowfoot Hodgkin** y **Ada Yonath**.

El experimento básico en cristalografía consiste en someter una muestra a la radiación, rayos-X o neutrones, y registrar la posición e intensidad de los rayos difractados, utilizando esta información para determinar la estructura molecular del material que se está estudiando. Para llegar a la estructura final es necesario utilizar las matemáticas, transformada de Fourier, teoría de grupos y funciones de Patterson, y numerosos cálculos mediante ordenadores.

La impresión de que la cristalografía está saturada de mujeres no corresponde a la proporción real de las mismas que se refleja en los directorios de cristalógrafos. Probablemente haya dos razones que permitan explicar esa sensación, la primera es que los logros alcanzados por las mujeres han sido particularmente importantes y la segunda que al ser un área relativamente joven, nace en la segunda década del siglo XX, la incorporación de la mujer se hace desde el principio y prácticamente en igualdad de condiciones que el hombre, está libre de prejuicios tradicionales. En la biografía de Dorothy Crowfoot Hodgkin por G. Ferry se describe el núcleo inicial en el laboratorio de los Bragg y más tarde en el de J. D. Bernal con un ambiente de camaradería realmente sorprendente.

La primera cristalógrafa influyente es **Kathleen Yardley Lonsdale** (1903-1971), estudiante y mas tarde colaboradora de W. H. Bragg en el Laboratorio *Davy Faraday* en Londres. Demostró la planaridad del benceno y editó la Tablas Internacionales de Cristalografía de Rayos-X. Fue la primera mujer que se convirtió en *Fellow* de la *Royal Society of London*.

Dorothy Crowfoot Hodgkin (1910-1994) es la única mujer inglesa que ha logrado el Nobel en Ciencias, concretamente en química en el año 1964. Estudió química y cristalografía y sus características más relevantes fueron, haber rechazado siempre de forma vehemente cualquier sugerencia acerca de que su género fuera obstáculo a su progreso, y el alto número de mujeres, la mayoría científicas, que la apoyaron y ayudaron a lo largo de su vida. Las estructuras en las que trabajó, ioduro de colesterilo, penicilina, vitamina B_{12}, pepsina, insulina, lisozima, eran todas médicamente importantes, pero las escogió por ser científicamente interesantes y *a priori* resolubles con los métodos de que disponía. Sin duda fue su búsqueda de soluciones bellas y exactas a problemas difíciles, tardó 35 años en resolver la estructura de la insulina, lo que motivó a Dorothy para superar las dificultades que el trabajo experimental, matrimonio, maternidad e incluso el dolor físico (padecía artritis reumatoide desde los 28 años) conllevan, para convertirse en una de las mayores científicas del siglo XX.

Aunque sólo sus méritos científicos justifican su fama, trabajó activamente por la paz y promocionó colaboraciones científicas entre los diferentes polos geográficos, con la idea de lograr un mayor y mejor conocimiento y comprensión internacional. Desde el punto de vista de las reivindicaciones sociales para las mujeres, mencionar que fue la primera mujer de Oxford que recibió del *Somerville College* donde trabajaba como *Fellow*, un salario de 100 libras por trimestre durante su ausencia por maternidad a raíz del nacimiento de su primer hijo en 1939. La propia universidad no estableció una política de maternidad hasta 1971, que la ley británica no aprobó hasta 1975.

Colaboradora de Bernal, con la ayuda de Sir Robert Robinson fue pionera de la cristalografía en Oxford resolviendo centenares de estructuras de moléculas para las universidades y laboratorios de investigación o industriales. Hasta 1940 publicó como Crowfoot, utilizando el nombre de casada Hodgkin en la primera nota sobre la vitamina B_{12}. Su vida ha sido un ejemplo de que existen formas alternativas de hacer ciencia, sin caer en competitividades feroces jalonadas de zancadillas, ambiciones o actuaciones deshonestas.

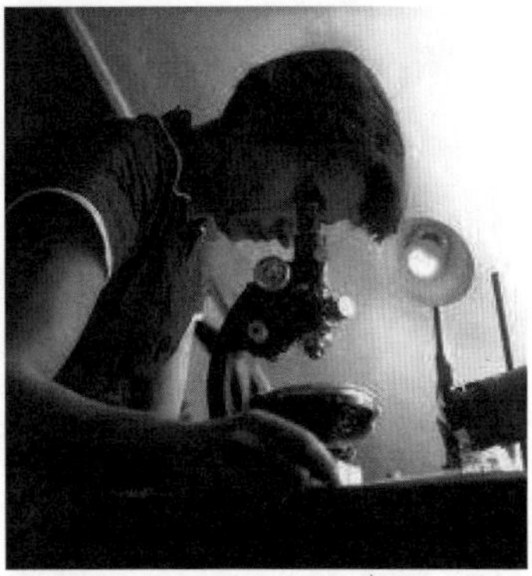

El nombre de **Rosalind Franklin** (1920-1958) es uno de los más y mejor conocidos entre las mujeres científicas, fundamentalmente sobre la base de que fue víctima de una gran injusticia y que murió joven.

La década de 1950 se caracteriza por los logros realizados en moléculas biológicas. En 1953, James Watson y Francis Crick que trabajaban en el laboratorio de Max Perutz en Cambridge habían descubierto la estructura del ADN. Su trabajo estaba basado en los estudios de cristalografía llevados a cabo por Rosalind Franklin y Maurice Wilkins en el Kings College de Londres, ya se ha comentado con detalle en el tema 2. En los últimos años ha sido posible conocer la complejidad de su historia que nos habla de una figura batalladora, algo solitaria y llena de talento. Quizá una mezcla de su propia testarudez y la incapacidad de los demás en aceptarla tal como era, le negó la oportunidad de ser reconocida en su época.

Es una historia que contrasta vivamente con la de Dorothy Crowfoot Hodgkin, resaltando la futilidad de sacar conclusiones simplistas sobre la experiencia de las mujeres científicas.

Ambas sin duda se encontraron muchas veces en las frecuentes visitas de Dorothy al Birkbeck y en los encuentros del grupo de análisis de rayos-X y la Unión Internacional de Cristalografía.

Dorothy tenía una gran consideración hacia su competencia técnica. Las fotos que Franklin llevó a Oxford para mostrárselas eran las mejores que había visto jamás, pero Franklin carecía de los conocimientos de química de Dorothy.

Jack Dunitz recuerda uno de los encuentros entre ambas, juntas estaban mirando las fotografías del ADN en las grandes mesas del laboratorio del Museo de Oxford. Dorothy pensaba que las fotografías eran tan extraordinarias que debería ser posible derivar de ellas el grupo espacial, el conjunto de relaciones de simetría que gobierna el modo en qué las moléculas se repiten. Franklin replicó con impaciencia qué había reducido las posibilidades a tres.

¡Pero Rosalind!, exclamó Dorothy e inmediatamente señaló que dos de ellos eran imposibles. Franklin no veía el porqué y Dorothy le pidió a Dunitz que se lo explicara. Lo que Franklin era incapaz de considerar era que todos los azúcares en una molécula de ADN tienen la misma quiralidad, un sólo enantiómero. Dos de los grupos espaciales sugeridos por Franklin requerían la presencia de formas a la vez hacia la derecha y hacia la izquierda.

Otra coetánea de ambas es **Dorothy Wrinch** (1894-1976) nacida en Rosario (Argentina), matemática de formación, muy interesada en filosofía y tutora de Dorothy Hodgkin. En 1935 había sugerido que la especificidad de los genes reside en las secuencias de aminoácidos. Más tarde en su afán por contribuir al establecimiento de la estructura de las proteínas, elaboró una teoría errónea basada en lo que denominaba el enlace *ciclol*, que permitía a los átomos de una cadena peptídica doblarse para formar un hexágono y después enlazar esos hexágonos en hojas, que Wrinch denominó tejido proteínico. La estructura tridimensional se basaba en el mismo tipo de enlace formando jaulas o cajas. Las proteínas no contenían cicloles pero la discusión generada contribuyó sin dudad a encontrar la verdad.

Wrinch tomaba las objeciones a sus ideas como algo personal. En 1937 se separó de su marido y emigró dos años más tarde con su hija a EE UU, donde trabajó como profesora en el *Smith College* de Massachusetts, no realizando ningúna aportación teórica mas.

Margaret Cairns (Peggy) Etter (1943-1992) nacida en Greenville, Delaware, cerca de Wilmington donde su padre trabajaba como químico en la compañía DuPont. Estudió en Cornell, Pennsylvania y después de un periodo corto en DuPont finalizó su máster en 1971 en la Universidad de Delaware con Harold Kwart. Realizó su tesis en la de Minnesota como becaria de la *National Science Foundation* y estuvo como postdoc con Jack Gougoutas investigando en química del estado sólido y cristalografía de compuestos iodados polivalentes. Después de trabajar durante siete años en la compañía 3M volvió en 1984 a la Universidad de Minnesota para trabajar en Resonancia Magnética Nuclear de estado sólido con Robert Bryant, consiguiendo más tarde una plaza de profesora en el departamento de química. Sus investigaciones se centraron en el enlace de hidrógeno y fenómenos de crecimiento de cristales. En un artículo de particular relevancia en *Accounts of Chemical Research* enuncia un extenso conjunto de reglas sobre las preferencias de formación de enlaces de hidrógeno, esencialmente en sistemas nitrogenados, conocidas hoy en día como las *reglas de Etter.* Peggy Etter supo que tenía cáncer de riñón en la primavera de 1991, pero continuó viviendo y trabajando hasta el último momento con entusiasmo y dedicación. Estaba casada con Bill Etter y tenía dos hijos Michael y Karen, fue una científica estupenda, además de una persona amable y volcada en los demás, que tuvo un papel importante como mentora de jóvenes científicos y ayudando a grupos minoritarios en ciencia, entre ellos a las mujeres.

Sagrario Martínez Carrera (1925-2011) natural de Madrid, se licenció en Química en 1948 en la Universidad Complutense de Madrid, obteniendo el título de Doctor en 1955. Durante su vida científica desempeñó los puestos de colaborador científico, investigador científico y profesor de Investigación del CSIC, centro en el que trabajó hasta 1990, fecha de su jubilación.

Como científica constituye uno de los extraordinarios exponentes de la ciencia española de mediados del siglo XX y es heredera en segunda generación de la sección de Rayos X que formó Julio Palacios en el Instituto Alonso de Santa Cruz en 1948, y que reunió a todos y a todo lo que le quedaba de la antigua Junta de Ampliación de Estudios.

En el Instituto de Química Física Rocasolano del CSIC, es donde Sagrario Martínez-Carrera incorporó su experiencia adquirida en EE UU (Pittsburg) sobre los incipientes programas de computación que comenzaban a sustituir a las tiras de Beevers-Lipson y a las máquinas de cálculo casi manuales, imprescindibles para abordar la resolución de la estructura de los cristales. A partir de 1950, la cristalografía en España se centró en dos escuelas, la de Manuel Font-Altaba en la Universidad de Barcelona y la que Sagrario junto a Severino García-Blanco habían creado en Madrid. Entre los diferentes grupos de investigadores se concentraron un par de equipos de difracción de rayos X de tipo

Jong-Bowman y algunas cámaras de tipo Weissenberg, y comenzaron a usarse las primeras computadoras de IBM.

Sagrario realizó diversas estancias en Holanda a lo largo de su vida, y fue en 1966 desde la Universidad de Ámsterdam, cuando como autora única publicó lo que es su artículo más reconocido, la estructura tridimensional a baja temperatura de una molécula orgánica, el imidazol.

Se involucró en tareas de la Unión Internacional de Cristalografía (IUCr), organizando en 1956 en Madrid la primera reunión inter-congresos de la IUCr, y desde entonces estas reuniones especializadas, se convirtieron en una característica regular de las actividades de dicha organización. En abril de 1974 organizó otra conferencia inter-congreso sobre el tema de dispersión anómala en Madrid, cuyos resultados se integraron en un texto que integraba todos los aspectos de dicho fenómeno y donde acudieron personalidades que forman parte de la historia mundial de la cristalografía: Dorothy Crowfoot Hodgkin, Johannes M. Bijvoet, Ralph W. G. Wyckoff, Paul P. Ewald, Rudolf L. Mössbauer, Lyle H. Jensen, S. C. Abrahams, y un largo etc.

Martínez Carrera formó parte de la generación de mujeres extraordinarias de nuestra ciencia, y en definitiva de la ciencia universal, que tuvieron que pasar por momentos amargos, y ganar a pulso su valía, para no ser ignoradas en el marco de la dominancia del género masculino característica de aquellos años.

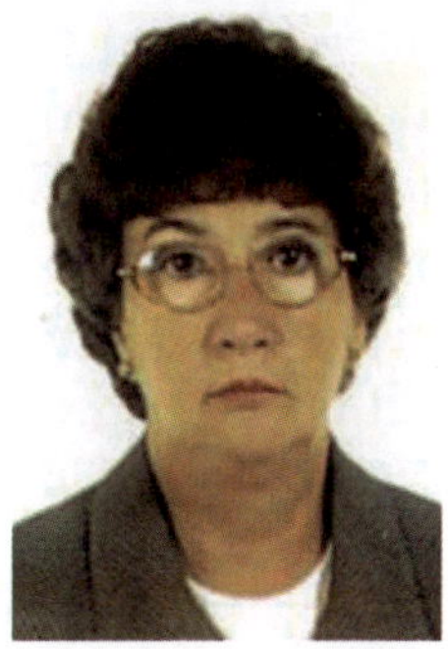

María de la Concepción Foces-Foces (Madrid, 1946-2011) se graduó en Ciencias Físicas en la Universidad Complutense de Madrid en 1971, año en el que se incorporó como becaria honoraria al Departamento de Cristalografía del Instituto de Química-Física Rocasolano. En 1974 se doctoró en Ciencias Físicas por la misma Universidad, en 1981 obtuvo una plaza como colaborador científico del CSIC, en 1986 la de Investigador Científico, y cuatro años más tarde, en 1990, la de profesora de Investigación.

Entre la producción científica de Concha se cuentan alrededor de 360 publicaciones entre artículos en revistas científicas y capítulos de libro, y la dirección de varias tesis doctorales. Sus aportaciones estructurales fueron el exponente más claro del esplendor de la química española durante el último tercio del siglo XX, y en especial mencionar sus trabajos con Félix Hernández Cano sobre la cuantificación de las conformaciones en anillos flexibles, así como su extensa colaboración con los profesores José Elguero, Manuel Martín-Lomas, Rosa M. Claramunt, y otros muchos científicos en España, Hungría y EE UU.

Ada Yonath (1939), israelí, recibió en 2009 el Nobel compartido con Thomas Steitz y Venkatraman Ramakrishnan por sus estudios sobre la estructura y función de los ribosomas. Ella considera que en sus investigaciones, la pregunta está en la biología, el método dentro de la física (difracción de rayos-X) y la interpretación es matemática (los modelos permiten generar imágenes en 3D y alta resolución), pero la respuesta está en la química. Sus estudios sobre la estructura de los ribosomas han ayudado a conocer las diferencias entre los de las células humanas y los de las bacterias. Ello ha permitido diseñar nuevos antibióticos que atacan a los organismos patógenos y producen menos resistencias. En un futuro se podría tratar de bloquear el ribosoma de las células tumorales, pero no así el de las sanas.

En resumen, podemos afirmar que las aportaciones de las mujeres cristalógrafas han sido de tal magnitud y relevancia que han logrado desvirtuar la razón numérica varones/mujeres en dicha disciplina.

Listado alfabético de químicas, físicas y cristalógrafas mencionadas en el tema 4

Abbot Michael, Helen	Química que trabajó en análisis y estructura de saponinas y otras plantas, s. XIX
Bassi, Laura María Caterina	Física cartesiana y newtoniana doctora en filosofía, s. XVIII
Bell Burnell, Jocelyn	Radioastrónoma que junto a Anthony Hewish descubrió los cuatro primeros púlsares, s. XX-XXI
Bertozzi, Carolyn Ruth	Profesora e investigadora de la Universidad de Berkeley, reconocida por sus estudios de glicosilación de la superficie celular y su relación con diferentes enfermedades, s. XX-XXI
Biscari, Caterina	Física nuclear experta en aceleradores de partículas, s. XX-XXI
Burr Blodgett, Katharine	Física inventora del cristal no reflectante, s. XIX-XX
Calvo Padilla, María Luisa	Física española experta en óptica y fotónica, s. XX-XXI
Carr, Emma Perry	Química conocida por sus estudios UV de olefinas, s. XIX-XX
Cauchois, Yvette	Física experta en espectroscopía de rayos-X y estructura electrónica de la materia, s. XX
Christian Hoffman, Darleane	Química nuclear, una de los lideres del grupo que descubrió los elementos pesados de la tabla periódica 116 y 118, s. XX-XXI
Cleopatra	Pionera de la alquimia, escribió un tratado sobre las enfermedades de la mujer, s. II
Cori, Gerty Theresa	Premio Nobel de Fisología y Medicina en 1947, metabolismo del glucógeno, s. XIX-XX
Crowfoot Hodgkin, Dorothy	Premio Nobel de Química en 1964, estableció las estructuras de la penicilina, la vitamina B_{12} y la insulina, s. XX
Curie, Marie	Premio Nobel de Física en 1903 y en química en 1911, descubridora del fenómeno de la radiactividad y del radio y el polonio, s. XIX-XX
Del Bene, Janet	Química teórica americana, experta en cálculos computacionales, s. XX-XXI
Elion, Gertrude B.	Premio Nobel de Fisología y Medicina en 1988 por sus trabajos en quimioterapia, s. XX
Etter, Margaret Cairns	Cristalógrafa relevante por sus estudios sobre enlace de hidrógeno y crecimiento de cristales, s. XX
Finch Conway, Anne	Astrónoma, matemática, filósofa y alquimista, s. XVII
Foces-Foces, Concepción	Cristalógrafa del CSIC, reconocida por sus aportaciones estructurales, s. XX-XXI

Franklin, Rosalind	Descubridora de la estructura de rayos-X del ADN, s. XX
Fulhame, Elizabeth	Autora del tratado *Essay on combustión,* s. XVIII
Gianotti, Fabiola	Líder del equipo de 3.000 físicos e ingenieros del experimento Atlas, s. XX-XXI
Goeppert-Mayer, María	Premio Nobel de Física en 1963, experta en física nuclear, s. XX
González Bello, Concepción	Química orgánica experta en diseño y síntesis de fármacos contra infecciones bacterianas, s. XX-XXI
Good, Mary Lowe	Química inorgánica americana que ha desarrollado una gran labor en el conocimiento del papel de las mujeres en la ciencia, s. XX-XXI
Heras Celemín, María Rosario	Primera mujer en presidir en 2010 la Real Sociedad Española de Física, s. XX-XXI
Hoffman, Darleane Christian	Química nuclear, descubrió los elementos 116 y 118, s. XX-XXI
Isis	Diosa egipcia, origen de la química, s. I-II a. C.
Jeanes, Allene R.	Química experta en estudios sobre almidón y dextranos, s. XX
Joliot-Curie, Irene	Premio Nobel de Química en 1935, descubridora con su marido de la radiactividad artificial, s. XIX-XX
Le Jars De Gournay, Marie	Defensora de la alquimia y del papel de las mujeres, s. XVI-XVII
Lermontova, Yulia Vsevolodovna	Química interesada en procesos analíticos y diseñadora de un aparato para craqueo del petróleo, s. XIX-XX
Lonsdale, Kathleen Yardley	Cristalógrafa, primera mujer *Fellow* de la *Royal Society of London,* s. XX
Lloyd, Rachel	Química americana, investigadora de la remolacha de azúcar, s. XIX
Marcet, Jane Haldimand	Divulgadora de la ciencia, autora de *Conversations on Chemistry,* s. XVIII-XIX
María La Judía	Alquimista, inventora del baño maría y otros aparatos de laboratorio, s. III C
Martínez Carrera, Sagrario	Primera mujer cristalógrafa española, CSIC, s. XX-XXI
Meitner, Lise	Física de origen judío colaboradora de Otto Hahn, descubridora del torio y el protactinio, s. XIX-XX
Menéndez López, Rosa María	Química asturiana, Premio DuPont 2009, s. XX-XXI
Menten, Maud	Corresponsable de la ecuación Michaelis-Menten, s. XIX-XX
Meurdrac, Marie	Alquimista, autora del texto *La chimie charitable et facile en faveur des dames,* s. XVII
Mó Romero, Otilia	Profesora e investigadora en química física involucrada en estudios de género y ciencia, s. XX-XXI
Nájera Domingo, Carmen	Experta en nuevas metodologías en síntesis orgánica y tercera mujer académica de la Real Academia de Ciencias Exactas, Fisicas y Naturales, s. XX-XXI

Noether, Emmy	Matemática, autora del teorema de Noether de gran importancia en la física de partículas elementales, s. xix-xx
Paulze, Marie Anne Pierrete	Esposa de Lavoisier, coautora e ilustradora de las *Memoires de Chimie*, s. xviii-xix
Perey, Marguerite	Ayudante de Marie Curie y descubridora del francio, s. xx
Pockels, Agnes	Fundadora de la química de superficies, s. xix-xx
Randall, Lisa	Física estadounidense, autora de la teoría de los universos ocultos, s. xx-xxi
Salas Falgueras, Margarita	Bioquímica investigadora del virus bacteriano Φ29 y primera académica de la Real Academia de Ciencias Exactas, Físicas y Naturales en 1998, s. xx-xxi
Solomon, Susan	Química que señaló los CFCs como causantes del agujero en la capa de ozono, recibió el Nobel de la Paz junto con Al Gore y los demás miembros del IPCC, s. xx-xxi
Stadtman, Thressa Campbell	Bioquímica investigadora del papel de la vitamina B_{12}, el selenio y la selenocisteina, s. xx-xxi
Swallow Richards, Ellen Henrietta	Primera mujer en el MIT, primera licenciada en química en EE UU, s. xix-xx
Tacke Noddack, Ida	Ingeniera que trabajó en química con su marido, descubridores del renio, s. xix-xx
Wrinch, Dorothy	Matemática tutora de Dorothy Crowfoot Hodgkin, s. xix-xx
Wu, Chien-Shiung	Física de partículas y nuclear, realizó el experimento que demostraba la no-conservación de la paridad en la interacción débil, s. xx
Yalow, Rosalyn Sussman	Premio Nobel de Fisiología y Medicina en 1977 por su contribución al desarrollo de ensayos inmunológicos de hormonas peptídicas, s. xx-xxi
Yonath, Ada	Premio Nobel de Química en 1990, por sus estudios sobre la estructura y función de los ribosomas, s. xx-xxi

Tema 5

ASTRÓNOMAS, MATEMÁTICAS E INFORMÁTICAS

Superficie algebraica conocida como curva de la bruja de Agnesi en honor a su descubridora María Gaetana Agnesi.

INTRODUCCIÓN

La ausencia de nombres femeninos en la historia de la ciencia se debe esencialmente a los prejuicios sociales que durante muchos siglos han negado a las mujeres una formación teórica adecuada. A lo largo del tiempo la tipología de mujeres científicas y dentro de ellas las matemáticas y astrónomas ha sido el llamado *family assistant* es decir una mujer hija, hermana, sobrina, esposa o compañera de un científico que dedica su vida a ayudarle en su trabajo, aunque su contribución permanece oculta relegada aparentemente a las tareas del hogar.

Empezar mencionando la figura de **Hipatia** que ha sido la fuente de inspiración o motor de la labor, vocación o aportaciones de las mujeres que citaré en este tema. Su vida ha sido documentada por Sinesio de Cirene uno de sus discipulos, y gracias a él conocemos sus obras aunque nínguna se haya conservado. Nace en Alejandría alrededor del año 355 d. C., en un momento de gran confusión intelectual. La conversión al cristianismo del imperio romano originó que algunos cristianos solo vieran herejía y maldad en las matemáticas y la ciencia. Su padre era matemático y astrónomo y supervisó la educación de su hija con la idea de convertirla en un ser humano perfecto. Después de viajar a Grecia e Italia volvió a su país para enseñar filosofía, matemáticas, astronomía y mecánica. Sus escritos estaban dirigidos a sus estudiantes y sus contribuciones más relevantes fueron los comentarios sobre la «Aritmética» de Diofanto y la «Geometría de las cónicas» de Apolonio. Colaboró con su padre Teón en la revisión de los «Elementos de geometría» de Euclides y el «Tratado matemático» de Tolomeo, y se conoce que diseñó varios instrumentos científicos que incluyen el astrolabio plano y el aparato para destilación de agua.

Se involucró en política, era pagana y partidaria del racionalismo científico por lo que su situación se volvió muy peligrosa, siendo brutalmente asesinada en el año 415 por monjes fanáticos de la iglesia de San Cirilo de Jerusalén. Aunque Orestes informó y solicitó de Roma una investigación, ésta no llego nunca a término.

En el año 2009 Alejandro Amenábar en su película *Ágora* realizó un intento de aproximación a la figura de Hipatia, a la que en sus propias palabras describe como «Una filósofa pagana, joven y hermosa, que en el año 415 fue despedazada por monjes en Alejandría». Entre los muchos méritos de la película, destaca el haber dado a conocer al gran público a una mujer extraordinaria, erudita y filósofa de Alejandría, que concebía el neoplatonismo como una manera de reconciliar la filosofía griega y pagana con el cristianismo.

ASTRÓNOMAS

Durante la Edad Media existen referencias históricas sobre una astrónoma española, **Fátima De Madrid** (siglo x) de la época del califato de Córdoba. Fátima era hija del astrónomo, matemático y filósofo andalusí Abul Qasim Maslama ibn Ahmad al-Mayrity, quien fue su maestro y del que acabó convirtiéndose en colaboradora. Entre su obra destaca *Las Correcciones de Fátima*, donde presenta una revisión de los conocimientos astronómicos de su época.

En el siglo XVI, Copérnico había colocado al Sol en el centro del universo, con la Tierra en órbita a su alrededor, girando diariamente sobre su eje. **Sofía Brahe** (1556-1643) y su hermano Tycho en su Observatorio de Uraniborg realizaron observaciones que permitieron a Kepler determinar las orbitas elípticas de los planetas.

María Cunitz (1610-1664) que intentó corregir las Tablas de Kepler para los movimientos planetarios, era la hija mayor de un médico y a los 20 años se casó con un astrónomo aficionado y también médico, Elias von Löwen, que le ayudó en su tarea. A pesar de no disponer de recursos económicos ni de instrumentos de observación publicó su obra *Urania propitia* en 1650 (en la foto una imagen dedicada a María en la ciudad polaca de Swidnica donde nació). Cunitz dedicó este trabajo al emperador del Sacro Imperio Romano, Fernando III (1608-1657), y en el prólogo, escrito por su marido, éste deja bien claro que la autora del mismo es María. El trabajo en sí proporcionaba, tras una extensa introducción en latín y alemán, una efeméride astronómica basada en las tablas de Kepler, que Cunitz consideraba correctas frente a las tablas danesas de Longomontanus. Cunitz y su marido iniciaron correspondencia con el astrónomo alemán Johannes Hevelius, a través del cual contactaron con Ismaël Boulliau, el reputado astrónomo francés, y con Pierre Desnoyers, secretario, por aquel entonces, de la reina de Polonia. Boulliau fue uno de los primeros astrónomos en reconocer públicamente la facilidad de uso que tenían las nuevas tablas elaboradas por Cunitz, aunque su instinto competitivo le instó a proclamar que las suyas propias eran más precisas para la mayoría de los planetas.

Elizabeth Korpman (c.1646/7-c.1693) continuó haciendo nuevas observaciones para mejorar la obra de Cunitz; a los 16 años se casó con Hevelius, astrónomo aficionado y grabador de profesión que estaba realizando un nuevo catálogo de estrellas y revisando también las tablas de Kepler, treinta y seis años mayor que ella. Hevelius poseía un observatorio en el techo de su casa que abrió a su mujer (ambos en la imagen), después de una serie de circunstancias que le privaron de sus ayudantes. Elizabeth trabajó 10 años al lado de su marido hasta 1679 y continuó su labor incluso después de la muerte de éste. Publicó *Firmamentum sobieskanum* y *Prodomus astronomicae*, que es el mayor catálogo de las posiciones de 1888 estrellas confeccionado sin ayuda de un telescopio.

María Eimmart (1676-1707) fue coetánea de Galileo a quien debemos la aplicación del telescopio a la Astronomía. Hija del astrónomo Geoff Eimmart contribuyó con sus estudios a la realización de un mapa de la Luna bastante preciso.

María Margarethe Winckelmann (1670-1720) estudió primero con Arnold, llamado el campesino astrónomo, y en 1692 se casó con Gotttfried Kirch, astrónomo qué había estudiado en Danzig con Hevelius. Kirch dirigió los es-

tudios de su mujer y de sus tres hermanas. María descubrió el cometa de 1702 aunque no se le reconoció, y sus trabajos más representativos fueron sus observaciones de la aurora boreal y sus escritos sobre la conjunción del Sol con Saturno y Venus en 1709 o de Júpiter y Saturno en 1712.

Formó a su hijo Christfried y a su hija mayor Christine para que fueran sus asistentes, y en 1712 se fueron a trabajar al observatorio del barón von Krosigk hasta la muerte del mísmo. En 1716 Christfried fue elegido director del Observatorio de Berlin y su madre y su hermana se convirtieron a su vez en sus ayudantes, aunque el cambio de funciones no disminuyó la talla científica de María Kirch que continuó calculando calendarios y efemérides hasta su muerte.

Alrededor de 1680, **Jeanne Dumée** (16?-1706) quiso probar que las mujeres no eran incapaces de estudiar porque no había diferencia entre el cerebro de una mujer y el de un hombre. Desde los 17 años, fecha en que su marido partió a la guerra, se dedicó de lleno a la astronomía y en su obra, depositada en la actualidad en la Biblioteca Nacional de Paris, demostraba que la observación de Venus y los satélites de Júpiter eran una prueba del movimiento de la Tierra y de la validez de las teorías de Copérnico y Galileo.

Posteriormente, la astrónoma **Nicole-Reine Étable de la Brière Lepaute** (1723-1788) esposa del relojero del rey empezó a investigar sobre las oscilaciones de péndulos de longitudes diferentes y publicó sus resultados en el *Traité d'horlogérie* de su marido ganandose la reputación de ser una de las mejores calculadoras astronómicas.

Por ello **Émilie De Châtelet** le solicitó ayuda en 1757 para predecir el retorno del cometa Halley que había aparecido anteriormente en 1531, 1607 y 1682. A su vez el director del Observatorio de Paris, Jerôme Lalande, contaba con la colaboración del matemático Alexis Clairault para el mísmo trabajo. En la *Bibliographie Astronomique* de Lalande se refleja la ingente tarea realizada y la inestimable valía de Madame Lepaute para calcular la distancia que había entre cada uno de los dos planetas, Júpiter y Saturno, y el cometa durante 150 años.

El 14 de noviembre de 1758 informaron a la Academia de Ciencias de las fechas para el regreso del cometa: Halley fue visto por primera vez el 25 de diciembre y llegó al perihelio (el punto de la órbita más cercano al sol) el 13 de marzo dentro de las fechas previstas por los astrónomos. Clairault reconoció plenamente el trabajo de Lepaute, pero más tarde se retractó y hoy en día se suele atribuir todo el mérito de la predicción a Clairault.

Lepaute dedicó tambien su atención a los eclipses de 1762 y 1764 y publicó varias memorias astronómicas entre las que figura una basada en todas las observaciones realizadas del tránsito de Venus en 1761. Ella y Lalande se encargaron de la publicación anual de la Academia de Ciencias de Paris para astrónomos titulada *Connaissance des Temps* entre 1759 y 1774. Sola realizó los cálculos sobre el Sol, la Luna y los planetas y hay un cráter lunar que lleva su nombre.

Además de Lepaute colaboraron con Lalande otras mujeres entre las que destaca su sobrina política **Marie-Jeanne Lalande** (1768-1832).

Caroline Herschel nacida en Hannover en 1750 dedicó su vida a facilitar la de su hermano William, primero músico y después importante astrónomo diseñador de los mejores telescópios de su época y descubridor de Urano. Caroline aprendió astronomía a través de él y llegó entre 1786 y 1797 al descubrimiento de ocho cometas. Fue muy reconocida en su tiempo como ayudante de su hermano y la primera mujer que publicó en las *Philosophical Transactions* de la *Royal Society of London*.

Herschel fue una mujer de ciencia que subestimó sus propias capacidades y llegó incluso a negar sus logros atrapada en la contradicción entre sus éxitos y las actitudes sociales de la época. Afortunadamente dejó noticias detalladas de una vida agotadora en la que pasaba todas las noches observando con telescopios y el día haciendo cálculos, tomando notas y escribiendo trabajos científicos. Los Herschel fundaron la astronomía sideral o estudio de las estrellas con lo que la astronomía progresó del estudio del sistema solar al estudio de los sistemas estelares.

Los años más productivos de su vida se corresponden con el matrimonio de su hermano William en 1788, momento en el que ella se libera de las responsabilidades domésticas y puede dedicarse completamente a la astronomía. A los 75 años completó su inmenso trabajo sobre las posiciones de unas 2.500 nebulosas recibiendo por esta obra la Medalla de Oro de la Real Sociedad de Astronomía en 1828. Entre otros honores que recibió posteriormente cabe destacar su elección a la Real Sociedad de Astronomía, la Real Academia Irlandesa y ya en su nonagésimo sexto cumpleaños la Medalla de Oro de la Ciencia de manos del rey de Prusia. Murió en 1848 a los 97 años de edad.

Sus actividades y su interés sostenido por la astronomía demuestran la falsedad de las afirmaciones de los historiadores que aseguran que no se interesaba verdaderamente por la ciencia. Sin ninguna instrucción o preparación sistemática fue una gran astrónoma y abrió el camino de la astronomía a otras mujeres del siglo XIX.

Entre las contemporáneas de Caroline Herschel destacan **Wilhelmine Bottcher Witte** y su hija Minna. Wilhelmine realizó un modelo de la Luna a partir de sus propias observaciones qué, a petición de Alexander von Humboldt, eterno defensor de las mujeres de ciencia, copió para Federico Guillermo III. El 11 de octubre de 1847 fue la primera persona en Alemania que observó el cometa de la astrónoma estadounidense **María Mitchell**. Otra figura importante es **Caterina Scarpellini** (1808-1873), quien además de descubrir un cometa observó la lluvia de Leonidas en 1866 y organizó la estación ozonométrica meteorológica en Roma.

En el campo de la astronomía parece pues que las tareas sistemáticas de observación y recopilación de datos fueron llevadas a cabo por mujeres. Así entre los años 1859 y 1940, cuatrocientas veintiseis mujeres americanas trabajaron en astronomía reuniendo datos procedentes de fotografías o medidas espectroscópicas, siendo **María Mitchell** (1818-1889) la primera de ellas.

Mitchell fue la primera persona que dirigió el Observatorio del *Vassar College* a partir de 1865, institución de la que era además profesora de astronomía y que a la vez le ofreció una casa donde vivir. Este *college* exclusivamente femenino permitió que las mujeres estudiaran astronomía en las mismas condiciones en las que hasta entonces lo hacían los hombres, de forma que pudieran luego desarrollarla profesionalmente. En 1847 con solo 29 años de edad y siendo bibliotecaria descubrió el cometa que lleva su nombre, había aprendido astronomía de su padre, recibiendo por ello la Medalla de Oro de manos del rey de Dinamarca. Por problemas de equipamiento, su trabajo se concentró en las superficies de Jupiter y Saturno, ya que era imposible estudiar la posición de los cometas y los asteroides.

Dos de sus estudiantes, **Mary Whitney** (1847-1921, en la foto) y **Antonia Maury** se convirtieron en astrónomas de renombre. La primera le sucedió en Vassar en 1888 cuando Mitchell se retiró; era una matemática excelente y su trabajo se centró en el cálculo de las órbitas y en la observación de asteroides y otros planetas menores.

Las mujeres astrónomas al finalizar sus estudios encontraban dos tipos de trabajo, como profesoras en *colleges* femeninos o como ayudantes en grandes observatorios: Harvard, el Observatorio Naval, Yerkes, Columbia, Mount Wilson, etc.

Las contribuciones científicas más relevantes de mujeres astrónomas se generaron en el grupo de Harvard, conocido por la comunidad científica como el «Harén de Pickering», siendo las debidas a Williamina Fleming, Antonia Maury, Annie Cannon y Henrietta Leavitt las más conocidas. Edward Charles Pickering permitió a estas mujeres trabajar de manera independiente, al darse cuenta de que eran igualmente capaces que los varones con las ventajas de que ser más pacientes y laboriosas.

La trayectoria de **Williamina Paton Stevens Fleming** es algo peculiar. Nació en Dundee (Escocia) en 1857, era hija de un próspero artesano y acudió a las escuelas públicas donde trabajaba como ayudante del profesorado. En 1878 emigró a Boston con su marido, que la dejó un año más tarde. Encontró entonces trabajo como asistenta en la casa del director de Harvard, E. C. Pickering, y en 1879 nació su hijo Edward Pickering Fleming. Empezó a trabajar en el Observatorio en 1881 pasando a limpio datos y utilizando el ordenador, a raíz del enfado del director con sus ayudantes a los que dijo estar seguro que su asistenta escocesa era capaz de realizar un mejor trabajo. Fleming clasificó 10.498 estrellas, descubrió 10 novas, más de trescientas estrellas variables y 59 nebulosas. Publicó dos artículos en el prestigioso *Astrophysical Journal* en 1895 con su nombre, pero la mayoría de sus resultados fueron difundidos por Pickering en circulares o en el *Annals* de Harvard. Falleció en Boston, MA, en 1911.

En sus últimos años la tarea de Fleming fue más administrativa, pero obtuvo el reconocimiento de diversas sociedades astronómicas como la *Royal Astronomical Society* en Gran Bretaña de la que fue nombrada miembro honorario en 1906, en aquel entonces no se permitía a las mujeres ser miembro regular.

Pickering asignó el próximo proyecto a la sobrina de Henry Draper, **Antonia Caetana de Paiva Pereira Maury** (1866-1952). Hija de un pastor religioso y naturalista, Antonia se licenció en Vassar en 1887 y empezó a trabajar en Harvard en 1888 donde continuó sus investigaciones hasta 1935. Aunque al principio continuó el trabajo iniciado por Fleming, de carácter independiente abandonó el sistema de clasificación de esta última desarrollando el suyo propio. La importancia de sus contribuciones no fue reconocida en Harvard, mantuvo muchas discusiones con Pickering, quería algo más que el agradecimiento por sus aportaciones científicas. Su trabajo apareció en el primer volumen de *Annals* firmado por una mujer, Fleming sólo había conseguido en dicha revista los agradecimientos. Otra de las investigaciones de Maury fue el descubrimiento y estudio de la doble estrella *Beta Lyrae*. **Cecilia Payne-Gaposchkin** que llegó a Harvard en 1923 describe a Antonia del siguiente modo:

> «Naturalmente solo la he conocido de mayor. La tenía mucho cariño, pero ella solo hablaba y hablaba, y hablaba y hablaba. No podías trabajar porque quería hablar, necesitaba desahogarse, necesitaba discutir. Creo que nadie la había escuchado nunca, nadie había respondido a sus cuestiones».

El trabajo espectroscópico abandonado por Maury fue continuado por **Annie Jump Cannon** (1863-1941), quien había iniciado ya el estudio de las estrellas del Sur antes de que la propia Maury acabara con las del Norte. Hija de un constructor de barcos y senador del estado, se graduó en el exclusivamente femenino *We-*

llesley College en 1884, parcialmente sorda desde muy joven permaneció en la casa familiar de Dover (Delaware) hasta que en 1894, después de la muerte de su madre, volvió a Wellesley como ayudante en el departamento de física. En 1895 inició sus estudios de astronomía en Radcliffe, empezando un año más tarde su trabajo en el Observatorio de Harvard donde permaneció hasta 1941.

Sus resultados se publicaron en el mismo volumen de *Annals* en el que Maury había presentado los suyos y se decía que era capaz de clasificar espectros a una velocidad de más de tres estrellas por minuto. De carácter encantador se llevaba muy bien con Pickering y a pesar de no ser especulativa su trabajo no consistió en una clasificación de rutina, era capaz de ver en los espectros multitud de datos inapreciables a los ojos de los demás. De modo similar a Fleming fue reconocida por la comunidad de astrónomos, pero a pesar de ello nunca consiguió ser aceptada en un puesto oficial de trabajo en Harvard, En 1925 fue la primera mujer en recibir el Doctorado Honoris Causa en Ciencias por la Universidad de Oxford en Inglaterra.

En cuanto a **Henrietta Leavitt** (1868-1921) era hija como Antonia Maury de un ministro de la iglesia, estudió en Radcliffe College y se graduó en 1892. Trabaja como voluntaria en el Observatorio de Harvard en 1895-1896, se dedica a viajar y curiosamente pasa un cierto número de años en su casa de Wisconsin debido a una enfermedad que la dejó sorda. Vuelve a Harvard en 1902 donde permanece hasta su muerte y aunque era muy capaz Pickering le dio pocas oportunidades para desarrollar su propia línea de investigación, desperdiciando sin duda una de las mentes más brillantes de Harvard. Su trabajo consistía en investigar en fotometría fotográfica o como determinar la magnitud de una estrella a partir de una imagen fotográfica. A pesar de que el talento de Leavitt no pudo desarrollarse, nunca manifestó queja alguna al respecto, a diferencia de Antonia Maury.

Como vemos, la vida profesional de estas cuatro mujeres en el College del Observatorio

de Harvard estuvo limitada esencialmente porque en aquel momento y bajo la batuta de Pickering era mas importante acumular datos que desarrollar nuevas teorías. Es a partir de la obtención del primer doctorado de Harvard por **Cecilia Payne-Gaposchkin** (1900-1979), que las cosas cambian para las mujeres en astronomía. Las oportunidades de encontrar trabajo se amplían y las condiciones, aunque lentamente, mejoran.

La tesis doctoral presentada por Cecilia ha sido descrita en la historia de la astronomía del siglo XX como la más brillante, al permitir relacionar clases espectrales de estrellas con su temperatura. Fue una gran contribución a la comprensión de la física de las estrellas, mostrando cómo la teoría de la ionización desarrollada por el físico Meghnad Saha podía ser utilizada para analizar la variedad de espectros observados. Payne-Gaposchkin desarrolló toda su carrera en Harvard a pesar de que el reconocimiento oficial a su notable carrera como investigadora (150 artículos y 4 libros) le llegó muy tarde. No fue hasta 1938 cuando se le concedió el título de astrónomo y obtuvo la primera cátedra otorgada a una mujer en Harvard en 1956.

El cambio a un papel menos diferenciado para las mujeres en astronomía fue beneficioso pero tuvo también su coste. Una científica excepcional como Cecilia pudo trabajar en problemas de mayor trascendencia, pero las mujeres estaban mas aisladas y se enfrentaban a una mayor discriminación. Quizás ello fuera el motivo por el que su representación en ese terreno declinó en los años 1950 y 1960.

A finales del siglo XIX y principios del XX, el extraordinario y cuidadoso trabajo de clasificación realizado por las mujeres en astronomía ha originado resultados que han conservado toda su validez a lo largo del tiempo. Así el catálogo de los tipos espectrales de estrellas propuesto por Annie Cannon es hoy en día de mayor valor que un gran número de teorías originales y creativas que quedaron obsoletas.

Destacar la figura de **Margaret Burbidge** (1919), que hasta el año 1967 tuvo que realizar su trabajo utilizando el nombre de su marido Geoffrey Burbidge (ambos en la imagen), un astrónomo teórico, ya que no estaba previsto que las mujeres utilizaran tiempo del telescopio en el Observatorio de Mount Palomar, también

conocido como Monaterio. En esta prime

atómico William Fowler y el astrónomo Fred Hoyle, sentaron las bases de la nucleosíntesis estelar. Su contribución a esta investigación le valió a Fowles el Premio Nobel de Físca en 1983. Más tarde destacan las aportaciones de los Burbidge, Kevin Prendergast y Vera Rubin a las curvas de rotación y el cálculo de la masa de las galaxias. Más recientemente el matrimonio se ha dedicado al estudio de los cuásares, los objetos más activos y energéticos del Universo.

María Assumpció Catalá I Poch (Barcelona, 1925-2009) fue la primera astrónoma profesional de la universidad española, en 1971, y gracias a ella se han formado varias generaciones de astrónomos. Su trayectoria científica se inició en 1952 como becaria y ayudante en la sección de astronomía del seminario de matemáticas de Barcelona, dependiente del patronato Alfonso X el Sabio del CSIC. Obtuvo el doctorado en Ciencias Matemáticas de la Universidad de Barcelona en 1970, con una tesis titulada *Contribución al estudio de la dinámica de los sistemas estelares: asimetría cilíndrica*. Durante más de treinta años efectuó investigaciones sistemáticas sobre manchas solares, a la vez que calculaba órbitas o eclipses. Enseñó Astronomía, Física y Matemáticas en la Universidad de Barcelona hasta 1990, año de su jubilación. Trabajó también en el Instituto Henri Poincaré y en el Laboratorio de Dinámica y Estadística Estelar en París, y ha colaborado con la cátedra especial de Tecnologías del Espacio, de la Universidad Politécnica de Cataluña.

Miembro de diversos proyectos de investigación fue representante española en la Unión Astronómica Internacional y recibió diversos reconocimientos, como la *Creu de Sant Jordi* una alta distinción del Gobierno catalán en 2009, como reconocimiento a su carrera científica y académica. Entre sus textos destacan los célebres *Astronomía Esférica y Mecánica Celeste* que escribió con los profesores Juan José de Orús Navarro y Jorge Nuñez de Murga.

Vera C. Rubin (1928) ha sido la primera mujer en utilizar el telescopio del Mount Palomar de manera oficial en 1964. Durante sus estudios de máster y en su tesis doctoral llegó a la conclusión de que las galaxias se agrupaban de forma grumosa en el Universo, algo que en la actualidad es una realidad indiscutible, pero cuando intentó publicarlo en 1953 no le fue posible, nadie confió en sus resultados. Prosiguió con sus investigaciones y recibió un nuevo impulso al coincidir con la pareja Burbidge en la Universidad de California, comenzando con ellos el estudio sistemático de la rotación de las galaxias, que más adelante continuaría con el astrónomo Kent Ford. Su trabajo fue pionero y permitió sentar las bases de la existencia de la materia oscura en el Universo.

Y la respuesta a qué ocurre hoy en día es que en un mundo particularmente dominado por hombres, algunos de los mejores y más brillantes astrónomos son precisamente mujeres, y todo ello sin la ayuda o presencia de familiares varones. Entre otras podemos citar a: **Margaret Geller**, investigadora del *Smithsonian Astronomical Observatory* y Doctora Honoris Causa por la Universidad Rovira i Virgili de Tarragona en 2009, **Heidi Hammel** del Instituto Científico de Baltimore por sus fotografías de Neptuno, Júpiter y Urano, **Reta F. Beebe** de la Universidad Estatal de Nuevo Mexico que ha estudiado la evolución de los planetas a lo largo de 25 años, **Carolyn Shoemaker** codescubridora del cometa Shoemaker-Levy 9, **Melissa McGrath** del equipo encargado del seguimiento del telescopio espacial Hubble, **Inke De Pater**, profesora de Astronomía en la Universidad de Berkeley, o las astrónoma francesas **Catherine Cesarsky** directora general del Observatorio Austral Europeo y **Françoise Combes**, la primera astrónoma miembro de la Academia de Ciencias Francesa.

Margaret Geller

Heidi Hammel

Reta F. Beebe

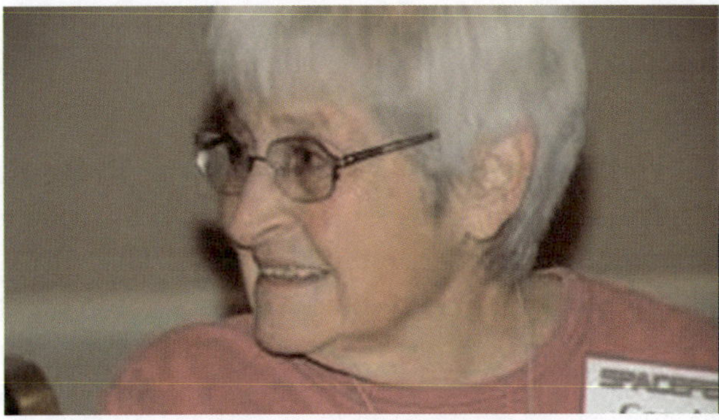

Carolyn Shoemaker

Melissa McGrath

Catherine Cesarsky

Françoise Combes

Sin embargo parece que de nuevo se repiten viejos patrones, en la actualidad se están realizando decenas de cartografiados que requieren grandes equipos y recursos humanos siendo la mayor parte de ellos liderados por hombres. En palabras de Josefa Masegosa del Instituto de Astrofísica de Andalucía,

> «... hay que ingeniar un nuevo sistema de ciencia y tecnología en el que las reglas del juego sean más favorables a que las mujeres puedan desarrollar su carrera investigadora como astrónomas».

MATEMÁTICAS

¿Son capaces las mujeres de investigar y enseñar las matemáticas? En general cuando se formula esta pregunta la psicología tradicional responde que la especulación matemática está fuera del alcance de la inteligencia femenina, siendo el pensamiento abstracto atributo exclusivo del varón. Sólo se acepta que las mujeres puedan entender los conceptos abstractos si están referidos al amor y los sentimientos.

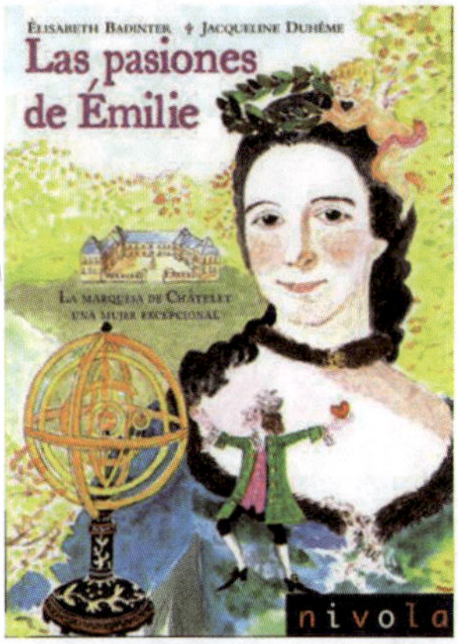

Gabrielle Émilie Le Tonnelier de Breteuil De Châtelet (1706-1749) nació en Saint-Jean-en Greve, hija del barón de Breteuil que realizaba misiones diplomáticas para el rey Luis XIV y se casó con el marqués de Châtelet que pertenecía al ejercito con quién tuvo tres hijos, el último de los cuales falleció en la infancia. El marqués con quien se llevaba 11 años de diferencia la apoyó y protegió siempre, dándole además la libertad que ella necesitaba. Amante de Maupertuis que le enseñaba geometría, éste empezó a rehuirla enviándole a Alexis Clairault quien se reveló como un excelente maestro iniciándola en el estudio de la obra de Newton *Principia* en latín. Su relación con Voltaire, amiga y amante, se consolidó por el interés común de ambos por la ciencia. Una de sus principales actividades fue traducir la obra de Newton, pero también se dedicó a un intenso trabajo científico en otras áreas, así propuso a la Academia de Ciencias francesa un trabajo sobre la naturaleza del fuego y, escribió la obra «Instituciones de física» para que su hijo pudiera adentrarse de modo sencillo y conciso en la geometría y la física. Las matemáticas en ese libro podrían en opinión de expertos en esa disciplina ser el programa de ingreso en las Facultades de Ciencias y Escuelas Técnicas actuales.

En la última etapa de su vida en Cirey, se concentra en la traducción de la obra de Newton, *Principia*, con la ayuda de Clairault. Con ella están su marido, Voltaire y su último amante el poeta Saint Lambert de quien espera un hijo a sus 43 años y cuyo parto causará su muerte. Estos hechos son una prueba más de su personalidad, cerebral y apasionada.

María Gaetana Agnesi (1718-1799) nace en Milán en el seno de una familia acomodada y muy culta, siendo la mayor de siete hermanos y catorce hermanastros de los que se ocupa cuando muere la última esposa de su padre. Éste, al darse cuenta de sus cualidades intelectuales le proporciona los profesores adecuados para que pueda estudiar y formarse. La llamaban el oráculo de las siete lenguas pues a los cinco años hablaba ya francés y en poco tiempo dominó latín, griego, alemán, hebreo, italiano y español. A los siete años conocía ampliamente las matemáticas, disciplina que continuó estudiando durante toda su vida. De carácter muy apasionado se volcaba intensamente en cualquier actividad emprendida lo que le llevó a padecer diversas enfermedades, por exceso de vida sedentaria en la primera etapa de estudio, por exceso de actividad cuando por recomendación médica empezó a realizar ejercicio físico, en particular montar a caballo.

Estaba familiarizada con las obras de Newton, Leibniz, Descartes y Fermat y era capaz de discutir de filosofía, lógica, mecánica, elasticidad, etc. Publicó además con dinero de la familia numerosas aportaciones, ensayos y libros, entre los que destacan los cuatro tomos de *Instituciones Analíticas*. El primero de ellos versaba sobre la geometría cartesiana, el segundo sobre análisis de cantidades finitas, máximos, mínimos y puntos de inflexión. En el tercero se discutía el cálculo integral y en el último, métodos de resolución de ecuaciones diferenciales. Es también famosa la curva sinusoidal versa denominada *curva de la bruja de Agnesi*. A raíz de este suceso se construye la leyenda acerca del carácter de bruja que confería a María sus conocimientos.

Con 34 años muere su padre y es a partir de entonces cuando abandona las matemáticas y dedica el resto de su vida hasta los 81 años, al cuidado de mujeres pobres y enfermas. Es un ejemplo claro de que su abandono de las ciencias exactas se debe a una elección firme y meditada de acuerdo con una escala de valores personal y no a una falta de capacidad.

Sophie Germain (1776-1831) hija de un banquero diputado de la Asamblea, nace y vive en Paris refugiándose en su adolescencia en la biblioteca de su casa con la esperanza de evadirse de los horrores de la Revolución Francesa. Lee ávidamente, Arquímedes se convierte en su modelo después de conocer el episodio que narra la violenta muerte de éste personaje a manos de un soldado romano en las playas de Siracusa mientras intentaba resolver un problema matemático dibujando en la arena. Se dedica a las matemáticas sin pensar en ningún momento, como ella misma describió, en las dificultades que su condición de mujer entrañarían. Fue autodidacta en su aprendizaje, logrando después de numerosas dificultades ser miembro de la Academia de Ciencias de Paris. Durante un tiempo se ocultó bajo el seudónimo de «Monsieur Le Blanc», mantuvo una extensa correspondencia con Lagrange, de quien fue alumna, y con Karl Friedrich Gauss. Éste último al descubrir su identidad le escribió una carta en la que manifiesta su estupor y admiración.

Realizó numerosas investigaciones sobre la elasticidad de materiales, que fueron la base de conceptos tales como curvatura principal, curvatura media y curvatura total, y que un siglo más tarde permitió construcciones como la *Tour Eiffel*. A este respecto mencionar que su nombre no figura en dicha torre, al lado de los de otros científicos que trabajaron en el tema, una muestra más del olvido de las contribuciones femeninas en la historia de la ciencia. Para ella que eligió un camino difícil, lo más importante era conseguir una educación suficiente, sin la cual los horizontes del ser humano y más particularmente los de las mujeres se veían limitados.

Mary Fairfax Somerville (1780-1872) fue una generalista de las matemáticas y aunque es esencialmente conocida por su traducción al inglés de la *Mecanique Celeste* de Laplace, es también autora de trabajos originales en ese campo. Su padre fue el vicealmirante William Fairfax y su encuentro con la ciencia se realizó a través de artículos científicos publicados en revistas femeninas. Era una mujer apocada que aprendió los rudimentos de las matemáticas por sí misma. Su último libro *Sobre ciencia molecular y microscópica* fue publicado en 1868. A pesar de que fue la primera firmante de la solicitud de John Stuart Mill a favor del sufragio femenino, opinaba que la ciencia sobrepasaba al sexo femenino y en cierto modo su actitud no parece haber contribuido a la causa de las mujeres.

Mary Everest Boole (1832-1916), sobrina del topógrafo general de la India que calculó la altura de la cima del monte Everest, llamado así en su honor. Nacida en Gran Bretaña se trasladó con cinco años a Francia donde recibió formación matemática y al regresar a su país siguió estudiando dicha disciplina por

su cuenta, le apasionaba el cáculo. En una visita a Irlanda conoció al matemático George Boole que se convertiría en su tutor y le permitiría convertirse en experta en álgebra booleana. Se casaron en 1855 y tuvieron cinco hijas, Lucy la cuarta se convertiría en la primera mujer profesora de química en Inglaterra, en el *Royal Free Hospital de Londres.* En 1864, el mismo año en que nació su hija pequeña, Mary enviudó y aceptó un puesto de trabajo en el *Queens College* de Londres para la enseñanza de las matemáticas. Realizó varias contribuciones en álgebra booleana y en didáctica de las matemáticas.

Son poco conocidas las razones por las que Alfred Nobel no instituyó el premio de Matemáticas. Cuando Nobel redactó su testamento se hizo informar minuciosamente por sus asesores sobre si, en caso de instituir un Premio en Matemáticas, **Sofía V. Kovalevskaya** (1850-1891) que fue la primera mujer que obtuvo una cátedra de Matemáticas en una universidad europea, la de Estocolmo, y mantuvo una estrecha relación con el propio Nobel al que posteriormente abandonó por el Decano de su Facultad, sería una candidata potencial. Al ser informado afirmativamente resolvió no hacerlo.

No fue hasta 1926 que, durante el Congreso Internacional de Matemáticas, el profesor canadiense Fields propuso suplir la laguna de los Premios Nobel otorgando en cada uno de estos congresos cuadrienales unas medallas, que hoy en día llevan su nombre, a las mejores aportaciones en matemáticas.

Posteriormente, en el año 2002, el gobierno noruego creó el Premio Abel en el bicentenario del nacimiento del matemático noruego Niels Henrik Abel, un galardón anual que la Academia Noruega de las Ciencias y las Letras otorga a un matemático destacado, con una recompensa económica similar a la del Premio Nobel.

En 1897 Sophus Lie había sido el primero en proponer la creación del Premio Abel cuando se enteró de que Alfred Nobel no tenía intención de crear el de matemáticas. El rey Oscar II accedió a financiarlo, siendo los matemáticos Ludwig Sylow y Carl Størmer quienes diseñaron los estatutos y las normas del premio. Sin embargo, la disolución de la Unión entre Suecia y Noruega en 1905 desbarató este primer intento.

Ninguna mujer matemática ha sido hasta ahora (2011) galardonada ni con la Medalla Fields ni con el Premio Abel.

Sofía Vasilievna Kovalevskaya nació en Rusia y fue autodidacta bajo la influencia de su padre, un general de artillería retirado, y de su esposo V. O. Kovalevski (se trataba de un matrimonio ficticio para sustraerse a la dominación familiar y que sirviera de apoyo a su determinación de continuar estudios superiores fuera de Rusia), un paleontólogo. Parece que a la edad de 6 años al ocupar una casa nueva cuya remodelación no había terminado, las paredes de su dormitorio estuvieron recubiertas provisionalmente con unas hojas litografiadas de los cursos de Ostrogradski sobre cálculo integral y diferencial, familiarizándose de este modo tan peculiar con numerosas fórmulas matemáticas que todavía no tenían sentido para ella.

Estudió en Alemania ante la imposibilidad de hacerlo en una universidad rusa y conoció allí al matemático Weierstrass que fue en Berlín el padrino de sus primeros trabajos científicos. Trabajó durante cuatro años a sus órdenes y como las mujeres no eran admitidas en la universidad recibía de él clases particulares. Se doctoró *in absentia* en 1874 siendo Weierstrass quien presentara en alemán su trabajo. A pesar de sus calificaciones y de las cartas de recomendación le fue imposible encontrar un puesto académico en Europa y volvió a su pais normalizando las relaciones afectivas con su marido, naciendo en 1878 su única hija Sofía o Fufa. Su marido se suicidaría poco después.

En 1884 Gotta Mittag-Leffler le ofrece una plaza de profesora en la Universidad de Estocolmo y puede desarrollar su investigación en matemáticas llegando a ser muy conocida en todo el mundo. Se hace muy amiga de Anne Charlotte la hermana de Mittag-Leffler y a la vez que dá clases de análisis matemático, escriben en colaboración piezas de teatro en las que tratan de plantear su lucha por los derechos de la mujer. Por sus trabajos científicos recibe premios de la Academia Francesa y Sueca y es invitada a participar en el consejo editorial de la revista *Acta Mathematica*, conociendo en esa época al rico industrial Alfred Nobel.

Merece destacar el enorme esfuerzo que Sofía hizo para que sus compatriotas rusos no se aislaran, sino que se integraran en las corrientes europeas.

Florence Nightingale (1820-1910) nació en Florencia y es muy conocida por su lucha para mejorar las condiciones sanitarias. Además de ser recordada

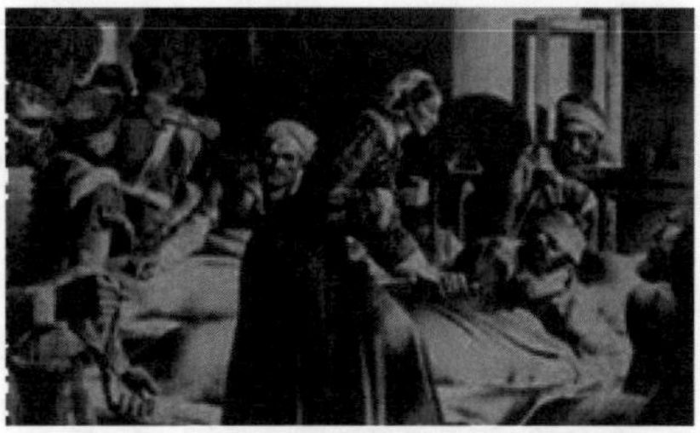

como una gran enfermera en la guerra de Crimea con el apodo de *la dama de la lámpara*, se dedicó a la matemática estadística que le permitió demostrar qué cambios debían llevarse a cabo en los hospitales. Fue la primera mujer en ser condecorada con la Medalla de la Orden del Mérito de Gran Bretaña.

Su familia era muy rica y en su juventud se dedicó a viajar y organizar o participar en fiestas, bailes y recepciones. Sin embargo esa vida le producía sentimientos contradictorios de satisfacción y culpa, y para evitar la sensación de vacío que se apoderaba de ella empezó a estudiar matemáticas con su tía May lo que la llevaría algo más tarde a rebelarse contra la injusticia social. A los 27 años y después de constatar que los hospitales eran los lugares más sucios y deprimentes y las enfermeras desechos de la sociedad, decidió convertirse en enfermera para modificar sus condiciones. Su familia se opuso, pero ella renunció a su status e incluso rechazó el matrimonio con el amor de su vida Richard Monckton, al pensar que iba a obstaculizar su trabajo.

Durante la guerra de Crimea reunió un grupo de 38 enfermeras y se ocupó tanto física como moralmente de los heridos en el campo de batalla. Utilizó sus relaciones con Londres y su fortuna personal para cubrir los gastos. Gracias a su formación matemática analizaba la elevada tasa de muertes que se producían tratando de buscar las causas del desastre, lo que logró por fin después de muchas luchas y discusiones. No salió indemne de esa experiencia contrajendo las fiebres de Crimea que la obligaron a pasar gran parte del resto de su vida en cama. Como resultado de sus esfuerzos se consiguieron fondos destinados a la formación de un cuerpo de enfermeras.

Su vuelta a Londres donde fue recibida en olor de multitud la sorprendió, y decidió apartarse de la curiosidad social para recobrar la tranquilidad de espíritu. Se dedicó entonces por completo al tratamiento de datos para demostrar que en los hospitales se arriesgaba la vida de los enfermos. Con la ayuda de su amigo Sidney Herbert, secretario de Estado de Guerra pudo vencer la burocracia militar. Discípula de Quetelet, padre de la estadística científica, en esa época su apodo fue *la estadística apasionada*. Ardua defensora de la matemática aplicada publicó sus investigaciones *Notas sobre hospitales* y *Propuestas para mejorar las estadísticas sobre las operaciones quirúrgicas*. Su lema era que los parámetros estadísticos son a la sociedad lo que la fiebre a los enfermos y su herramienta gráfica las famosas «tartas».

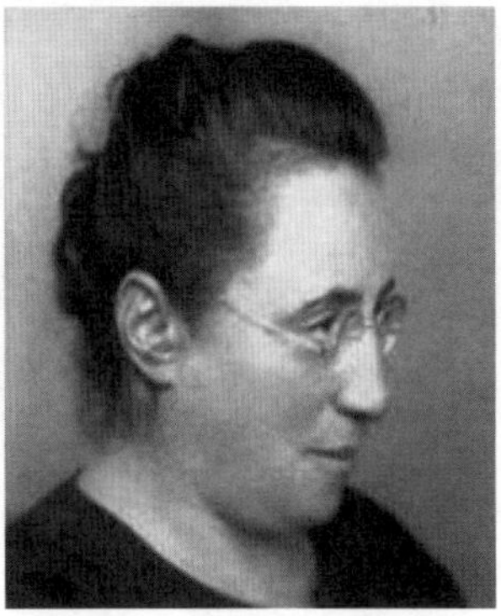

Emmy Noether (1882-1935) nace en Erlangen (Alemania), hija del judío Elías Samuel profesor de matemáticas, que obligado a cambiar su nombre eligió el de Noether. En su infancia y adolescencia mostró poco entusiasmo por estudiar lenguas y piano como su familia deseaba, hasta que en 1903 aprueba el examen de ingreso en la Universidad de Nuremberg para estudiar matemáticas. Su afición por esta materia fue sin duda originada por las tertulias que su padre mantenía en la casa familiar.

Recordar aquí, que en ese momento en las universidades alemanas no se permitía a las mujeres matricularse en la forma que lo hacían los hombres, debían realizar un exámen que si superaban les permitiría ser aceptadas por el profesor que iba a impartir el curso, hecho que hemos mencionado ya de algún modo al hablar de Sofía Kovaleskaya.

Presento su tesis sobre «Los sistemas completos de invariantes para las formas bicuadráticas ternarias» en 1907 y obtuvo la distinción de *summa cum laude*. Sin embargo durante los 10 años posteriores tuvo que conformarse con seguir investigando al no poder ocupar por su condición de mujer un puesto en las universidades alemanas. Al acabar la guerra en 1919 Alemánia pasó a ser una república y las mujeres adquirieron el derecho al voto, pero seguía cerrada la entrada de la mujer a la enseñanza superior.

En 1915 se traslada a Gotinga con Felix Klein y David Hilbert donde trabajó en geometría algebraica y la demostración del teorema de Fermat que había sido planteado por éste en el siglo XVI y que como sabemos no llegó a resolverse hasta 1993 por Andrew Wiles en la Universidad de Cambridge. Cuatro años mas tarde logra por fin un puesto especial de profesora en dicha universidad, tiene como alumnos a Krull, Grell, Koethe, Deuring, Fitting y Schmidt y viaja a la Universidad de Moscú.

En 1934 busca refugio en Estados Unidos, donde una antigua alumna **Anna Pell Wheeler** (1833-1966) le consigue un puesto en la universidad para mujeres *Bryan Mawr* en Princeton. En esa época el mundo real y el de la investigación en matemáticas duda, la teoría de Hilbert de que todos los problemas tienen solución es contestada por Gödel y Russell y los científicos alemanes se sienten culpables por no levantarse contra las injusticias de su país.

En América, Emmy entra en contacto con Einstein y a pesar de la incertidumbre del momento es gratificada por el entusiasmo y aplicación que sus alumnas manifiestan en el aprendizaje de las matemáticas. Muere en Filadelfia a los 53 años a causa de un tumor.

Evelyn Boyd Granville (1924) tuvo claro desde la escuela que quería estudiar matemáticas y gracias al apoyo de su familia logró superar las barreras raciales y licenciarse en el Smith College en 1945. Interesada también por la física y la astronomía se dedicó finalmente a las matemáticas doctorándose en la Universidad de Yale, siendo ella y **Marjorie Lee Browne** (1914-1979) que lo obtuvo en la Universidad de Michigan, las dos primeras mujeres negras en doctorarse en Matemáticas en EE UU.

Trabajó en la Universidad de Nueva York (1949-1950) y en la Universidad de Fisk (1950-1952), iniciando a continuación una brillante carrera investigadora en organismos gubernamentales (US Army, National Bureau of Standards, NASA) y en la industria (IBM). En 1967 se divorció del Reverendo Gamaliel Collins con quien se había casado en 1960, y este hecho la decidió a volver al mundo universitario como profesora de Matemáticas en la Universidad del Estado de California en Los Ángeles. Se retiró en 1982 y vive con su segundo marido en un rancho en Tyler, a la vez que trabaja a tiempo parcial en la Universidad de Texas enseñando matemáticas a futuros docentes.

Se hace difícil elegir en el siglo XXI a las matemáticas más representativas, hay muchas que de forma brillante y con extraordinaria dedicación siguen involucradas en la resolución de problemas básicos o aplicados. En España no fue hasta el año 2005, en el I Encuentro Mujeres y Matemáticas de la RSME celebrado en Santiago de Compostela, cuando se plasmó la preocupación de la comunidad científica por el papel de las mujeres en matemáticas, analizándose los condicionantes que influyen en la elección y desarrollo profesional por las mujeres.

Michèle Audin nacida en 1954 en Argel, estudió en la escuela de jóvenes mujeres que pertenece a la *École Normale Supérieure* de Sèvres. Profesora en el *Institut de Recherche Mathématique Avancée* (IRMA) de la Universidad de Estrasburgo, es especialista en Topología Algebraica y Geometría Simpléctica, una disciplina, esta última, entre la geometría diferencial y los sistemas dinámicos. Fue galardonada con la *Ordre des Palmes Académiques* en el año 2009.

Pertenece al grupo Oulipo (*Ouvroir de Littérature Potentielle*), fundado por Raymond Queneau y François Le Lionnais, desde 2009. Los miembros de Oulipo trabajan para hacer avanzar la literatura potencial, inventando laberintos de palabras, sonidos, frases, párrafos, capítulos, libros y bibliotecas, de prosa y poesía, para los que deben encontrar la salida.

Hija del también matemático Maurice Audin, que murió torturado en 1956 en Argelia, rechazó en 2009 la Legión de Honor que le iba a ser otorgada por el gobierno francés alegando que el Presidente Nicolas Sarkozy no había respondido a la carta que su madre le había dirigido, respecto a las circunstancias de la muerte de su padre.

Autora de diferentes textos de matemáticas y de historia de la matemática, destaca entre otros la biografía *Souvenirs de Sofía Kovalevskaya*.

Pilar Bayer Isant (Barcelona, 1946), nombrada académica electa de la Real Academia de Ciencias Exactas Físicas y Naturales en el año 2010.

Catedrática de Álgebra de la Universidad de Barcelona desde 1982 y especialista en teoría de números, obtuvo el título de profesora de piano por el Conservatorio Municipal de Música de Barcelona antes de ser licenciada en matemáticas. Es madre de un hijo.

Sus publicaciones versan sobre problemas diofánticos, funciones zeta, teoría de Galois, curvas modulares, curvas de Shimura e historia de la matemática. Su actividad investigadora se enmarca en el Seminario de Teoría de Números de Barcelona, del cual fue fundadora, y que cuenta en la actualidad con destacados investigadores a nivel mundial.

En sus palabras encontramos una auténtica declaración de principios:

> «Elegí las matemáticas por un deseo constante de aprender. Por lo visto no me equivoqué pues, después de muchos años, sigue fascinándome el hecho de que trabajando

como matemática todos los días puedo aprender algo nuevo, algo que ignoraba y que, a la vez, es interesante. Me dedique a la Teoría de Números por su inmenso atractivo, en esta especialidad son bellos los problemas, los teoremas, las demostraciones, las conjeturas, ¿que más se puede pedir?»

Entre sus numerosas distinciones destacan, haber sido nombrada *Emmy-Noether-Professorin* por la Universidad de Gotinga (Alemania) en 2004, ser miembro del l'Institut d'Estudis Catalans y Académica Numeraria de la Reial Academia de Ciències i Arts de Barcelona en 2001, Académica Numeraria de la Reial Academia de Doctors de Barcelona. En 1998, recibió la Medalla Narcís Monturiol al Mérit Científic i Tecnológic de la Generalitat de Catalunya.

María Jesús Carro Rossell es licenciada por la Universidad de Extremadura en 1984 y doctora por la Universidad de Barcelona en 1988. Su área de investigación se encuentra entre el Análisis Funcional y el Análisis Armónico.

El impulsor de su elección por las matemáticas fue su padre, al que le hubiera gustado estudiar Ciencias Exactas, pero se lo impidió la Guerra Civil española. Ella no ha dudado nunca acerca de lo que iba a estudiar, eligió matemáticas porque le gustaban y no fue hasta su llegada a la Universidad cuando decidió dedicarse a la investigación y a la enseñanza universitaria. Catedrática desde 1993 en la Universidad de Barcelona, ha sido Coordinadora del Área de Matemáticas de la Agencia Nacional de Evaluación y Prospectiva (ANEP) desde el año 2005 hasta el 2008. Entre otros galardones posee la Distinción de la Generalitat de Catalunya para la Promoción de la Investigación Universitaria (2003).

Olga Gil Medrano, primera mujer elegida presidenta de la Real Sociedad Matemática Española (RSME) en los cien años desde su fundación en 1911. Profesora de Geometría y Topología de la Universidad de Valencia ha sido desde el año 2000 miembro de la Junta de Gobierno de dicha institución, de la que fue nombrada vicepresidenta en 2004.

Doctora por las Universidades de Valencia (9181) y París VI (1985) su investigación sobre problemas variacionales en variedades riemannianas se desarrolla entre la geometría diferencial y el análisis de variedades, con incursiones en temas relacionados con la relatividad general.

Una de sus mayores preocupaciones es comunicar y acercar las matemáticas a un público amplio, y para ello realiza numerosas actividades como la participación en el libro colectivo *Divulgar las Matemáticas* o en la organización de mesas redondas y exposiciones en congresos nacionales o internacionales.

Ana Justel Eusebio es licenciada en Matemáticas y doctora en Economía. Profesora titular de Estadística en el Departamento de Matemáticas de la Facultad de Ciencias de la Universidad Autónoma de Madrid, como investigadora tiene dos pasiones: la estadística matemática y la aplicada. Ha participado en tres campañas antárticas españolas como miembro del equipo Limnopolar, un proyecto de investigación en limnología que se desarrolla en ambientes polares, dedicado al estudio de los ecosistemas acuáticos no marinos. La parte de su actividad investigadora que dedica a la investigación antártica le resulta apasionante,

> «... hay mucho trabajo en modelización matemática, pero también mucho trabajo estadístico para sacar a la luz la evidencia que muestran los datos experimentales. En la Antártida no siempre se hace lo que se programa cuidadosamente, se hace lo que se puede en un lugar donde las condiciones de trabajo son extremas por el aislamiento, la dificultad del acceso y la meteorología. El campo se convierte así en un estimulo fantástico para desarrollar la creatividad matemática».

María Teresa Lozano Imízcoz es licenciada y doctora en Matemáticas por la Universidad de Zaragoza. Fue *Honorary Fellow* de la Universidad de Wisconsin, EE UU (1976-1978) y desde 1978 es profesora de la Facultad de Ciencias de la Universidad de Zaragoza. Catedrática de Geometría y Topología en 1990, fue nombrada Académica Numeraria de la Real Academia de Ciencias Exactas, Físicas, Químicas y Naturales de Zaragoza en 1996 y Académica Correspondiente de la Real Academia de Ciencias Exactas, Físicas y Naturales en 2006. Ha participado activamente en la gestión universitaria como directora del Departamento de Matemáticas, y pertenecido a las diferentes comisiones de la Universidad de Zaragoza. Ha sido vicepresidenta del Claustro Universitario (2000-2002), y es miembro de la Junta Consultiva de la Universidad de Zaragoza desde 2004.

Dirige el Grupo de Investigación *Geometría*, reconocido como grupo consolidado por el Gobierno de Aragón en 2006. Su trabajo de investigación se encuadra en la rama de Topología, que trata de las propiedades cualitativas de los objetos que se conservan por deformaciones continuas que no implican rotura o pegado. Se siente especialmente orgullosa de los resultados obtenidos sobre nudos universales y estructuras geométricas asociadas y considera que hay dos pilares fundamentales en la trayectoria vital de cada persona, la familia y la profesión.

Ingeborg M. M. Van Leeuwen (1973), se licenció en Matemática Fundamental por la Universidad de Granada (1991-96), donde al mismo tiempo cursó parte de la carrera de Biológicas. Tras doctorarse en Biología Teórica por la *Vrije Universiteit* de Amsterdam en el año 2003, se trasladó a la Universidad de Nottingham (Reino Unido) para incorporarse a un equipo multidisciplinar dedicado a la creación de tumores virtuales. En diciembre de 2007 se incorporó como investigadora al Departamento de Cirugía y Oncología en Dundee (Escocia), donde ha trabajado en el desarrollo de modelos matemáticos relacionados con el gen supresor tumoral p53. En el 2012 se ha trasladado al Departamento de Microbiología, Tumor y Biología Celular en el *Karolinska Institute* de Estocolmo.

Ser matemática aplicada le ha permitido hacer realidad dos sueños, ver el mundo y aportar su granito de arena al avance de la biología. Las matemáticas la han llevado de viaje, geográfica e intelectualmente, está convencida de que hay que moverse para conseguir el trabajo que se quiere.

Es importante destacar el programa «*The Emmy Noether Lectures*» establecido en 1980 por la *Association for Women in Mathematics* que rinde homenaje a las mujeres que han realizado contribuciones fundamentales a las matemáticas mediante la organización de conferencias anuales. Se pretende que las conferencias impartidas, al igual que la vida y el trabajo de Emmy Noether sean una fuente de inspiración en estas ciencias.

INFORMÁTICAS

La tecnofobia atribuida al género femenino ha quedado hoy en día casi contrarrestada por el gran número de mujeres que, ya sea desde los mundos de las matemáticas, la química, la física, las diferentes ingenierías y más recientemente las propias Escuelas de Informática se dedican a la investigación en teorías y prácticas cibernéticas.

Y las razones de nuestro «casi» se expondrán a continuación. Los datos sobre acceso y uso de las nuevas tecnologías demuestra que se han abierto brechas digitales, especialmente entre el mundo occidental y los países pobres, pero también entre hombres y mujeres y en esto último no hay distinciones por zonas geográficas. Según Cecilia Castaño, catedrática de Economía Aplicada de la Universidad Complutense de Madrid, la brecha entre tituladas y titulados universitarios se debe a su especialidad. Los hombres siguen matriculándose más en carreras tecnológicas y ellas en otras ramas más sociales, de humanidades o sanitarias. Y algo parecido ocurre cuando los estudios son inferiores, ellos siempre sacan ventaja en esas tareas más complejas al manejar programas informáticos, es una cuestión educacional, a los niños se les transmite más confianza en las máquinas.

A partir de la interpretación de encuestas sobre uso de las Tecnologías de la Información (TIC) del INE para entresacar las diferencias entre hombres y mujeres y buscar los porqués, se conoce que ellos pasan más tiempo en Internet, lo utilizan más para tramitar cuestiones administrativas, comprar y hacer transacciones bancarias. Ellas, sin embargo, lo usan menos y de una forma más práctica, para resolver cuestiones sanitarias o buscar formación laboral o académica. También compran menos por Internet y cuando lo hacen se trata de productos para el hogar, mientras que entre los hombres las adquisiciones más habituales son de material informático.

Cuando se pregunta por estas diferencias, ellos se atribuyen mayor interés y destrezas respecto a las nuevas tecnologías, aunque afirman que las mujeres jóvenes presentan ya estas mismas características. También creen que las mujeres son más prácticas y eso se aprecia en el uso de las tecnologías. Y opinan que los roles de género marcan esta diferencia. Las mujeres, por su parte, señalan factores socioeducativos históricos y una incorporación tardía de la mujer al trabajo como una de las causas de su más difícil acercamiento a las nuevas tecnologías. También piensan que la mujer tiene mayor habilidad verbal frente a la tecnológica, lo que a su juicio favorece a los hombres, y se quejan de que los contenidos que se encuentran están muy pensados para los varones y, finalmente, que también influyen los factores económicos.

Las empresas dicen priorizar, en la selección y promoción del personal, a la creatividad y el talento, factores que por lo visto se consideran también en el sector de las nuevas tecnologías. Sin embargo, los hombres siguen copando los puestos de responsabilidad y las mujeres exponiendo quejas tradicionales que les impiden romper el techo de cristal tecnológico. En entrevistas mantenidas con directivas y mujeres miembros de los consejos de administración del sector de las nuevas tecnologías se percibe que entre los hombres que han llegado hay una experiencia prolongada en la empresa, jalonada de ascensos. En cambio, las directivas han pasado antes por otros sectores y han demostrado capacidad de adaptabilidad y una gran pasión por su trabajo.

> «La mayoría de ellas hace malabarismos para conciliar su vida laboral y personal y ha tenido que hacer muchos sacrificios. Se habla de talento, pero ¿quién lo mide? A la hora de la verdad en los puestos de responsabilidad de las empresas entran personas mediante cuotas políticas, no siempre por talento. Y las mujeres suelen ser invisibles en eso»,

se lee en el estudio de la profesora Castaño.

Según los datos del Instituto de la Mujer la evolución del porcentaje de mujeres matriculadas en Informática desde 2002 hasta 2010 es el indicado en la Tabla siguiente y como puede observarse el número de mujeres ha disminuido significativamente en los tres niveles de enseñanza de esta disciplina en dicho periodo.

Tabla de porcentaje de mujeres matriculadas en Informática

Titulación	2002-03	2003-04	2004-05	2005-06	2006-07	2007-08	2008-09	2009-10
Ingeniería Informática	18,0	18,9	17,9	17,4	17,1	18,0	15,9	15,1
FP módulo Grado Superior	25,8	24,4	21,6	20,3	19,0	17,2	16,3	15,7
FP módulo Grado Medio	No hay datos	23,5	16,9	14,8	14,4	13,6	13,2	12,9

Hoy en día, está totalmente aceptado que la pionera en esta disciplina ha sido **Ada Byron**, quien junto con Charles Babbage crearon los conceptos de diseño y programación que constituyen la fuente de inspiración de la investigación en informática que vino después.

Ada Byron (1815-1852), hija del famoso poeta lord Byron y Annabella Milbanke, que se separaron un año después de su boda, se crió con sus abuelos maternos heredando la afición de su madre por las matemáticas. No fue una persona fuerte ni de carácter ni de salud y vivió sometida a la fuerte personalidad de su madre. Se casó con lord Lovelace muy joven, tuvieron dos hijos y una hija, y sin mucha suerte en su matrimonio encontró su refugio en el estudio.

Su educación en matemáticas, por Mary Somerville y Augustus De Morgan, constituye un hecho insólito para la época, incluso entre la nobleza. Cuando contaba 17 años conoció a Charles Babbage, uno de los matemáticos más geniales de Inglaterra veintitrés años mayor que ella, que se convertiría en su mentor y amor platónico.

Ada tradujo al inglés los resúmenes de la conferencia que Babbage había impartido en Turín en 1840, a raíz de su descubrimiento de una calculadora automática *Ingenio Analítico*, que habían sido recogidos por el también matemático Luigi Federico Menabrea. Esta calculadora había sido concebida con la intención de resolver problemas computacionales de carácter general. La idea era basar en tarjetas perforadas la codificación de la entrada de datos, del mismo modo que el telar Jacquard era capaz de crear automáticamente motivos textiles mediante tarjetas de este tipo. *Ingenio Analítico* ejecutaría o repetiría un conjunto de instrucciones, atendiendo a ciertas condiciones, noción que es central en la informática moderna y que se denomina «salto condicional».

Ada publicó un artículo en el que se examinaba con detenimiento la programación de la máquina computadora, incluyendo un total de siete notas, A a G, cuya extensión duplicaba la información original, demostrando un enorme talento matemático. Babbage había propuesto un formato tabular, que Ada modificó originando un lenguaje de programación estructurado, para el cómputo de los números de Bernouilli. El lenguaje al que se denominaría ADA en honor a su descubridora, fue desarrollado posteriormente por el Departamento de Defensa estadounidense.

La salud de Ada, que no fue buena en ningún momento, decayó aún más a partir de 1843 limitando su capacidad para el ejercicio de las matemáticas. Murió a los 37 años de un cáncer de útero, envuelta en escándalos por deudas de juego y sobreprotegida por una madre que no dejaba acercarse a ninguno de sus amigos.

En 1943 nació el *Electronic Numerical Integrator and Computer* (ENIAC), un ordenador electrónico digital con fines generales a gran escala, cuya construcción no finalizó hasta 1946. Fue en su época la máquina más grande del mundo y aunque en un principio fue diseñado para fines militares, al finalizar la Segunda Guerra Mundial se utilizó para numerosos cálculos de investigaciones científicas. El ENIAC funcionó, con mejoras y ampliaciones hasta 1955, y durante su vida operativa hizo más cálculos matemáticos que los realizados por toda la humanidad hasta entonces.

Si bien fueron los ingenieros de ENIAC, John Mauchly y John Presper Eckert, los que pasaron a la historia de la computación, hubo seis mujeres que se ocuparon de la programación: **Frances Elizabeth «Betty» Snyder Holberton** (1917-2001), **Betty Jean Jennings Bartik** (1924-2011), **Kathleen McNulty Maychly Antonelli** (1921-2006), **Marlyn Wescoff Meltzer, Ruth Lichterman Teitelbaum** (1924-1986), y **Frances Bilas Spence** (1922) cuya historia silenciada a lo largo de los años ha sido recuperada en las últimas décadas. Señalar que, cuando en 1997 fueron nominadas al Women in Technology International Hall of Fame, en la web donde se reseña la noticia todas aparecen con el apellido de casadas, es decir el de sus maridos.

Betty Holberton

Jean Bartik

Kay Antonelli

Marlyn Meltzer

Ruth Teitelbaum

Frances Spence

Contralmirante Grace Hopper

Otra extraordinaria pionera es **Grace Murray Hopper**, inventora de lenguajes de programación y muy conocida por su trabajo en la *Eckert-Mauchly Computer Corporation* durante los años 1950 y 1960, figura que se trata más extensamente en el Tema 6. Únicamente destacar aquí el haber sido la primera persona de los EE UU y la primera mujer de cualquier nacionalidad en ser nombrada *Distinguished Fellow of the British Computer Society – Rear Admiral Grace Murray Hoppper*, en 1973.

Evelyn Berezin, nacida en 1925 es doctora en física y filosofía. Inventó en 1953 el ordenador de oficina cuando trabajaba en *Underwood Corporation* y desarrolló el primer sistema de reserva de vuelos para la compañía *United Airlines* en 1957. Es conocida como la madre de los procesadores de texto desde que en 1968 desarrolló la idea de un programa que permitiese almacenar y editar textos, fundando un año después *Redactron* y lanzando en 1971 al mercado, el procesador de textos con ese nombre.

En este punto mencionar el Premio Turing (en honor al matemático, científico de la computación, criptógrafo y filósofo inglés Alan Mathison Turing), considerado el Premio Nobel de la Informática, que desde 1996 es otorgado cada año por la *Association for Computing Machinery* (ACM) a aquellas personas que han contribuido de forma importante a dicha disciplina. En el 2006 fue concedido por vez primera a una mujer, **Frances Allen** (1932) por sus contribuciones que permitieron mejorar el rendimiento de los programas informáticos y acelerar el uso de sistemas de computación de alto rendimiento, y en el 2008 a **Barbara Jane Huberman Liskov** (1939), primera mujer en EE UU en doctorarse en ciencias de la computación por la Universidad de Stanford, por su trabajo sobre los fundamentos teóricos en el diseño de lenguajes de programación y diseño de sistemas, especialmente relacionados con la abstracción de datos, tolerancia a fallos y computación distribuida.

Frances Allen Barbara Liskov

Anita Borg (1949-2003), experta en ciencias de la computación y convencida de que la tecnología afecta cualquier aspecto, personal, social, político o económico, de nuestras vidas fue una rebelde con causa, asegurar que el impacto de la tecnología fuera positivo. Fue esta visión la que le inspiró en 1997 a fundar el *Institute for Women and Technology*, al que en la actualidad se le ha añadido su nombre, y después el *Grace Hopper Celebration of Women in Computing*.

En su honor Google creó en 2011 la beca *Google Anita Borg Memorial* con el propósito de incentivar e impulsar a las mujeres en el mundo de la computación y la tecnología, de manera que puedan convertirse en modelos activos en ese campo.

Otros nombres de mujeres muy relacionados con las Tecnologías de la Información y la Comunicación (TIC) se han incluido al igual que el de Grace Murray Hooper en el Tema 6. A partir de aquí hemos intentado acotar aquellas que están directamente relacionadas con el uso de Internet, por y para las mujeres.

Un hito fue 1993 cuando se creó una zona para mujeres en la red APC o Asociación para el Progreso de las Comunicaciones. Las APC-Mujeres tuvieron un papel clave en las comunicaciones electrónicas de la Conferencia Mundial de Mujeres de Pekín en 1995, de allí salieron consignas para implicar a las feministas en las nuevas tecnologías.

Según la Asociación para la Investigación de los Medios de Comunicación (AIMC), en 1998 las mujeres eran el 19% del total de internautas españoles, en 2003 se alcanzaba el 28% y en el 2012 oscila alrededor del 50%. Las pioneras fueron estudiantes y profesoras de universidades e institutos.

Angustias Bertomeu Martínez, empresaria e investigadora, fundadora de Artefinal Studio, empresa de comunicación digital, producciones multimedia y asesoría en TIC, que destaca por estar especializada en trabajos informáticos y de desarrollo de software con enfoque de género para distintas administraciones públicas: Andalucía, Comunidad Valenciana, Principado de Asturias, Extremadura, e Instituto de la Mujer.

Creadora de «E-leusis.net», un portal de información, comunicación y servicios, impulsa proyectos de formación y alfabetización digital, arte electrónico y cooperación internacional. Participa en programas de investigación y desarrollo en España y Latinoamérica dentro del programa EuroLat-IS de la Unión Europea en Honduras, Guatemala, Chile y Cuba.

Licenciada en Historia y Geografía ha ejercido como docente más de 20 años y es profesora colaboradora de las universidades de Alicante, Castellón, Granada, Córdoba, La Habana, Tegucigalpa y Caracas. Pertenece a la Asociación de Mujeres Empresarias de Alicante AEPA, es presidenta de la *Xarxa de*

Dones de les Marines, vicepresidenta del Lobby de mujeres de Alicante, presidenta de la Asociación E-Mujeres, miembro del Consejo Asesor del Observatorio Nacional de la Sociedad de la Información para la Igualdad «E-Igualdad».

Ha elaborado numerosos productos multimedia basados en investigaciones propias destinadas a visibilizar el patrimonio social, político y cultural de las mujeres a lo largo de la historia en varios soportes sobre, Carlota Bustelo, María Zambrano, Parlamentarias españolas, *75 Aniversario del voto femenino en España*, exposiciones del campo de las ciencias con la recopilación multimedia *Mujeres a ciencia cierta*. Así como investigaciones sobre la violencia sexista en Internet y en los videojuegos. Tiene obras de arte electrónico feminista con varias instalaciones realizadas para Mediarama *El mapa del cuerpo* y para el Kimmel Center de Nueva York «E-vírgenes». Coautora del informe *La Sociedad de la Información, una oportunidad para la igualdad*, entre sus últimas publicaciones en papel destacan *Sociedad de la Información en femenino* editado por el Instituto de la Mujer y *La segunda brecha digital* en la colección Feminismos de Cátedra.

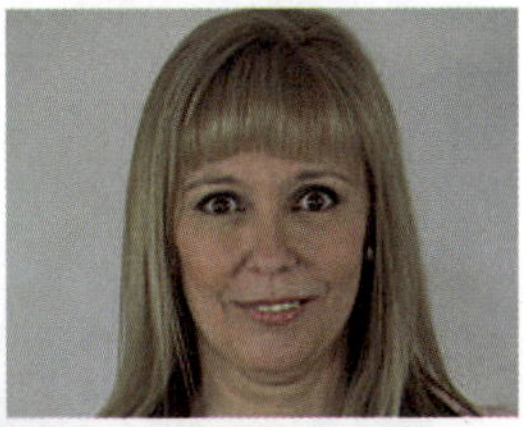

Mar Monsoriu Flor (Valencia, 1962) es otra maga de la red. Periodista con estudios de ingeniería y organización de empresas creó en 1996 la primera comunidad virtual hispana dedicada al marketing, con un canal en el IRC-hispano, una web y un grupo de noticias.

Mercé Castells Batlló ejercía de psicóloga hasta que en 1995 descubrió Internet. Dice de su web «Emprendedoras.com» creada en 1999 que al principio quería hacer un sitio dedicado a los negocios, pero se dio cuenta de las mujeres mezclamos todas las áreas de nuestra vida y por ello decidió crear un lugar de encuentro virtual para mujeres emprendedoras. La primera versión es de 2001 y once años después hay más de 6.000 usuarias registradas y el doble de suscripciones al boletín.

Montserrat Boix Piqué (Barcelona, 1960) es licenciada en Ciencias de la Información por la Universidad de Barcelona. Trabaja en los servicios informativos de televisión en noticias internacionales, política exterior, Mediterráneo,

Magreb e Islam. Investigadora, consultora y formadora en comunicación, TIC y género, ha sido la creadora de *Mujeres en Red/El Periódico Feminista*, una de las redes más importantes en español de intercambio de información en Internet sobre Derechos Humanos de las Mujeres y Empoderamiento.

Mujeres en Red nació en 1997 y aglutina a mujeres de España, Europa y América Latina habiéndose convertido en una red y un espacio en Internet, de referencia en contenidos de género y feminismo. Las TIC se perfilan como una importante herramienta en el empoderamiento de las mujeres. Se trata de intercambiar información y ésta es sin ninguna duda, capacidad de elaboración de estrategias, capacidad de reacción y finalmente poder para transformar la sociedad.

Es autora del libro *El viaje de las internautas. Una perspectiva de género en las nuevas tecnologías* en el que se incluye un manual sobre el uso de Internet y una historia sobre las redes internacionales de mujeres. Además del portal de *Mujeres en Red*, Boix colabora en el mantenimiento y dinamización de otros espacios entre los que destacan Aula Intercultural y la plataforma digital Educación en Valores.

Cornelia Sollfrank (Feilershammer, Alemania, 1960), fundadora del colectivo *Old Boys Network*, es una artista pionera del ciberfeminismo (movimiento surgido para denunciar la dominación masculina en el ciberespacio) en los años 90. Es mundialmente conocida por su intervención en *Female Extension* (1997), un concurso realizado en el Museo de Arte Contemporáneo de Hamburgo basado en la aplicación informática *net.art generator* que recombinaba materiales de Internet para crear obras de arte, con la que simuló la inscripción de más de 200 artistas mujeres a una competición de arte digital.

El témino ciberfeminismo fue acuñado en 1992 por el colectivo de artistas australianas VNS Matrix para investigar las estructuras de dominación y control en la cultura tecnológica, denunciando los mitos masculinos y negando la tecnofobia de la que se acusa a las mujeres. Dieron a conocer sus estrategias con *Bitch Mutant Manifesto*, materializadas en proyectos de *net.art*.

Al mismo tiempo **Sadie Plant** en 1995, con el argumento de que se necesitaba un espacio donde los seres humanos en conexión lograran encontrar nuevas formas para construir al sujeto y la identidad humana, iniciaba la trayectoria que la llevaría a convertirse en una destacada teórica del ciberfeminismo, y a la publicación del libro *Ceros+Unos. Mujeres digitales+la nueva cultura* donde se destruye la falacia de que el cerebro femenino no comprende la tecnología y se reivindica a las mujeres que desde Ada Byron, han contribuido a su desarrollo.

Desde ese momento, incluyendo la creación de *The Old Boys Network* en Berlín en 1997, han surgido nuevos y afilados discursos como el de **Donna Haraway** autora de *Cyborg Manifesto,* o el de la cordobesa **Remedios Zafra** sobre «Nuevos espacios para la igualdad y la feminización en Internet», entre otros.

Una última muestra de que las mujeres participan en la actualidad en todos los aspectos de la informática, es su participación en la piratería informática. Aunque esencialmente por la naturaleza de sus actividades conocemos pocos nombres, existen. Son expertas en software pirata, cruzadas contra la pornografía infantil, activistas políticas y lideres de venganzas privadas online.

Así surgen en EE UU, **Susan Thunder** del grupo de *Kevin Mitnic* que rompió las líneas telefónicas en 1970 o **Carmin Karasic** que ayudó a escribir *Floodnet*, la herramienta utilizada por el proyecto Electronic Civil Desobedience (ECD) para bombardear a sus oponentes a finales de los años 90, o **Natasha Grigori**, fundadora de «antichildporn.org», un grupo de hackers que utiliza sus destrezas para detectar y perseguir a distribuidores de pornografía y pasa la información a las autoridades.

Otras destacan por su participación en la cultura hacker como **Jude Milhon**, programadora informática americana (1939-2003), más conocida por *St. Jude.* Escritora, defensora de los ciberderechos, creadora del movimiento ciberpunk y luchadora incansable por la participación activa de las mujeres en la red. Pronunció su famosa frase «las chican necesitan módem» animando a las mujeres a aventurarse en los «placeres del hackeo». El día de su muerte un famoso titular ocupaba todos los diarios digitales de Internet: «los hackers han perdido a su santa protectora Jude Milhon, *Saint Jude*», una leyenda inolvidable.

Barbara Thoens, formada en humanidades es una mujer de letras que se introduce en el mundo de la computación con casi 30 años y actualmente una de las pocas integrantes femeninas del mítico CCC (Chaos Computer Club), grupo de élite hacker en Alemania. En los años 90 desmanteló la frágil seguridad de los sistemas de banca online que acababan de nacer demostrando la importancia de la criptografía en el mundo de los negocios de Internet que hasta entonces casi nadie tomaba en serio. No oculta su identidad y es usual verla en las reuniones anuales del CCC aunque su nick en la red es un misterio y las actividades que realiza dentro del Chaos Computer Club sólo están al alcance de una élite.

Joanna Rutkowska, es considerada una experta mundial en *malware*, un software que tiene como objetivo infiltrarse en el sistema y dañar al ordenador sin el conocimiento de su dueño, con finalidades muy diversas, ya que en esta categoría se encuentran desde un troyano a un spyware. En el 2006 durante una convención de *Black Hat* mientras Microsoft daba una conferencia sobre la seguridad de la nueva versión Windows Vista, en una sala contigua ella demostró como insertar un código malicioso en el corazón de una copia de Vista.

Muchas mujeres entraron en el mundo de la piratería tarde, **Blueberry** de «condemned.org», con 29 años no había tocado un ordenador hasta que compró uno a su hija, ella tenía 29 años. **Colleen Card** que editaba una *newsletter* para phreaks o hackers del sistema telefónico se introdujo en ese mundo a través de su marido. Las mujeres se interesan en la tecnología por lo qué es o lo que puede hacer, no para deshacer o destruir algo, o hacer sufrir a alguien.

Listado alfabético de astrónomas, matemáticas, e informáticas mencionadas en el tema 5

Agnesi, María Gaetana	Matemática italiana autora de la obra «Instituciones Analíticas» y de la curva sinusoidal versa, bruja de Agnesi, s. XVIII
Allen, Frances	Primera mujer en obtener el Premio Turing en 2006, s. XX-XXI
Audin, Michèle	Matemática francesa experta en Topología Algebraica y Geometría Simpléctica, s. XX-XXI
Bayer Isant, Pilar	Matemática especialista en Teoría de Números, académica electa de la Real Academia de Ciencias Exactas Físicas y Naturales en el año 2010, s. XX-XXI
Beebe, Reta F.	Astrónoma de la Universidad Estatal de Nuevo Mexico que estudia la evolución de los planetas, s. XX-XXI
Berezin, Evelyn	Inventora del ordenador de oficina y madre de los procesadores de texto, s. XX-XXI
Bertomeu Martínez, Angustias	Fundadora de Artefinal Studio, empresa de TICs con enfoque de género, s. XX-XXI
Bilas Spence, Frances	Programadora del ENIAC, s. XX-XXI
Blueberry	*Hacker* de condemned.org, s. XX-XXI
Boix Piqué, Montserrat	Periodista creadora de «Mujeres en Red/El Periódico Feminista», s. XX-XXI
Boole, Mary Everest	Inglesa experta en algebra booleana y en didáctica de las matemáticas, s. XIX-XX
Borg, Anita	Experta en ciencias de la computación y fundadora del *Institute for Women and Technology,* s. XX-XXI
Bottcher Witte, Wilhelmine	Astrónoma contemporánea de Caroline Herschel que realizó un modelo de la Luna, s. XIX
Boyd Granville, Evelyn	Matemática afroamericana, primera doctora en EE UU en dicha disciplina, s. XX-XXI
Brahe, Sofía	Astrónoma y hermana de Tycho Brahe, s. XVI-XVII
Browne, Marjorie Lee	Segunda mujer afroamericana en doctorarse en matemáticas en EE UU, s. XX
Burbidge, Margaret	Astrónoma que, junton con su marido y otros científicos, estableció las bases de la nucleosíntesis estelar, s. XX-XXI
Byron, Ada	Matemática creadora del lenguaje de programación estructurado ADA, s. XIX
Cannon, Annie Jump	Astrónoma del grupo de Harvard que propuso un catálogo de los tipos espectrales de estrellas, s. XIX-XX

Card, Collen	*Hacker* de sistemas telefónicos, s. xx-xxi
Carro Rossell, María Jesús	Matemática, profesora e investigadora en los ámbitos del Análisis Funcional y el Análisis Armónico, s. xx-xxi
Castells Batlló, Mercé	Creadora en 1999 de la web «Emprendedoras.com», s. xx-xxi
Catalá I Poch, María Assumpció	Primera astrónoma profesional de la universidad española y coautora del texto «Astronomía Esférica y Mecánica Celeste», s. xx-xxi
Cesarsky, Catherine	Francesa directora general del Observatorio Austral Europeo, s. xx-xxi
Châtelet, Émilie De	Traductora de la obra de Newton *«Principia»* al francés, s. xviii
Combes, Françoise	Primera astrónoma miembro de la Academia de Ciencias Francesa, s. xx-xxi
Cunitz, María	Astrónoma polaca, autora de *Urania Propitia*, s. xvii
De Pater, Inke	Profesora de Astronomía en la Universidad de Berkeley, s. xx-xxi
Dumée, Jeanne	Astrónoma cuya obra demostraba que la observación de Venus y los satélites de Júpiter eran una prueba del movimiento de la Tierra, s. xvii-xviii
Eimmart, María	Astrónoma coetánea de Galileo que realizó un mapa preciso de la Luna, s. xvii-xviii
Fátima De Madrid	Primera astrónoma española conocida, s. x
Fleming, Williamina Paton Stevens	Astrónoma del grupo de Harvard, que clasificó más de 10.000 estrellas, 10 novas y varias estrellas variables y nebulosas, s. xix-xx
Geller, Margaret	Investigadora del *Smithsonian Astronomical Observatory,* s. xx-xxi
Germain, Sophie	Matemática que ocultó su identidad bajo el seudónimo de Monsieur Le Blanc para estudiar y trabajar, s. xviii-xix
Gil Medrano, Olga	Primera mujer presidenta de la Real Sociedad Matemática Española, s. xx-xxi
Grigori, Natasha	*Hacker* del grupo *antichildporn.org*, s. xx-xxi
Hammel, Heidi	Astrónoma del Instituto Científico de Baltimore, reconocida por sus fotografías de Neptuno, Júpiter y Urano, s. xx-xxi
Haraway, Donna	Autora de *Cyborg Manifesto,* s. xx-xxi
Herschel, Caroline	Astrónoma ayudante de su hermano, Medalla de Oro de la Real Sociedad de Astronomía en 1828, s. xviii-xix
Hipatia	Brillante filósofa, matemática y astrónoma, hija de Teón, s. iv-v
Jennings Bartik, Betty Jean	Programadora del ENIAC, s. xx-xxi
Justel Eusebio, Ana	Experta en estadística matemática y aplicada, que forma parte del proyecto Limnopolar, s. xx-xxi

Karasic, Carmin	*Hacker* co-autora de *Floodnet,* s. xx-xxi
Korpman, Elizabeth Hevelius	Astrónoma autora de los catálogos de las posiciones de estrellas *Firmamentum sobieskanum y Prodomus astronomicae,* s. xvii
Kovalevskaya, Sofía Vasilievna	Matemática rusa, doctora *in absentia* en Berlin, s. xix
Lalande, Marie-Jeanne	Astrónoma sobrina y colaboradora del director del Observatorio de Paris Jerôme Lalande, s. xviii-xix
Leavitt, Henrietta	Astrónoma del grupo de Harvard, s. xix-xx
Lepaute, Nicole	Astrónoma que predijo el retorno del cometa *Halley* el 13 de marzo de 1758, s. xviii
Lichterman Teitelbaum, Ruth	Programadora del ENIAC, s. xx
Liskov, Barbara Jane Huberman	Segunda mujer en obtener el Premio Turing en 2008, s. xx-xxi
Lozano Imízcoz, María Teresa	Catedrática de Geometría y Topología, Académica Numeraria de la Real Academia de Ciencias Exactas, Físicas, Químicas y Naturales de Zaragoza desde 1996, s. xx-xxi
Maury, Antonia	Astrónoma del grupo de Harvard, descubridora de la doble estrella *Beta Lyrae,* s. xix-xx
Mcgrath, Melissa	Astrónoma que forma parte del equipo encargado del seguimiento del telescopio espacial Hubble, s. xx-xxi
McNulty Maychly Antonelli, Kathleen	Programadora del ENIAC, s. xx-xxi
Milhon, Jude	Programadora informática americana, conocida como *St.Jude,* s. xx-xxi
Mitchell, María	Primera astrónoma directora del Observatorio del *Vassar College,* s. xix
Monsoriu Flor, Mar	Creadora de la primera comunidad virtual hispana dedicada al marketing, s. xx-xxi
Murray Hopper, Grace	Inventora de lenguajes de programación, s. xx
Nightingale, Florence	Experta en matemática estadística que la aplicó a la gestión de hospitales, s. xix-xx
Noether, Emmy	Matemática, autora del teorema de Noether de gran importancia en la física de partículas elementales, s. xix-xx
Payne-Gaposchkin, Cecilia	Primera astrónoma en doctorarse en Harvard, s. xx
Pell Wheeler, Anna	Matemática americana, alumna de Emmy Noether, experta en análisis funcional, s. xix-xx
Plant, Sadie	Destacada teórica del ciberfeminismo, s. xx-xxi

Rubin, Vera C.	Primera mujer en utilizar en 1964 oficialmente el telescopio de Mount Palomar, s. XX-XXI
Rutkowska, Joanna	Experta mundial en *malware*, s. XX-XXI
Scarpellini, Caterina	Meteoróloga, astrónoma y matemática, s. XIX
Shoemaker, Carolyn	Astrónoma codescubridora del cometa Shoemaker-Levy 9, s. XX-XXI
Snyder Holberton, Betty	Programadora del ENIAC, s. XX
Sollfrank, Cornelia	Fundadora del colectivo *Old Boys Network* y artista pionera del ciberfeminismo, s. XX-XXI
Somerville, Mary Fairfax	Matemática que realizó la traducción al inglés de la *Mecanique Celeste* de Laplace, s. XVIII-XIX
Thoens, Barbara	*Hacker* del grupo *Chaos Computer Club* en Alemania, s. XX-XXI
Thunder, Susan	*Hacker* del grupo *Kevin Mitnic*, que rompió las líneas telefónicas en 1970, s. XX-XXI
Van Leeuwen, Ingeborg M. M.	Matemática y bióloga que trabaja en el desarrollo de modelos matemáticos para el estudio de problemas biológicos, s. XX-XXI
Wescoff Meltzer, Marlyn	Programadora del ENIAC, s. XX
Whitney, Mary	Astrónoma discípula de María Mitchell y su sucesora en el *Vassar College*, s. XIX-XX
Winckelmann, María Margarethe	Astrónoma descubridora del cometa de 1702, s. XVII-XVIII
Zafra, Remedios	Autora de «Nuevos espacios para la igualdad y la feminización en Internet», s. XX-XXI

Tema 6
INVENTORAS, INGENIERAS Y ARQUITECTAS

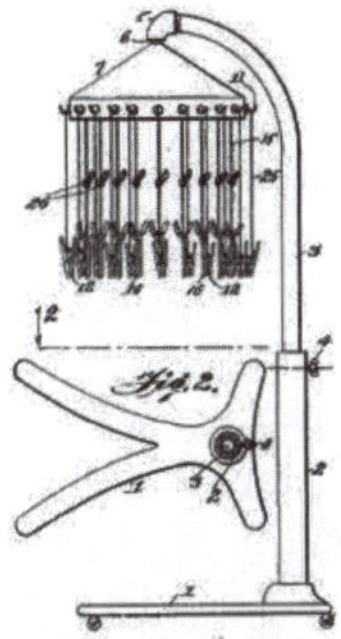

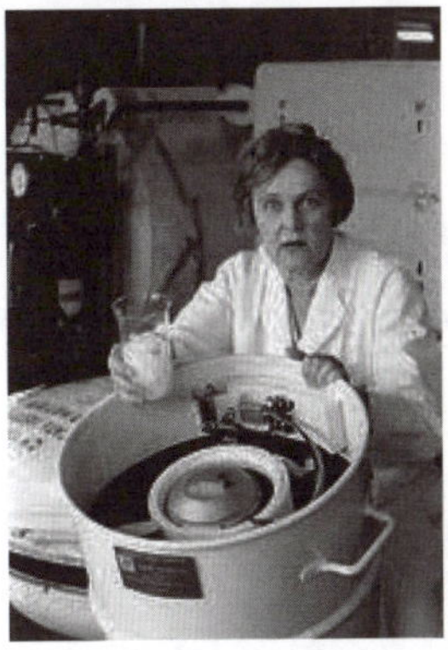

INTRODUCCIÓN

Las aportaciones que las mujeres han realizado dentro de diferentes disciplinas científicas han sido de especial relevancia; sin embargo, sin el reconocimiento de colegas y coetáneos, muchas de estas aportaciones siguen en la sombra. Inventos importantes como el chaleco antibalas, la cafetera Melitta, los pañales desechables, el refinado de crudo para la obtención de gasolina o el limpiaparabrisas del coche han sido diseñados por mujeres y en contadas ocasiones aparecen reflejados en los libros de ciencia. Una situación semejante se repite en todas las demás disciplinas de las diferentes ramas de la ingeniería, arquitectura, etc.

En este tema se presentarán algunas de las contribuciones realizadas por mujeres en los campos de la invención, la ingeniería y la arquitectura.

INVENTORAS

Recoger las aportaciones de las mujeres al mundo de los «inventos», o su contribución al desarrollo de la tecnología, es una labor aún más ardua y dificultosa que en otros campos de la ciencia ya que la legislación sobre patentes existente en la mayoría de los países favoreció una sistemática ocultación del quehacer femenino en este campo. Por ejemplo durante siglos las mujeres no podían poseer propiedades, por lo que quienes patentaban y obtenían beneficios de los inventos de muchas mujeres eran sus esposos, padres o parientes. Además, en muchas ocasiones, quienes patentaban no eran siquiera los inventores, sino quienes poseían bienes o fortuna suficiente para construir el invento. Las dificultades surgen, también, por el hecho de que las historias de la ciencia y de la tecnología han pasado por alto el ámbito de lo privado, en el que se utilizaban o utilizan tecnologías relacionadas con el trabajo doméstico o con tareas tradicionalmente asumidas por mujeres.

Cuando se intenta reconstruir la historia de las mujeres inventoras nos encontramos con otras dificultades: por un lado, la información relativa a estas mujeres es incompleta y carece de homogeneidad que permita efectuar comparaciones científicas, por otro lado, en los archivos de patentes hay una cierta confusión entre las mujeres inventoras y las mujeres que han solicitado una patente, tampoco está claro si son inventoras o pertenecen a un equipo, y en muchos casos el género de la persona que figura debe deducirse de un apellido lo que no siempre es fácil.

Las investigaciones realizadas hasta el momento sugieren que contando con las diferencias entre países, e incluso entre distintos estados dentro de un mismo país, las mujeres parecen representar por lo general entre un uno y un siete por ciento del número total de inventores a quienes se les ha concedido una patente de invención; en ciertos casos, este porcentaje puede ascender incluso hasta un diez o un doce por ciento. Sin embargo, estas cifras modestas parecen estar en expansión y además se puede percibir otra tendencia: los campos en los que inventan las mujeres son cada vez más variados y más amplios.

Al hacer una recopilación de los inventos realizados por mujeres hay que remontarse a la prehistoria puesto que los primeros utensilios fueron ideados por nuestras antepasadas. El interés por la innovación en el ámbito de lo privado ha perdurado hasta nuestra historia más reciente. En el siglo XIX y XX las mujeres inventan, en primer lugar, en esferas principalmente relacionadas con la infancia, el hogar, los cuidados de belleza y los aspectos relacionados con la imagen y la vestimenta. En segundo lugar, las mujeres aparentemente progresan hacia la realización de invenciones prácticas o educativas para su utilización fuera del hogar, con toda una variedad de invenciones mecánicas y orientadas a la seguridad (limpia parabrisas, bengalas de señalización, válvulas de seguridad,...), o relacionadas con la salud y la medicina. Por último también constatamos la existencia de mujeres que sobresalen en toda una variedad de ámbitos que tradicionalmente no han estado asociados a «lo femenino» tales como la química la informática o la creación de nuevos materiales.

A continuación se presenta una relación biográfica de aquellas mujeres que han destacado en el campo de los inventos y la innovación tecnológica:

Elisabeth Adams (s. XIX), inventora de un *corsé*. Pocos datos se conocen de esta mujer estadounidense que patentó un modelo de corsé, para ser usado por las mujeres durante el embarazo o en caso de hernias umbilicales, en 1841.

Mary Anderson (s. xix-xx), inventora del *limpiaparabrisas.* Nació en Alabama, pero fue durante un viaje a Nueva York mientras observaba las dificultades del conductor de un tranvía para mantener sus cristales limpios de la nieve y la lluvia que se le ocurrió la idea, que dibujó en su bloc, sobre un aparato que facilitase tal labor.

El invento inicial era una manivela manipulada por el conductor que activaba un brazo mecánico de limpieza, tenía carácter provisional ya que podía ser desmontada en las épocas de buen tiempo. El limpiaparabrisas fue patentado en 1904, y a partir de 1913 formó parte del equipamiento de los automóviles americanos.

Melitta Bentz (s. xix-xx), inventora de la *cafetera Melitta.* Esta mujer alemana patentó el 20 de junio de 1908 la popular cafetera que lleva su nombre. Su invento fue fruto de la búsqueda de un sistema de filtrado de café motivado por el cansancio de preparar y colar café. Probó numerosos filtros, el primero de ellos lo fabricó a partir de una hoja de papel del cuaderno escolar de su hijo, recorto un redondel de papel y lo colocó en el fondo de un recipiente de latón perforado, vertió agua caliente y obtuvo un café perfectamente colado y de gran calidad. Por suerte no ocultó su descubrimiento y lo patentó. Poco tiempo después ella y su marido Hugo encargaron a un ferretero que les ayudase a desarrollar el portafiltros. En diciembre de 1908 se estableció la Compañía Melitta Bentz y al año siguiente participaron en la feria de Leipzig donde vendieron mas de 1200 cafeteras.

En los años siguientes siguieron perfeccionando el sistema y en 1912 fabricaban ya su propio papel de filtro y en 1937 perfeccionaron el cono filtrador —el secreto de Melitta Bentz durante 60 años—, que provoca turbulencias en el agua para conseguir una saturación y una suave agitación del café logrando con ello unas maravillosas tazas de café. A comienzos de los 60 consiguieron un nuevo descubrimiento: el envasado al vacío del café.

La Compañía Melitta Bentz está instalada en América factura millones de dólares y entre sus actividades tiene institucionalizado un Premio para reconocer los inventos de las mujeres.

Amelia Jenks Bloomer (s. XIX), inventora de los *pantalones bombachos*. Diseñadora de modas estadounidense. Su nombre ha pasado a la historia por haber sido, en 1850, la creadora de los bombachos (bloomers, en inglés), un tipo de pantalón muy práctico y cómodo, símbolo del movimiento de liberación de las mujeres de finales del siglo XIX.

Bessie Blount (s. XX), inventora de *objetos para personas discapacitadas*. La historia conoce poco los esfuerzos de esta mujer afroamericana para facilitar la vida a las personas inválidas después de la Segunda Guerra Mundial. Fisioterapeuta, estuvo en contacto con numerosas personas que habían sufrido amputaciones y toda su energía la empleó en intentar que esas personas se valieran pos si mismas, para ello ideó una máquina que permitía la alimentación de los enfermos de forma autónoma. Se trataba de un artilugio que repartía la comida de bocado en bocado a través de un tubo y que permitía al paciente comer tanto si estaba sentado como tumbado. Cuando la persona quería más comida mordía el tubo que enviaba una señal al artilugio principal, y este enviaba más comida. Tuvo muchas dificultades para patentar este invento y mientras luchaba contra ellas ideó un nuevo sistema más sencillo que permitía a la gente alimentarse de forma más autónoma, consistía en un collarín alrededor del cuello que sostenía, un tazón, un plato, etc.

En 1952 vendió los derechos de sus inventos al gobierno francés, ante la dificultad de patentarlos, con una declaración explicita de: «Una mujer negra había inventado algo para el bienestar de la humanidad»

Katharine Burr Bloodgett (s. XX), inventora de *películas no reflectantes*. Se licenció en Física en la Universidad de Chicago y trabajó más de cuarenta años con Irving Langmuir en la General Electric. En 1935 publicó en el *Journal of the American Chemical Society* la descripción de sus películas no reflectantes sobre cristales.

Mary Brush (s. XIX), inventora de un *corsé*. Fue, en 1815, una de las primeras patentes americanas otorgadas a una mujer.

Ada Byron, Lady Lovelace (s. XIX), inventora de los *primeros ordenadores*. Augusta Ada Byron colaboró estrechamente con Charles Babbage, quien llegaría a ser reconocido como inventor del antecedente de la computadora moderna.

M.ª Luisa Calvo Padilla (s. XXI), coinventora de un *cristal para el almacenamiento de información holográfica*. Catedrática de óptica de la Universidad Complutense ha creado junto con su colega eslovaco Pavel Cheben un material que permite guardar 200 veces más datos que un DVD y permite leerlos 400 veces más rápido.

Josephine Cochran (s. XIX), inventora del *lavaplatos*. Esposa de un adinerado político de Illinois, tenía una valiosísima vajilla china y un miedo atroz a que el servicio le rompiera alguna pieza a la hora de lavarla. Cierto día soltó un: «Si nadie inventa una máquina de lavar platos, la inventaré yo misma» y se puso manos a la obra.

Se metió en un cobertizo junto a su casa y allí tomó medidas de toda su vajilla y cristalería. Mando hacer compartimentos individuales de tela metálica para platos de diversas medidas que colocados sobre una caldera de cobre, y al accionar una manivela, salía agua jabonosa caliente del fondo de la caldera y llovía sobre la vajilla.

El 22 de diciembre de 1886 presentó la patente de la máquina lavaplatos, pero se encontró que 36 años antes, Joel Houghton, ya había patentado una máquina para que hacía tal función, aunque debido a su complejo montaje hizo que ésta primera máquina patentada fuese totalmente inviable.

En la Feria Universal de Chicago de 1893 la Sra. Cochran presentó su invento, tendiendo muy buena acogida por parte de hoteles y restaurantes. No fue hasta mediados del siglo XX cuando el lavavajillas comenzó a instalarse de manera habitual en las cocinas de miles de amas de casa estadounidenses, deseosas de disponer de más tiempo libre.

Martha Coston (s. xix), inventora de las *bengalas de señalización*. Nacida en 1826, en Filadelfia enviudó a los 21 años y unas ideas sobre bengalas encontradas entre los papeles de su difunto marido fueron el desencadenante de todo un proceso de investigación, que llegó a buen puerto tras dirigir un equipo de químicos que alcanzó su objetivo al aplicar la tecnología de la pirotécnica a sus investigaciones. En 1859 patentó las señales nocturnas pirotécnicas y las combinaciones de colores verde, rojo y blanco. La Marina americana compró los derechos del invento por 20.000 dólares y Martha Coston se reservó los derechos de fabricación en exclusiva. La Marina utilizó su sistema y se considera que contribuyó a ganar la Guerra Civil. En 1871 mejoró el sistema con un mecanismo de encendido Posteriormente este sistema de señalización ha sido utilizada por la marina de otros países, los cruceros...

En sus anotaciones se recogen numerosas referencias a las dificultades encontradas debido a su condición de mujer. Su invento fue atribuido al lugarteniente E. W. Very y con esa denominación se conocían las bengalas, a pesar de haber sido patentado en Europa y América por Martha Coston.

Yolanda Chia (s. xxi), inventora de un *biberón reciclable de usar y tirar*. Fue distinguida con la Medalla de Oro en el Salón Internacional de Invenciones de Ginebra en el 2006 y tres años más tarde fue lanzado al mercado. El biberón estéril, instantáneo y desechable, que con solo girar una rosca mezcla el agua esterilizada y la leche fue fruto de su necesidad como madre de dos criaturas.

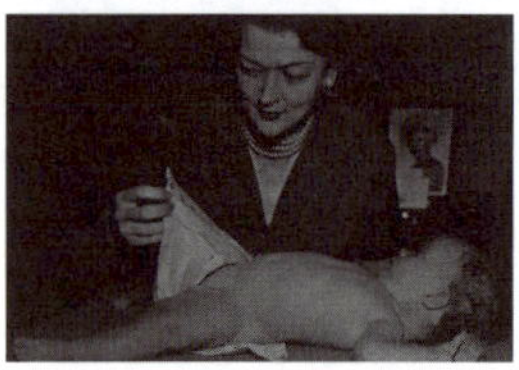

Marion Donovan (s. xx), inventora del *pañal desechable*. Desarrolló su invento a partir de una cortina de ducha y un relleno absorbente. También inventó una percha para faldas y una cremallera elástica para jerseys.

Ellen Eglui (s. xix), inventora de los *rodillos para escurrir la ropa*. Vivió en Washington y en 1888 vendió la patente de su invento por 18 dólares porque según ella: «las mujeres blancas no usarían un invento de una mujer negra» de *The innovative woman. New Scientist, 1984.*

Lourdes Gramage (s. XXI), inventora de una *jeringuilla desechable.* Esta española recibió la Medalla de Oro del Salón de Invenciones de Ginebra en el 2004 por una jeringa que, tras su uso, se bloquea el émbolo con el fin de garantizar que no se volverá a utilizar.

Catherine Littlefield Green (s. XVIII), inventora de un *utensilio para tejer el algodón: el almarrá.* El almarrá fue ideado por Catherine Green pero patentado por Eli Whitney. Existen muchas controversias acerca de la contribución de Green al invento, pero parece que si hay acuerdo en que la idea de sustituir los dientes de madera por otros metálicos es suya, y de esta forma perdura hoy en día en el almarrá.

Beulah Louise Henry (s. XIX), inventora de *numerosos objetos.* Esta mujer nacida en Memphis en 1887 y conocida como Lady Edison, fue una prolífica inventora de los años 20, pudiéndose contar en su acervo 110 inventos, 49 de los cuales fueron patentados, todos ellos relacionados con el hogar (una máquina de hacer helados, una máquina de coser sin carrete, un paraguas de tela cambiable...), los cuidados infantiles (*Miss Illusion*, una muñeca de ojos cambiables de color y capaces de abriese y cerrarse, esponjas con jabón incorporado....), el mundo de los negocios (fotocopiadora de 4 copias sin cambiar el papel carbón...).

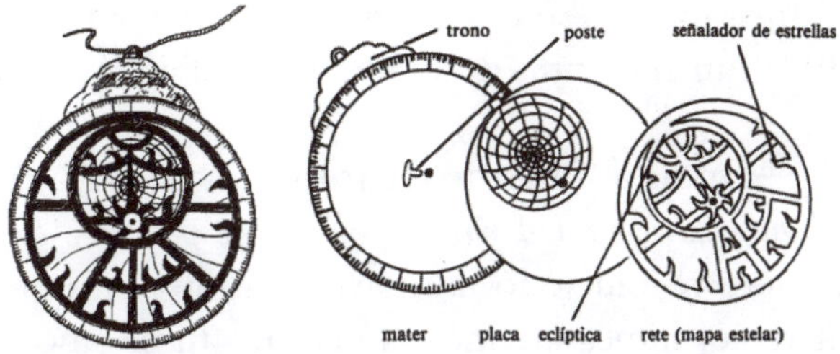

Hipatia (s. I a. C.), inventora del *astrolabio plano.* Nacida en Alejandría hacia el año 370 a C. Destacó en la filosofía y las matemáticas, pero Hipatia se interesó también por la mecánica y la tecnología práctica. En sus cartas a Sinesio de Cirene, obispo de Tolemaida, están incluidos sus diseños para varios instrumentos científicos incluido el astrolabio plano, que se usaba para medir la posición de las estrellas, los planetas y el Sol, y para calcular el tiempo y el signo ascendente del zodiaco.

Hipatia también desarrolló un aparato para destilación de agua, un instrumento para medir el nivel de la misma, y un hidrómetro graduado de latón para determinar la gravedad específica de los líquidos.

Grace Murray Hopper (s. XX), inventora de *lenguajes de programación*. Nació en Nueva York en 1906 y estudió en el Colegio Vassar y en la Universidad de Yale. En 1943 se incorporó a la Marina y fue destinada al laboratorio de cálculo Howard Aiken en la Universidad de Harvard donde trabajó como programadora en el MARK I, la primera computadora a gran escala de EE UU, precursora de los ordenadores.

Muy conocida por su trabajo en la Eckert-Mauchly Computer Corporation durante las décadas de 1950 y 1960, Grace Hooper se acreditó por el invento del primer compilador en 1952, un programa que traduce las instrucciones con palabras en inglés al lenguaje máquina de un ordenador. Ayudó a desarrollar el lenguaje de programación Flow-Matic en 1957 y el lenguaje de programación COBOL orientado a los negocios para UNIVAC, la primera computadora electrónica comercial. Su trabajo cambió el mundo de los ordenadores.

Fue la primera persona que acuñó el término VIRUS al descubrir un pequeño mosquito que detenía el proceso de su ordenador.

También se le puede atribuir la responsabilidad del famoso efecto 2000 ya que para reducir espacio fue la impulsora de la reducción de las fechas a dos dígitos.

En 1969 fue la primera persona que recibió el premio «Hombre del año de la Informática». Fue ascendida a capitán en 1973 y a contralmirante en 1986. En 1991, un año antes de su muerte recibió la medalla nacional de Tecnología.

Amanda Theodosia Jones (s. XIX), inventora del *enlatado en vacío y de una válvula de seguridad para los pozos de petróleo*. Amanda nunca pensó ser inventora pero revolucionó la industria alimenticia al inventar un método de enlatado al vacío, nunca afirmó que la idea fuese suya, sino que le vino a través de una visión. Toda su vida estuvo marcada por la muerte inesperada de su hermano ocurrida en su presencia, durante su etapa escolar, este hecho fue el responsable de su trastorno emocional que le provocó su acercamiento al espiritismo para contactar con su hermano, llegando a convertirse en médium.

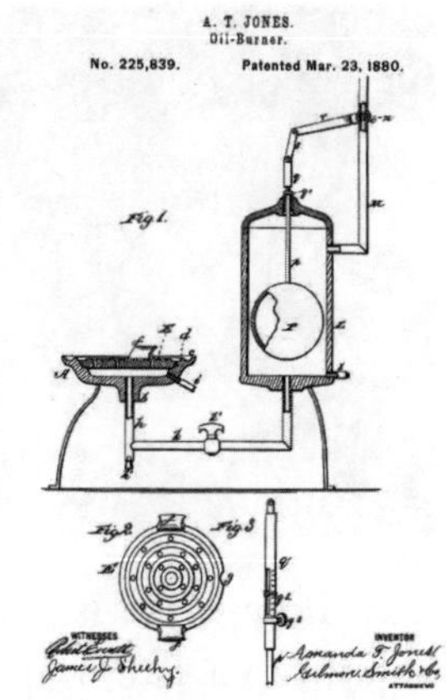

Sea cual sea el origen de la idea Amanda T. Jones la llevó a la práctica y la patentó con la ayuda de su primo Leroy C. Cooley, también inventor. Entre los dos patentaron siete inventos, sólo en el año 1873, todos ellos relacionados con la preparación de alimentos.

Fundó la «Compañía de Mujeres de Enlatados y Conservas». Todas las empleadas de esa compañía eran mujeres, ella misma definió su empresa como una empresa de entrenamiento de trabajo femenino.

Su espíritu inventor le llevó, tras un viaje a Pennsylvania en 1880 a idear y patentar una válvula de seguridad para los pozos de petróleo, que sirvió para evitar numerosos accidentes provocados por la combustión del petróleo.

Marjorie Stewart Joyner (s. XX), inventora de unas *tenacillas para desrizar el pelo*. En 1926 fue la primera mujer afroamericana que patentó un invento. Nació en 1896 en Virginia, se trasladó a Chicago para estudiar estética y su máxima preocupación fue era conseguir mejorar el aspecto de las mujeres afroamericanas, para ello ideo una pinza caliente que permitía mantener un peinado el mayor tiempo posible.

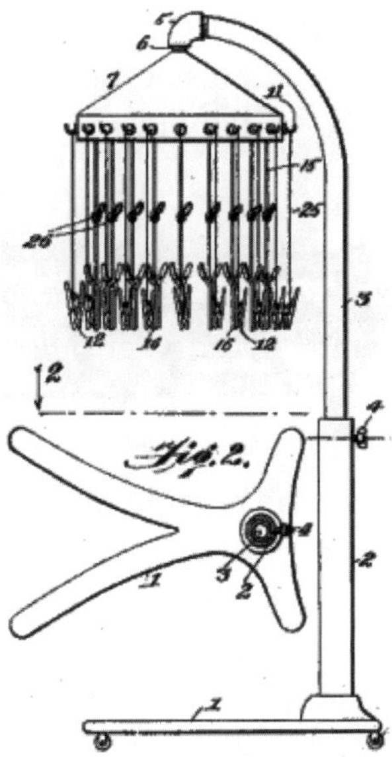

No consiguió ninguna compensación económica por su invento pero si la afianzó en el mundo de la estética, lo que le permitió trabajar en famosas escuelas de belleza, las de C. J. Walker y fundó la *United Beauty School Owners and Teachers Association.*

En la época de la depresión dedicó grandes esfuerzos para ayudar a la juventud afroamericana.

Barbara Kerr y Sherry Cole (s. XX), inventoras de una *cocina solar de caja.* A principios de los años setenta ambas se concienciaron de la alta contaminación

de los hornos de la época y decidieron fabricar uno que funcionase con energía solar, *Eco Cooker*. El horno consta de unas placas que atrapan la luz natural del Sol haciendo que se calienten las placas metálicas del horno abasteciéndolo de calor. De esta forma es posible el calentamiento y elaboración de los alimentos. Esta idea perfeccionada se utiliza hoy en día en numerosos campos de personas refugiadas.

Mary Kies (s. XIX), inventora de un *método para tejer paja*. Algunos autores adjudican a esta mujer la primera patente americana concedida a una mujer, el 5 de mayo de 1809, por un método para tejer paja y seda usado para fabricar sombreros. Pero otras autoras mencionan a la señora de Samuel Slater como poseedora de esta primicia por un hilo de algodón para coser, en 1793.

Tampoco fue ella la primera mujer que uso dicha técnica, **Betsy Metcalf** en 1798 empleaba un sistema parecido para tejer la paja pero, tal como ella declaró nunca tuvo ningún interés en que su nombre se pronunciara en el Congreso.

El mérito de Mary Kies está en haber realizado su patente en el momento en que EE UU había decretado el embargo a los productos europeos, entre ellos los sombreros.

Margaret Knight (s. XIX), inventora de una *máquina para hacer las bolsas de papel de base cuadrada*. Fue una inventora precoz, a los 12 años vio como un hombre sufría un accidente en la fábrica donde trabajaban ella y sus hermanos y este hecho le impulsó a inventar un mecanismo que detenía la máquina cuando había un error de funcionamiento. Años más tarde y mientras trabajaba en la Columbia Paper Bag Company en Springfield (Massachussets), empezó a hacer esbozos y pruebas en una máquina de madera para realizar su invento más famoso: la máquina de hacer las bolsas de papel de base cuadrada. Antes de patentarlo tuvo que enfrentarse en los tribunales con un hombre llamado Charles Annan que en las visitas que hacia a la fábrica donde trabajaba Margaret le había robado la idea y que declaró en los tribunales que «es imposible que una mujer entienda el complejo mecanismo de una máquina». Gracias a las explicaciones y las anotaciones que M. Knight poseía acerca de su invento el tribunal falló a su favor pudiéndolo patentar a la edad de 30 años. Su invento le proporcionó dividendos y royalties por valor de 2.500 dólares.

A finales de 1880 continuó con otros inventos: una máquina de cortar zapatos, motores de automóviles... Al final de su vida había patentado 22.

Stephanie Kwolek (s. XX), inventora del *kevlar.* En la Edad Media la gente pensaba que era posible transmutar el plomo en oro si se conseguía encontrar la adecuada combinación de elementos, quienes defendían esta teoría eran conocidos como alquimistas. La química Stephanie Kwoleck creó una sustancia que es cinco veces más resistente que el acero y que ha cambiado el mundo: el kevlar.

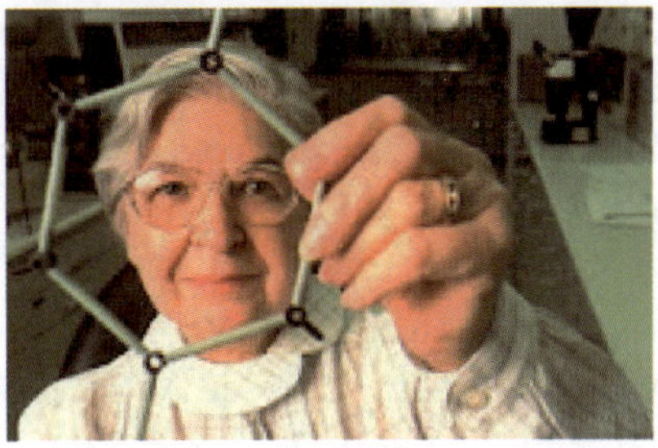

Stephanie nació en 1923 en Kengsington, Pennsylvania. De niña demostró un gran interés por la ciencia y la medicina, de manera que era lógico que, en 1942, se inscribiera en el *Carnegie Institute of Technology* para estudiar química y biología. Tras conseguir su licenciatura en estas disciplinas tuvo la intención de matricularse en Medicina y con objeto de ahorrar dinero para completar sus estudios entró a trabajar en la Compañía Química Dupont, no obstante nunca volvió a la universidad debido al gran interés que su trabajo en el campo de los polímeros despertó en ella. En 1964 inventó un material finísimo pero que era cinco veces más resistente que el acero y que recibió el nombre de kevlar. Este material muy ligero y resistente salió al mercado por primera vez en 1971 siendo usado desde ese momento en infinidad de objetos, desde chalecos antibalas hasta embarcaciones pasando por neumáticos radiales, esquíes, velas de barcos, raquetas de tenis, cables de fibra óptica, trajes de bomberos, cascos, etc., sustituyendo en muchos casos al amianto y reportándole elevadísimos ingresos. El kevlar no fue su único invento ya que cuando se jubiló en 1986 tenía 17 patentes. Por todo su trabajo ha sido galardonada con numerosos premios, entre ellos la Medalla Nacional de Tecnología en 1999 en reconocimiento por su aportación a mejorar la calidad de vida de numerosas personas.

Hedy Lamarr (s. XX), inventora de un *sistema para guiar torpedos.* Actriz de cine estadounidense, nacida en Viena en 1915, es una rara combinación de actriz e inventora. Su primer matrimonio fue con Fritz Mandle, un vendedor de armas y fue en una reunión comercial donde se le ocurrió la idea de controlar

los torpedos por radio. Pero se descubrió que la señal podía ser fácilmente detectada y se abandonó la comercialización de su idea. Cuando Hitler llegó al poder abandonó a su marido y a su país y se instaló en Londres desde donde viajo a EE UU.

Mientras trabajaba con el compositor George Antheil, ella le sugirió nuevamente la idea de los torpedos controlados por radio. Comprobaron que si eran capaces de cambiar la frecuencia a su voluntad podría funcionar de forma efectiva.

Recibieron la patente de este instrumento en 1941 y, aunque no fue utilizado durante la guerra, cuando los derechos de la patente caducaron la empresa Silvana utilizó ese método, ligeramente modificado, en la tecnología de los satélites.

Nor Mahal (s. XVII), inventora del *chal de cachemira y del perfume de rosas*. A esta mujer india, tía de Mumtaz Mahal, en cuyo honor se construyó el Taj Mahal se le atribuye la invención del chal de cachemira y el destilado de rosas para la fabricación de perfume.

Ann Harned Manning (s. XIX), inventora de una *cortadora de hierba*. Poca información se posee de esta mujer, que vivió en Plainville, New Jersey. Solamente se recogen sus datos para asignarle el invento de una cortadora de hierba y de una segadora.

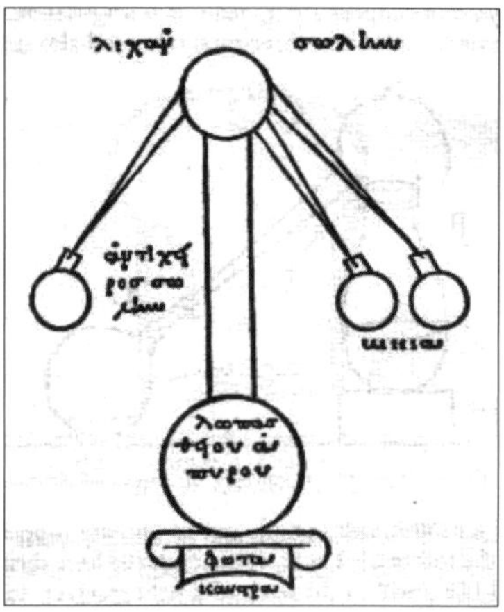

María la Judia (s. I), inventora del *baño maría*. Figura clave de la alquimia occidental, se supone que vivió en Alejandría, en el siglo I de nuestra era. Inventó complicados aparatos de laboratorio para la destilación, la sublimación,..... El baño maría es el más conocido y su invención se recoge con su nombre en numerosos idiomas, se usaba entonces como se usa hoy, para calentar lentamente o mantener la temperatura constante. María también diseñó dos modelos de alambique, el kerotakis y el tribikos. El primero fue descrito por María:

«... consta de tres partes, una en la que se calienta el material que hay que destilar, una parte fría para condensar el vapor, y otra para recogerlo. Una pieza de metal triangular o rectangular servía para mantenerlo caliente».

El tribikos fue descrito por Zósimo de Panoplis, obispo de Alejandría:

«... consistía en una vasija de barro que contenía el líquido que se iba a destilar, una mantera para la condensación del vapor, el ambix, de la que salían tres espitas de cobre, y frascos de vidrio para recibir el líquido. Una gotera o borde en el interior de la mantera recogía el destilado y lo llevaba a las espitas. La cabeza del alambique y los frascos los enfriaba con esponjas».

Mary S. (s. XIX), inventora de *53 objetos.* Nacida en St. Louis, Missouri llevó una vida de genialidad y pobreza. Su precariedad económica y su falta de confianza hizo que vendiera los derechos de sus inventos (la mayoría mecánicos) a varios agentes masculinos por la ridícula cantidad de cinco dólares cada uno. Murió pobre a los 30 años.

La recuperación de esta mujer para la historia de la invención y de otras ha sido el motivo para establecer en EE UU una Lista Oficial de Patentes de Mujeres desde 1888 a 1995.

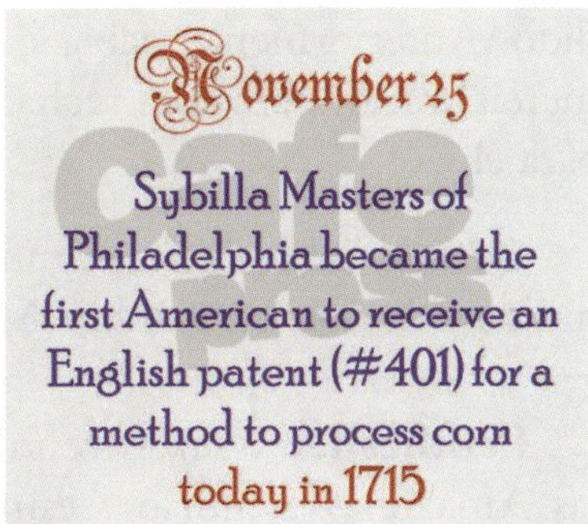

Sybilla Masters (s. XVIII), inventora de un *método para triturar el maíz.* La aportación de Sybilla Masters a la tecnología es una muestra del duro trabajo que tuvieron que asumir las primeras europeas instaladas en tierras americanas. Su marido Sir Thomas Masters, un comerciante de Filadelfia recibió la patente británica número 401 (posiblemente la primera concedida a un colono) por un invento de su esposa Sybilla para triturar el maíz, utilizando martillos en lugar de las ruedas tradicionales y creando un nuevo alimento denominado «arroz de tuscarora», que no consiguió implantarse como alimento en Inglaterra.

Cuatro años más tarde desarrolló otro invento: un nuevo material para fabricar sombreros, a partir de paja y palmito. Esta nueva patente si le proporcionó éxito en Inglaterra, donde abrió una tienda para vender sus sombreros. Ellos permanecieron en Filadelfia, de donde fue alcalde su marido.

Sarah Mather (s. XIX), inventora de una *lámpara y del telescopio submarino.* La patente de su invento se le concedió en 1845.

Bette Nesmitt Graham (s. XX), inventora del *líquido corrector.* La invención del Tipp-Ex fue debida a la necesidad. Bette Nesmitt Graham comenzó a trabajar a los 19 años, cuando su marido se fue a la guerra y se vio en la necesidad de sacar adelante a su hijo. Consiguió un empleo como secretaria en el Texas BanK&Trust de Dallas, pero su escasa habilidad como mecanógrafa pronto la puso en apuros. La idea de un líquido que permitiera corregir sus errores se le ocurrió mientras ayudaba a decorar las ventanas del banco, en Navidad, para ganar un dinero extra: los pintores no borraban, sino que pintaban encima. Comenzó probando con una mezcla de pintura blanca y agua, que luego perfeccionó añadiéndole una solución de evaporación más rápida. Usando su cocina como laboratorio y su garaje como fábrica de embotellamiento, Nesmitt siguió con sus investigaciones hasta conseguir un fluido que cubriera los errores, secara rápidamente y apenas se notara. Inicialmente se comercializó con el nombre de *mistake out.* En 1957 creó la Liquid Paper Company, que vendió a la compañía Gillette, en 1979, por 47,5 millones de dólares, más un porcentaje por bote vendido. Anteriormente había ofrecido su producto a la compañía IBM para comercializarlo, pero ésta rechazó la oferta por considerar que no habría mercado para él.

Cuando Bette Nesmitt murió, en 1980, dejó la mitad de su fortuna, unos 50 millones de dólares, a su hijo Michael, componente del grupo musical *The Monkees.*

Penthesilea (s. I), inventora del *hacha de batalla.* Fue la legendaria reina de las Amazonas y murió asesinada por Aquiles. Las leyendas han impulsado la idea de que ella inventó el hacha de batalla.

Mary Phelps Jacob (s. XX), inventora del *primer sujetador moderno.* El primer sujetador diseñado por Jacob, consistía en dos pañuelos de seda unidos con cintas rosas, que dejaban su espalda al aire. Sintió la necesidad de idear el sujetador un día que debía ponerse un vestido de noche y quería liberarse del clásico y opresor corsé. Patentó su invento en 1914 frente a la presión de numerosos familiares que le pedían permiso para fabricarlo de forma industrial.

Patsy Sherman (s. XX), coinventora del *tejido impermeable*. Es uno de los productos de consumo mas famosos de EE UU, un invento resultado de un accidente casual. En 1952, relata Patsy Sherman:

> «... estábamos tratando de desarrollar un caucho para los tubos de gasolina de los aviones cuando uno de los asistentes del laboratorio rompió una botella de cristal que contenía látex sintético. Parte del látex cayó sobre las zapatillas de lona del ayudante y el resultado fue sorprendente, aunque esto no cambió el aspecto ni el tacto de la lona produjo algunas propiedades sorprendentes, por mas que se intentaba eliminar el látex del zapato, el agua resbalaba como por la espalda de un pato».

Intrigada por este suceso Patsy Sherman y su colega Sam Smith se centraron en desarrollar un tratamiento para los tejidos que les hiciera impermeables al agua y al aceite. Tardaron tres años en perfeccionar lo que hoy se conoce como el protector de tejidos SCOTCHGARD TM.

Actualmente mientras científicos americanos de la Compañía 3M han seguido trabajando en mejorar el producto, sobre todo en perfeccionar los procesos industriales en caminados a corregir aspectos que afectan al medio ambiente. Patsy Sherman dedica sus esfuerzos a animar e impulsar el trabajo de jóvenes científicos.

Shi Dun (s. I), coinventora del *papel*. Emperatriz de la China quien con un miembro de su corte Tsai Lun, desarrolló el primer papel a partir de la corteza de morera, que mezcló con trapos viejos y cáñamo, en el año 105.

Ana Tabuenca (s. XXI), inventora de un *embalaje térmico para el transporte de mercancías delicadas (ETTRAMED)* que proporciona la temperatura y humedad a los embalajes de obras de arte, medicamentos y que podrá ser utilizado para el trasporte de órganos en medicina. El sistema de embalaje es de aluminio, para hacerlo lo más ligero posible, y tiene baterías que le dan hasta 48 horas de autonomía. ETTRAMED no sólo es inteligente en cuanto a regular la temperatura y la humedad se refiere. También lleva incorporado un sistema de posicionamiento global, GPS, y otro de control de apertu-

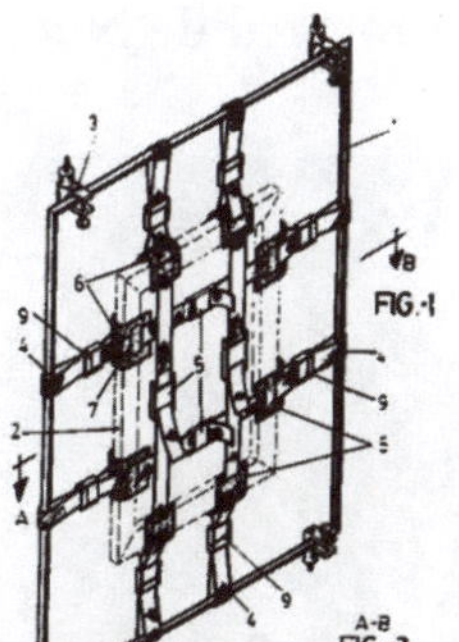

ra. De este modo, se puede localizar el paquete y se puede saber cuando se abre o cierra y dónde se está haciendo. Obtuvo la Medalla de Oro con felicitación especial del Jurado Internacional de Salón de Invenciones de Ginebra de 2002.

Mary Walton (s. xx), inventora de *sistemas para corregir la contaminación* de las grandes ciudades. Fue una pionera en la lucha contra la contaminación urbana, uno de los mayores problemas de las ciudades americanas, tras la Guerra Civil. En 1879 desarrolló un sistema para minimizar los efectos ambientales que originaba el humo que sin ningún tipo de control, producían todas las industrias del país. El método Walton desviaba las emisiones de humo a tanques de agua donde se retenían los contaminantes y luego se vertían al sistema de alcantarillado.

Años más tarde Walton aplicó su ingenio a otro tipo de contaminación ambiental: el ruido. Los trenes elevados que se instalaron en las grandes ciudades americanas, en la década de 1880, producían un intolerable ruido al que los sociólogos llevaron a culpar de las crisis nerviosas y neurosis que aquejaban a algunos habitantes de esas ciudades. Mary Walton que vivía en Manhatan decidió solucionar el problema. Instaló una maqueta del ferrocarril en su casa y con el tiempo descubrió un excelente aparato para reducir el ruido. Recubrió los raíles con una envoltura de madera pintada de alquitrán y algodón que se llenaba de arena, de manera que tanto el ruido como las vibraciones de los raíles eran absorbidos por los materiales circundantes.

Tras varias pruebas que resultaron positivas Mary Walton patentó su invento el 8 de febrero de 1891 y vendió sus derechos a la compañía metropolitana del ferrocarril de Nueva York, consiguiendo el reconocimiento a su labor.

Sarah Breedlove Walker (s. xix), inventora del *método Walker para el tratamiento del cabello.* Conocida como Madame C. J. Walker es una de las primeras mujeres americanas que consiguió una fortuna personal a partir de la nada. Nacida en 1867 en el noreste de Louisiana, sus padres eran esclavos y según ella cuenta quedo huérfana a los siete años, se caso a los catorce y tuvo una hija, que desarrolló un papel importante en sus negocios, fue gerente y directora general de su compañía. Sarah Walker realizó numerosos y variados trabajos para subsistir hasta que en 1905 ideó el tratamiento de cosmética para el cabello denominado «método Walker». Se trataba de un sistema que convertía el pelo encrespado y sin brillo en un pelo lacio y sedoso, para ello aplicaba un champú, una crema potenciadora del crecimiento, un vigoroso cepillado y la aplicación de unas tenacillas de hierro caliente. El éxito de su tratamiento para el cabello le llevó a fundar *Madame C. J. Walker Manufacturing Company* con la que amasó una gran fortuna y que utilizó para desarrollar una extensa obra social y cultural. Sarah Breedlove murió en 1919 pero su obra ha sido continuada por sus descendientes.

Globalmente, todas las mujeres descritas en este capítulo destacan por ser pioneras en sus trabajos, impulsoras de la actividad científica, luchadoras por sus congéneres y solidarias con los sectores más desfavorecidos de la sociedad y por las dificultades encontradas para llevar a cabo sus diseños e ideas.

En esta época de recuperación del papel de las mujeres a lo largo de la historia de la innovación tecnológica hay que considerar de forma positiva la labor llevada a cabo por la OMPI (Organización Mundial de la Propiedad Intelectual).

La OMPI en 1979 creó un sistema de concesión de medallas de oro a inventores, en reconocimiento de su talento y de sus contribuciones a la promoción de actividades inventivas, desde esa fecha se han concedido medallas de oro y distinciones a mas de 475 inventores procedentes de 73 países. Alrededor del 20 por ciento son mujeres. Esta organización ha recopilado información sobre las inventoras premiadas y ha organizado una exposición itinerante, que se instaló por primera vez en su sede de Ginebra, en septiembre de 1998 con el título «Mujeres que inventan» y ha preparado una publicación que es «ante todo un homenaje a esas mujeres, a su creatividad y compromiso y a sus contribuciones al bienestar del ser humano».

INGENIERAS

En España no es hasta 1910 cuando se permite a las mujeres cursar estudios universitarios, pero tendrán que pasar 20 años para que una mujer sea admitida en el ámbito escolar de la ingeniería superior. En 1960, las alumnas de ingeniería eran solamente sesenta y seis en todo el país, por lo que hablar en aquel entonces de que la ingeniería era un mundo de hombres es inevitable

Sin embargo los tiempos han cambiado y para siempre. Encontrar mujeres en las aulas de las Escuelas o Institutos de Ingeniería, es en la actualidad un hecho. Así en el Instituto Químico de Sarriá en Barcelona, fundado en 1916 por los jesuitas, en ingeniería química más de la mitad de estudiantes son mujeres y en la rama industrial constituyen un tercio de la totalidad.

Otros ejemplos los encontramos en las ingenieras de Minas de Macael (Almería), antes una excepción, ahora mayoría. Esto ocurre en CESTEMA oficina técnica creada, en 1995 por la Asociación de Empresarios del Mármol de Andalucía (AEMA), con el fin de dotar al sector de la piedra natural de un Centro de Servicios Avanzados en Ingeniería Minera, con capacidad tecnológica y humana para dar soluciones a la actividad extractiva de Andalucía. Las mujeres ingenieras hacen hincapié en la absoluta normalidad, no existe ningún tipo de diferenciación en el ejercicio de la profesión. Ellas, al igual que sus compañeros, se ocupan de vigilar el laboreo de la cantera, vigilar el cumplimiento de la ley sobre seguridad laboral, proyectar voladuras, ejecutar y detonar la carga, etc.

En las Escuelas de Ingeniería de la Universidad Politécnica de Madrid donde en el año de su creación, 1971, las mujeres eran una clara minoría en sus aulas, alguna de sus Escuelas no habían tenido aún una mujer matriculada y, en las que si había presencia femenina, las titulaciones se producían con cuentagotas. Actualmente suponen un tercio del total de su alumnado, siendo la Arquitectura y la Ingeniería Agronómica las ramas de estudio preferidas por las mujeres. Pero, incluso en Ingeniería Aeronaútica donde la primera mujer de una promoción de 21 estudiantes se titula en el curso 1973/74, **Isaura Clavero Paradiñeiro**, en el 2011/12 del total de 2.044 matriculas, 479 corresponden a mujeres y 1.565 a hombres.

También existen Sociedades de Mujeres Ingenieras, como la *Society of Women Engineering* (SWE) en EE UU, que organizan jornadas en colegios con el propósito de dar a conocer a las niñas de edad escolar lo que supone realmente llegar a ser ingeniera, despertando así el interés que muchas veces se destruye o esconde en los estereotipos machistas de nuestra sociedad.

Todas las mujeres que aparecen a continuación corresponden a profesionales de la ingeniería, aunque algunas posean una formación académica inicial obtenida en ámbitos distintos a las escuelas de ingeniería y otras podrían haber sido mencionadas en el capítulo anterior por haber desarrollado avances en el mundo de la informática.

Martha Jane Berghin Thomas (Boston, MA, 1926-2006), manifestó interés desde muy pequeña por la ciencia. Se licenció en Química en Radcliffe a la edad de 19 años con la idea de proseguir en medicina. Sin embargo al aceptar un trabajo como técnico en Sylvania (posteriormente GTE Electrical Products) en Danvers, Massachussets inició una asociación de 45 años con dicha compañía ocupando diferentes puestos, hasta convertirse en la primera mujer directora en dichos laboratorios. Lejos de abandonar los estudios obtuvo un máster en 1950 y un doctorado en la Universidad de Boston dos años después, realizando un máster en administración de empresas en la Universidad Northeastern en 1980.

Ha realizado contribuciones muy significativas al desarrollo de los materiales sólidos (fósforos) que emiten luz visible cuando son activados por una fuente de energía. En su productiva carrera ha sido la primera mujer en conseguir numerosos hitos entre los que cabe señalar, el *New England Award* de la Sociedad de Ingeniería de New England, Ingeniera del Año en 1965 por la *Society of Women Engineers* y *New England Inventor* en 1991.

Posee varias patentes sobre innovación en tecnología eléctrica y métodos de fabricación de bombillas y tubos fluorescentes. Además de sus investigaciones, Marta Thomas impartió clases nocturnas de química en la Universidad de Boston desde 1952 hasta 1979, y fue profesora adjunta en la Universidad de Rhode Island. Casada en 1955 con un compañero químico George R. Thomas mientras estudiaban la licenciatura, tiene cuatro hijas en cuya educación se volcó intensamente, a la vez que desarrollaba su carrera científica.

Yvonne C. Brill (Winnipeg, Canada, 1924), gracias a cuyo trabajo pionero los cohetes y satélites de comunicación comercial trabajan mejor y más eficientemente. Patentó un sistema de propulsión con hidracina que mantiene a un satélite en una órbita geoestacionaria fija durante más tiempo que otros sistemas y con una carga útil mayor. Este avance ha ahorrado a los propietarios de satélites comerciales como RCA, GE y Lockheed Martin millones de dólares.

También trabajó en la gestión de sistemas de propulsión, que en 1973 permitió a los científicos recopilar información detallada sobre la termosfera de la Tierra por vez primera. Desde 1994, ha formado parte de los nueve miembros del panel asesor de seguridad aeronáutica, creado por la NASA después del incendio del modulo de comando de la nave durante el programa Apolo.

Cuando comenzó su carrera en 1945, era la única mujer trabajando en los sistemas de propulsión de cohetes. Desde entonces, ha alentando a otras mujeres a adentrase en el campo de la tecnología, vigilando que reciben el reconocimiento que merecen. Así en la Academia Nacional de Ingeniería, a la que se incorporó en 1987, sugiere candidatas a los premios de la *Society of Women Engineering*, la medalla nacional de la ciencia y la medalla nacional de tecnología.

Posee una licenciatura en matemáticas por la Universidad de Manitoba, y una máster en química de la University of Southern California. Miembro de la Academia Internacional de Astronáutica y del Instituto Americano de Aeronáutica y Astronáutica, recibió en 1986 el premio de la *Society of Women Engineering*, el honor más alto de la organización. En 1993, recibió la *Resnik Challenger Medal* por ampliar los horizontes del espacio a través de innovaciones en los sistemas de propulsión de cohetes.

Jessie G. Cambra (Oakland, CA, 1919-2008), ha sido pionera en el desarrollo de los sistemas de transporte en California, primera mujer en graduarse en Ingeniería en 1942 en la *Berkeley School of Engineering* de la Universidad de California y la primera en obtener una licencia para el ejercicio profesional. Durante 30 años desarrolló numerosos proyectos públicos, pero es sobre todo conocida por diseñar y supervisar la primera reconstrucción de una autopista en California y el primer sistema computerizado de señales de tráfico.

Sus hermanos le transmitieron la creencia de que podría hacer lo que se propusiera, incluyendo la ingeniería, un mundo dominado por varones. Al terminar la carrera fue contratada inmediatamente por Bechtel, McCone & Parons, en aquel momento había una enorme demanda de ingenieros, la mayoría participaba en la Segunda Guerra Mundial. En 1944 se trasladó al condado de Alameda y, después de sucesivas promociones, se convirtió en 1974 en la máxima responsable del departamento de carreteras, donde además inició y administró la ayuda federal al *Urban Highways Program*.

Entre los honores y premios recibidos destacan el *Samuel A. Greeley Award* (1977) por su excelente trabajo en el ámbito de las obras públicas, el *Achievement Award* de la *Society of Women Engineers* (1979) y su nombramiento como alumna excepcional por la fraternidad de ingeniería Tau Beta Pi de la Universidad de California en Berkeley.

Finalmente en 1980 dejó el trabajo en el condado de Alameda y abrió su propia consultoría en temas de ingeniería. Cambra ha demostrado sin ninguna duda que las mujeres pueden tener el mismo éxito que los hombres en ese campo.

Pilar Carbonero Zalduegui nació en 1942 en Alcazarquivir, en el protectorado español del norte de Marruecos, trasladándose a Madrid a los tres años. Ingeniera agrónoma (1964) y doctora (1967) por la Universidad Politécnica de Madrid (UPM), ha sido investigadora en la Universidad de Minnesota y desde 1983 catedrática de Bioquímica y Biología Molecular en la Escuela Técnica Superior de Ingenieros Agrónomos de la UPM. Tras una estancia en el *Cold Spring Harbor Laboratory*, se convirtió en pionera de la ingeniería genética de plantas en España. Fue la primera mujer en ingresar en la Real Academia Española de Ingeniería en junio de 2003, y desempeña o ha desempeñado los cargos de ingeniera del Instituto Nacional de Investigaciones Agronómicas (INIA) y vicepresidenta de la Sociedad Española de Bioquímica y Biología Molecular (EMBO). Miembro de la Comisión de Biología y Medicina del Consejo Superior de Investigaciones Científicas (CSIC) y del Consejo Científico del Instituto Valenciano de Investigaciones Agrarias (IVIA), directora del Departamento de Biotecnología de la UPM, fundadora y primera directora del Departamento de

Genética Molecular de Plantas del Centro Nacional de Biotecnología (CNB-CSIC), ha recibido en 2011, junto con Francisco García Olmedo, el Premio Columela de la Fundación Andaluza de Ingenieros Agrónomos.

Su investigación se ha realizado en ingeniería genética, genómica y biotecnología vegetal, especialmente en relación con la aplicación de métodos moleculares a la obtención de resistencia de las plantas a plagas de insectos y enfermedades bacterianas y fúngicas, junto con la dilucidación de los mecanismos de regulación génica durante el desarrollo y la germinación de las semillas. Ha publicado cerca de un centenar de trabajos de investigación y ha dirigido una veintena de tesis doctorales.

Pilar Carbonero llega al mundo de las plantas transgénicas desde el principio y en su opinión es el camino que puede conducir a que disminuya el hambre en grandes poblaciones. Cita como ejemplo a Norman Borlaug, Premio Nobel de la Paz considerado el artífice de la revolución verde, quien al cruzar una variedad enana de trigo del Japón con las normales triplicó y cuadriplicó los rendimientos, ya que la proporción de espiga respecto al peso total de la planta era menor que en el normal y en consecuencia la planta destinaba una mayor cantidad de nutrientes a engordar la semilla. Ella nos advierte que todos los riesgos achacados a los transgénicos existen desde que la agricultura es agricultura, hace unos 10.000 años, pero también que el riesgo cero es una utopía. No entiende la oposición que existe en España y Europa hacia los transgénicos, que en la actualidad se están desarrollando fuertemente en China e India. Cita además las numerosas posibilidades de las plantas transgénicas para la obtención de productos farmacológicos, con ejemplos concretos como el arroz dorado que incorpora el betacaroteno necesario para generar vitamina A, inventado en Suiza por Ingo Potrykus y sus colaboradores, que se produce ya en el sudeste asiático, capaz de salvar de la ceguera e incluso de la muerte a millones de niños que solo comen arroz hervido. Considera que la biotecnología permitirá paliar la hambruna en los países en vías de desarrollo.

Pilar Careaga y Basabe fue la primera mujer que se licenció en España como ingeniera mecánica industrial en 1929. Nacida en Madrid el 26 de octubre de 1908 en el seno de una acomodada e influyente familia bilbaína, sus padres fueron Pedro de Careaga, primer conde de Cadagua, y Concepción Basabe y Zubiría. Dotada de gran inteligencia y determinación, no dudó en emprender estudios de ingeniería en la Escuela de Madrid, que terminó con éxito con tan solo 21 años.

Su paso por las aulas fue todo un acontecimiento, especialmente cuando realizaba prácticas obligatorias en la cabina de una locomotora de vapor. No dudó en ponerse el mono de trabajo y conducir una *4.700* de la *compañía Norte* (Renfe se funda en 1941, acabada la Guerra Civil y unificando las distintas líneas que daban servicio en España: Norte, MZA, Oeste entre las más importantes) desde la estación Norte de Madrid a la estación del mismo nombre en Bilbao. Fue una hazaña para la época, y su repercusión entre ferroviarios y curiosos extraordinaria. La promoción de Pilar fue referencia para todos los que se graduaron el mismo año que ella, despertó gran curiosidad y la prensa siguió con atención cada prueba que daba «de que ellas también podían hacerlo».

No ejerció, sin embargo, la profesión. Con el advenimiento de la República en 1931, se interesó en la política afiliándose a Renovación Española y al grupo Acción Católica. Se presentó como candidata a diputada a las Cortes. La Guerra Civil le sorprendió en Bilbao siendo detenida en julio de 1936 y encarcelada en la prisión de Larrinaga. Canjeada por la Cruz Roja Internacional, se trasladó a zona nacional incorporándose como delegada de hospitales al frente de Madrid donde puso de manifiesto sus dotes de organizadora y su gran corazón. Una vez en Madrid, en abril de 1939, abrió los primeros comedores de Auxilio Social, atendió los centros de refugiados, visitó hospitales, hasta que regresó a Bilbao para incorporarse en las tareas de reconstrucción.

Se dedicó a obras sociales con entusiasmo y eficacia. Fue presidenta fundadora de la Junta de Damas contra el Cáncer, vicepresidenta de la Junta Diocesana de Peregrinaciones, vocal de la Junta del Sanatorio Marino de Górliz, y presidenta de la Junta de Construcción de Templos Parroquiales para Bilbao.

En 1964 fue nombrada diputado provincial de Vizcaya, presidiendo la Comisión de Beneficencia y Obras Sociales de la Corporación. Don Camilo Alonso Vega, Ministro de la Gobernación la llamó en 1969 para regentar la Alcaldía de Bilbao. Procuradora en Cortes en las últimas legislaturas del franquismo, Pilar Careaga fue la primera mujer alcalde de Bilbao durante varios años de gran efervescencia social y política, cargo que desempeñó con honradez y determinación. Aunque ha recibido críticas en el desarrollo de su vida política, las crónicas nos describen su actitud intrépida y pionera en la historia de la conquista de la vida pública española por las mujeres.

A partir de 1977 en que sufrió un atentado terrorista en Getxo, del que escapó milagrosamente con vida, trasladó su residencia a Madrid donde falleció en junio de 1993 a consecuencia de una parada cardiaca. Estuvo casada con Enrique de Lequerica, uno de los impulsores de la industria vizcaína y hermano del primer embajador español ante la ONU.

Irene Carswell Peden (Topeka, KS, 1925-1994), fue profesora de Ingeniería Eléctrica en la Universidad de Washington en Seattle. Graduada en la Universidad de Colorado en 1947, trabajó en la compañía *Delaware Power and Light* durante dos años, en el *Midwest Research Institute* de Missouri (1953-1954) y en el *Stanford Research Institute* de California. Obtuvo un máster (1958) y fue la primera mujer en doctorarse en ingeniería eléctrica en la Universidad de Stanford (1962).

Ha investigado las propiedades electromagnéticas de la ionosfera polar y el casquete polar a muy bajas frecuencias en la Antártida, con financiación de la *Nacional Science Foundation*, desde mediados de los años 60 hasta 1973. En noviembre de 1970 trabajó en la subestación *Byrd VLF*, convirtiéndose en la primera mujer ingeniera americana en vivir y trabajar en el continente antártico (80° Sur, 120° Oeste).

En 1973 fue nombrada decana asociada del *College of Engineering* de la Universidad de Washington con responsabilidades administrativas en educación, relaciones institucionales, búsqueda de financiación y acción afirmativa para las mujeres en ingeniería, aunque volvió a su trabajo académico en 1977 recuperando su plaza de profesora de ingeniería eléctrica.

Krystina Chojnowska-Liskiewicz (Varsovia, Polonia, 1936) ha sido la primera mujer en navegar en solitario alrededor del mundo. Ingeniera naval y capitán titulado de embarcaciones de alta mar, la navegante polaca inició la carrera por el título de «Primera Dama de los Océanos» el 28 de febrero de 1976 en las Islas Canarias. Su embarcación se llamaba Mazurek, un precioso balandro de alta mar de tipo Conrad 32 construido en Polonia. La superficie total del velamen era de 35 m^2 y el jefe del equipo constructor del Mazurek su marido.

La ruta partía de Las Palmas en dirección a Barbados, luego, a través de las Pequeñas Antillas, del Mar de Caribe y del Estrecho de Panamá, continuaba hasta el Pacífico. Allí tomaba la dirección de Tahiti y Fiji, para continuar hacia Australia. Una vez allí, Krystyna Chojnowska-Liskiewicz se dirigió hacia el Oeste, atravesando el Océano Índico en dirección a la isla Mauricio y las costas del sur de África, y finalmente hacia el Norte a lo largo de la costa occidental africana. Cerró la gran vuelta el 20 de marzo de 1978, en la latitud 16° 08,5' Norte y longitud 35° 50' Oeste. El 21 de abril, al entrar en el puerto de Las Palmas, fue recibida con entusiasmo por amigos y periodistas: acababa de concluir una navegación solitaria de 401 días y 31.166 millas marinas. En Polonia fue recibida el 18 de junio de 1978.

Otras dos mujeres competían por el título, la australiana **Anne Gash** y la neozelandesa **Naomi James** en el yate *Express Crusader*; pero fue la polaca quien ganó la carrera. El logro de la capitana Krystyna Chojnowska-Liskiewicz fue anotado en el Libro Guinness de los Records, y fue admitida entre los miembros del exclusivo club neoyorquino *The Explorers Club.*

Edith Clarke (Ellicot City, MD, 1883–1959), ingeniera eléctrica americana, fue una precursora de la revolución tecnológica al actuar como un verdadero ordenador personal. Poseía una extraordinaria memoria y diseñó mapas gráficos de las funciones de las ecuaciones técnicas para facilitar los procesos de computación y la resolución de problemas. Publicó su primer trabajo en 1923 y sus investigaciones sobre la transmisión de la energía eléctrica han tenido gran aplicación práctica. Sus textos sobre Análisis de Circuitos publicados en 1943 y 1950 siguen siendo referentes en el campo.

Estudió Matemáticas y Astronomía en el *Vassar College*, con el dinero que había heredado al quedarse huérfana, graduándose en 1908. Profesora de matemáticas durante los tres años siguientes, reemprendió sus estudios en la Escuela de Ingeniería Civil en la Universidad de Wisconsin, aunque los abandonó para trabajar como ayudante en computación del ingeniero G. A.

Campbell, en la compañía *American Telephone and Telegraph* (AT&T), donde llegó a dirigir un grupo de expertas en computación durante la Primera Guerra Mundial a la vez que continuaba sus estudios. En 1919, fue la primera mujer en obtener un máster en Ingeniería Eléctrica y empezó a colaborar con la compañía *General Electric* (GE) donde permanecería 26 años. En 1921 abandonó temporalmente la compañía para realizar una estancia como profesora de física en el *Constantinople Womens's College* en Turquía y a su regreso fue promocionada a ingeniera.

Aunque se retiró a una granja de Maryland en 1945, volvió a la comunidad científica al ser la primera mujer nombrada profesora de Ingeniería Electrica por la Universidad de Texas y le fue otorgado el *Achievement Award from the Society of Women Engineers.* Volvió definitivamente a Maryland en 1956 donde falleció tres años después.

Margarita H. Colmenares (Sacramento, México, 1957), hija de inmigrantes mejicanos trabajó repartiendo periódicos y vendiendo productos para ayudar a su familia. Le encantaba leer y era una excelente alumna. Estudió Ingeniería en la Universidad del Estado de California colaborando en el *Department of Water Resources* donde estudió el efecto de los terremotos sobre los acueductos. Becaria de *General Electric* en un *College* comunitario al que se trasladó, fue aceptada finalmente en la Universidad de Stanford, graduándose en 1981 como ingeniera civil.

Colmenares entró a trabajar en la *Chevron Corporation* en proyectos relacionados con el medio ambiente como, la sustitución de tanques subterráneos dañados que contenían productos químicos peligrosos, recuperación de suelos y aguas subterráneas contaminadas, o reducción de emisiones peligrosas a la atmósfera. Preocupada por el hecho de que no había suficientes latinos estudiando ingeniería hizo un trato con la empresa que le permitió trabajar durante 2 años en la *Society for Hispanic Professional Engineers.* En 1989 se convertiría en la primera mujer elegida presidente nacional de dicha organización.

En 1991 fue nombrada *fellow* de la Casa Blanca, honor otorgado por vez primera a un ingeniero hispano, que además en este caso era mujer. Colaboró con la NASA, el Departamento de Educación de los EE UU y otras agencias para mejorar la educación en matemáticas y ciencia.

Defensora de las energías eficientes y renovables, es fundadora de *Think Verde*, una agencia de consulta, y ha dirigido iniciativas de sostenibilidad para el distrito unificado de escuelas de la ciudad de Sacramento. Es miembro del *Environmental Council of Sacramento*, ha recibido numerosos honores y sido seleccionada para liderar diferentes programas incluyendo sesiones en la *John F. Kennedy School of Government* en la Universidad de Harvard.

Lynn Conway, nacida Robert Sanders en 1938 (Mount Vernon, NY), es una ingeniera e inventora estadounidense que trabajó para IBM en la década de 1960. Trabajó en el Proyecto Y donde se encuentran los conocimientos pioneros que dieron origen a la generación de supercomputadores entre los que destaca *Deep Blue*, que derrotó al campeón mundial de ajedrez Garry Kasparov. IBM la despidió en 1968 después de que confesase que era transexual y que estaba planeando cambiar de sexo.

Tras perder su empleo en IBM recomenzó su carrera como mujer trabajando como programadora, sin amedrentarse por los prejuicios que existían en la época hacia las ingenieras que trabajaban en informática. En 1973 participó junto con el científico Carver Mead para *Xerox PARC* en el diseño de circuitos integrados (VLSI de Very-Large-Scale-Integration), por combinación de miles de transistores en un único chip o microprocesador, trabajo que interrumpió para ejercer de profesora invitada en el MIT. Ambos serían los desencadenantes de la revolución VLSI a lo que sin duda contribuyo el texto que escribieron juntos y publicaron con el título *Introduction to VLSI Systems*. A principios de la década de 1980 trabajó para DARPA en «computación estratégica» y en 1989 fue profesora en la Universidad de Míchigan. En ese mismo año fue aceptada como miembro de la *National Academy of Engineering* por sus méritos en el diseño de VLSI.

Tras retirarse de su plaza de profesora en diciembre de 1998 ha sido una prominente activista por lo derechos de los transexuales. En 2002 Conway se casó con un ingeniero profesional con el que llevaba viviendo desde 1988, y actualmente residen en Ann Arbor, Michigan.

Carmen Costilla Rodríguez obtuvo un doctorado en Ingeniería de Telecomunicación en 1979. Profesora de la Escuela Técnica Superior de Ingenieros de Telecomunicaciones de la UPM, su experiencia en el campo de las bases

de datos (BDs) es notable, impartiendo cursos, seminarios y conferencias de BDs (relacionales, distribuidas y orientadas a objetos) en la universidad, la industria y otros foros.

Directora desde 1982 del grupo de investigación «Bases de Datos y Conocimiento» ha desarrollado múltiples proyectos europeos, nacionales e industriales. Tiene cerca de cien publicaciones sobre temas de interoperabilidad, heterogeneidad y distribución de las bases de datos y es miembro de varios comités en congresos internacionales y evaluadora en la comunidad europea, programas nacionales y revistas internacionales.

Nance K. Dicciani (1954), graduada en Ingeniería Química por la Universidad de Vilanova (1969), posee también un máster en la Universidad de Virginia (1970) y un doctorado en la de Pensilvania (1977) en la misma especialidad. Obtuvo un M. B. A. en la *Wharton School* de esta última universidad (1986). Ha aparecido un par de veces en la lista de las «100 mujeres más poderosas del mundo» elaborada por la revista Forbes y posee numerosos premios en reconocimento a sus logros como el obtenido en 1987 de la *Society of Women Engineering*.

Inició su carrera en el *Philadelphia Water Department* como ingeniera y desde entonces ha ocupado diferentes puestos de trabajo en investigación y gestión en varias empresas entre las que se encuentran *Air Products and Chemicals Inc* (1977-1991) y *Rohm and Haas* (1991-2001).

En el periodo 2001-2008 ha dirigido la división de materiales especiales en *Honeywell Aerospace*, habiendo abaratado costes, incrementado las ventas y presentado alrededor de 100 patentes por año. Presidió también la *Honeywell Growth Fund*, una fundación con un patrimonio de 20 millones de dólares, dedicada a promocionar ideas noveles para su desarrollo.

En 2009 se trasladó a *Advent International Corporation* donde se ocupa de productos químicos y materiales. Ha sido y es consejera de empresas y universidades e imparte clases de ingeniería química en el MIT desde 2003.

Irmgard Flügge-Lotz (Hameln, Alemania, 1903-1974) se matriculó en 1923 en matemáticas aplicadas en la Universidad Técnica de Hannover, siendo

la única mujer en la mayoría de las clases. Su entusiasmo por las matemáticas se debe a la influencia ejercida por su padre, el periodista Oskar Lotz, a familiares maternos ingenieros de la construcción y a la repercusión de los experimentos que el conde von Zeppelin realizaba cerca de donde ella vivía. Obtuvo el grado de *Diplom-Ingenieur* en 1927 y el doctorado dos años más tarde. Inició su carrera profesional en el campo de la aerodinámica junto a Ludwig Prandtl y Albert Betz en Göttingen. En 1931 publicó el método Lotz que permite calcular la distribución de carga en las alas de un avión, técnica estándar utilizada aún hoy en día internacionalmente. Allí conoció al ingeniero civil Wilhelm Flügge, contratado como docente en 1932, quien era muy consciente de las dificultades encontradas por Lotz en ese grupo dominado por varones. Se casaron en 1938 trasladándose a Berlín para trabajar en la *Deutschland Versuchsanstalt Luftfahrt*, una agencia alemana similar a la NASA. Al final de la Segunda Guerra Mundial se desplazaron a Paris al *Office National d'Études et de Recherches Aéronautiques*, donde Irmgard fue la directora de un equipo de investigación aerodinámica hasta el año 1948 en que publicó su teoría del control automático y la aerodinámica y los problemas derivados de la velocidad de los aviones.

Ese mismo año se trasladaron a Stanford y aunque por su condición de esposos no pudieron trabajar juntos en el mismo departamento de acuerdo con las normas fijadas por la universidad, Irmgard fue *lecturer* de mecánica de fluidos, métodos numéricos y control automático, investigando y publicando numerosos trabajos hasta conseguir la categoría de catedrática. Primera profesora a tiempo completo en una Escuela de Ingeniería de la Universidad de Stanford (1961), obtuvo el *Achievement Award* de la *Society of Women Engineers* (1970), y fue también la primera mujer en ser miembro del Instituto Americano de Aeronáutica y Astronáutica y en ser seleccionada para impartir la conferencia Von Karman. Aunque se retiró en 1968 continuó sus investigaciones sobre control por satélites, transferencia de calor y arrastre de vehículos a alta velocidad, falleciendo a los 70 años de edad en el hospital de Stanford. Sobrellevó con extraordinario coraje sus últimos años, difíciles debido a la artritis generalizada que padecía, manteniendo el contacto y la colaboración con sus colegas y amigos.

Andrea Goldsmith (Berkeley, 1964) es catedrática de Ingeniería Electrónica en la Universidad de Stanford en EE UU. Experta en comunicaciones inalámbricas, trabaja en diseño de autopistas inteligentes con coches sin conductor, microchips que se insertan en el cuerpo para hacer seguimiento a distancia de una determinada dolencia, teléfonos móviles que transmiten automáticamente el historial médico de un paciente y en la forma de descomponer el cerebro humano como una red de neuronas que puedan repararse o conectarse por vías alternativas. Preside la Sociedad de Teoría de la Información del *Institute of Electrical and Electronic Engineers* (IEEE) y ha recibido entre otros el reconocimiento de la Academia Nacional de Ingeniería norteamericana.

Según Goldsmith la cultura avanza a lomos de la tecnología y no como antes en que lo hacía a través del pasado y la historia. Ha aprendido a aceptar que en algunos momentos no puede ser la madre que quisiera, tiene dos hijos, y en otros la profesional que le gustaría. Asegura que sí, que ser mujer aún marca una diferencia:

> «He sufrido una discriminación imperceptible, y tal vez no tan imperceptible. Cuando empecé Ingeniería éramos muy pocas, y algunos profesores te transmitían la idea de que aquello no era para mujeres. Fue muy duro, pero perseveré. Hoy seguimos siendo una minoría en el mundo académico, y todavía hay un sesgo. A muy pocas mujeres se las anima a que estudien ingeniería».

La grabación íntegra de la entrevista a Andrea Goldsmith, emitida en La 2 el 31 de octubre de 2010 en el programa *Científicos de Frontera*, fruto de la colaboración entre TVE y la Fundación BBVA donde nos avanza sobre algunas de las tecnologías que cambiarán nuestra vida cotidiana puede descargarse de: http://www.fbbva.es/TLFU/tlfu/esp/galeria/video/fichagm/index.jsp?Idioma=20001&idActividad=806

Josefina Gómez Mendoza (Madrid, 1942), tercera mujer académica de la Real Academia de Ingeniería en 2006. Nombrada Ingeniera de Montes Honorífica en 1997 posee una trayectoria singular. Doctora en Filosofía y Letras por la Universidad Complutense de Madrid (1974), es catedrática de Geografía e Historia en la Universidad Autónoma de Madrid (1981), de la que ha sido rectora (1984-1985). Entre 1994 y 1996 fue miembro del Consejo Asesor de Medio Ambiente.

En su campo profesional ha sido presidenta de la Asociación de Geógrafos Españoles y del Comité Español ante la Unión Geográfica Internacional. Desde 2003 es miembro de la Real Academia de la Historia y desde 2004 Consejera del Consejo de Estado. En 2005 ha sido nombrada miembro del Consejo Asesor de la Agencia Nacional de Evaluación y Prospectiva. Sus líneas de investigación son el análisis geográfico regional, historia del pensamiento geográfico en Europa y América, e historia de las ideas y políticas territoriales en la España contemporánea, con especial atención a las políticas hidráulica y forestal, y paisajes naturales y agrarios españoles.

Entre sus publicaciones destacan los libros: *Agricultura y expansión urbana. La campiña del bajo Henares en la aglomeración de Madrid* en 1977 y *Ciencia y política de los montes españoles (1848-1936)* en 1992.

Ha recibido, entre otros premios y menciones, las *Palmes Académiques* de la République Française, la Medalla de Oro de la Universidad Autónoma de Madrid y la Gran Cruz de la Orden Civil de Alfonso X el Sabio.

Regina Llopis Rivas (Cumaná, Venezuela, 1950) es nieta de exiliados españoles y con su marido Antoni Trias fundadora, en 1988, de Aplicaciones en Informática Avanzada (AIA), empresa que captó su primer cliente norteamericano, *Pacific Gas and Electric* en 2002. Llopis les vendió su AGORA, un programa que les permitió controlar la red eléctrica (unos 30.000 km en California) en tiempo real y que restaura el suministro tras un apagón.

A los nueve años demostró a sus padres el teorema de Pitágoras, es doctora en Matemáticas Aplicadas a la Inteligencia Artificial por la Universidad de Berkeley, en California, y su meta es la innovación rentable. AIA tiene su sede en el Parque Tecnológico de Cerdanyola del Vallés (Barcelona) donde trabajan unas cien personas expertas en matemáticas, informática y física dedicadas a resolver problemas muy concretos.

El algoritmo secreto que constituye la base de AGORA ha sido patentado en EE UU en 2009. La ventaja fundamental es que su sistema permite observar la red siempre, aunque se produzca el apagón, mientras que otros programas cuando se acerca el colapso de tensión dejan ciego al ordenador que por lo tanto es incapaz de calcular. Hoy es aplicado por todas las compañías eléctricas en España, México y Rusia. También se utiliza para elaborar las pautas de un posible éxito musical, prever la falta de dinero en los cajeros automáticos, y detectar el blanqueo de dinero.

Para contextualizarla mejor, decir que tiene cuatro hermanas, todas matemáticas, excepto una que se inclinó por la física. También que conoció a su marido que es físico en Berkeley cuando ambos realizaban el doctorado y que los dos han sido profesores en Venezuela, y que su decisión de instalarse en Barcelona está motivada por un mejor tratamiento de la lesión cerebral de su hijo Álvaro.

Marissa Ann Mayer (Wasau en WI, 1975), además de ser la primera ingeniera que los fundadores contrataron en Google, es quizás al ser nombrada vicepresidenta una de las que más lejos ha llegado. Se encarga de supervisar todo lo que está relacionado con el buscador, vigila el proceso de lanzamiento de sus productos determinando cuando están listos. Se ha convertido en una de las caras más conocidas de esta compañía, concediendo entrevistas de prensa y participando en actos publicitarios.

Se licenció con honores en sistemas de símbolos y posee un máster en Informática por la Universidad de Stanford. En ambos casos, se especializó en *inteligencia artificial.* Ha impartido clases de introducción a la programación informática en Stanford a más de tres mil estudiantes. La universidad le ha otorgado los premios *Centennial Teaching* y *Forsythe* en reconocimiento a su valiosa contribución a la enseñanza universitaria. Mayer explica que, justo al terminar la carrera, tenía 14 ofertas de trabajo cuando realizó la entrevista para Google. En aquel momento sólo trabajaban seis personas y pensó que era un grupo de gente muy brillante y que había un 95% de posibilidades de que la compañía fracasara, pero entendió que aprendería mucho más fracasando en Google que con un trabajo seguro en cualquier otra empresa o centro de investigación. En 2012 dijo adiós al buscador para convertirse en consejera delegada de Yahoo.

Amparo Moraleda Martínez (Madrid, 1965) estudió Ingeniería Industrial en la Universidad Pontificia de Comillas y posee un máster en Administra-

ción de Empresas por el IESE. Gracias a sus conocimientos, tenacidad y empuje se convirtió en presidenta para España y Portugal de la multinacional IBM en julio de 2001, y en julio de 2005 asumió la responsabilidad sobre el negocio en España, Portugal, Grecia, Israel y Turquía. Dejó dicho puesto en diciembre de 2008 para dirigir el área internacional de Iberdrola donde se hizo cargo de la británica *Scottish Power*, la tercera distribuidora de electricidad del Reino Unido, y la estadounidense *Energy East*.

A Amparo le gustaban las matemáticas, la técnica, la física y buscó una carrera que le permitiera hacer uso de todo aquello y a la vez le proporcionara una suficiencia económica que le diera libertad. La encontró, se hizo ingeniera y al terminar la carrera en 1988 entró en IBM, pero en sus palabras:

> «... sin idealizarlo demasiado... por ejemplo, la igualdad de oportunidades que la compañía preconizaba entre otros valores. Entonces la desigualdad entre mujeres y hombres me parecía un cuento chino. Había vivido en una familia donde esa igualdad se practicaba y había estudiado ingeniería, sin que el hecho de ser mujer me hiciera sentirme mal. Pensaba que la discriminación pertenecía al pasado».

Se reconoce una mujer moderna y vanguardista y está convencida de que cuando la gente se incorpora a una compañía, es por un proyecto, pero que cuando se va es en general por los jefes. Apunta que a los profesionales les importan las empresas que tienen valores, que respetan al individuo, la igualdad de oportunidades, la responsabilidad social y el compromiso con el medio en que trabajan. Reconoce también en que llega un día en que dices:

> «... soy madre, soy mujer, soy ama de casa, soy ejecutiva, y es fácil desanimarse. A veces el éxito consiste en saber seguir adelante, ese punto de resistencia o de coraje es lo que acaba marcando la diferencia».

Nuria Oliver Ramírez es ingeniera y directora científica de Multimedia en Telefónica I+D. Tiene 39 años y cuenta ya con alrededor de 70 publicaciones, 30 patentes y una larga lista de premios, entre ellos el *MIT TR100 Young Innovator Award* (2004), que distingue a los 100 jóvenes más innovadores del mundo. Curtida en los laboratorios de *Microsoft Research*, regresó a España hace unos dos años y su trabajo ya está dando resultados. Su objetivo no es otro que mejorar la calidad de vida de las personas gracias a la inteligencia artificial.

Se graduó en Ingeniería Eléctrica y Ciencias de la Computación en 1992, en la ETSIT de la UPM, realizando a continuación un máster en la misma escuela que finalizó dos años más tarde. Obtuvo el doctorado en el MIT en el año 2000 y desde esa fecha hasta 2007 trabajó como investigadora en *Microsoft Research* en Redmond, WA. Es al final de 2007 cuando regresa a España para crear y dirigir el grupo de Multimedia Científica en Telefónica, en Barcelona, pasando a ser desde 2009 directora científica del grupo de Análisis de Datos y Modelado de la misma compañía. En 2009 fue nombrada una de las «*100 leaders of the future*» por *Capital Magazine.*

Sus intereses de investigación incluyen la informática móvil, análisis de datos multimedia de búsqueda y recuperación de información, entornos inteligentes, sensibilidad al contexto, el aprendizaje automático estadístico y minería de datos, inteligencia artificial, control de la salud, análisis de redes sociales, y la interacción persona-ordenador. Actualmente está trabajando en las disciplinas anteriores para la construcción de sistemas inteligentes, cree en el poder de la tecnología para potenciar y aumentar la calidad de vida de las personas.

Jennie R. Patrick (Gadsden, AL, 1949) ha sido la primera mujer afroamericana en obtener un doctorado en Ingeniería Química. Nacida en una familia trabajadora que la empujó a estudiar para escapar de la pobreza, sufrió segregación en la escuela primaria. En secundaria fue una de las primeras participantes en un controvertido programa de integración racial, donde superó con éxito la violencia y la falta de apoyo de los profesores blancos, consiguiendo graduarse en 1969.

Inició sus estudios de ingeniería en el *Tuskegee Institute* trasladándose a la Universidad de California en Berkeley en 1970 cuando dichos estudios fueron cancelados en el primer centro. Finalizó en 1973, trabajando al mismo tiempo en las compañías *Dow Chemical* (1972) y *Stauffer Chemical* (1973). Prosigió su educación en el MIT mediante becas de diferentes organizaciones (*Gilliland, DuPont, American Association of University Women, National Fellowship Foundation*, etc.).

En el MIT realizó investigaciones en supercalentamiento, fenómeno en el que un líquido por encima de su punto de ebullición no se convierte en vapor. Finalizado su doctorado en 1979, consigue un puesto como ingeniera en *Gene-*

ral Electric en Schenectady, NY, para trabajar en extracción mediante fluidos supercríticos y publicando y patentando sus logros. En 1983 deja la empresa para trabajar en *Philip Morris* en la mejora de varios productos, trasladándose en 1985 a *Rhom and Hass* como jefe de investigación básica en ingeniería química, siendo allí donde interaccionará con todos los aspectos de la industria química que la conducirán a la empresa *Southern Company Services* en 1990.

Su experiencia como profesora en el *Rensselaer Polytechnic Institute* (1982-1985) y el *Georgia Institute of Technology* (1983-1987), la lleva a decidir hacer de la enseñanza su principal actividad. Deja el mundo de la empresa y acepta una plaza de profesora en la Universidad de Tuskegee en 1993. A la vez que desarrolla proyectos de investigación en ciencia de los materiales, acepta puestos de liderazgo y se involucra en ayudar a minorías de estudiantes a triunfar en el ámbito de las ciencias y la ingeniería.

Maria De Lurdes Pintasilgo (Abrantes, 1930-Lisboa, 2004), primera ministra de Portugal entre agosto y diciembre de 1979 en el V Gobierno después de la aprobación de la Constitución de 1976. Se licenció en Ingeniería Química e Industrial en 1953 en el Instituto Superior Técnico. Fue la primera y única mujer que encabezó un ejecutivo luso y que fue candidata a la presidencia de la República en 1986. Profundamente católica mantuvo siempre su independencia política y estuvo cerca de la izquierda. Persona de gran talento y en actitud permanente de innovación, lamentó hasta el final el machismo de las sociedades modernas, y nunca desistió de reclamar un papel de mayor protagonismo para las mujeres, algo que consideraba esencial para alcanzar una democracia plena. Otra de sus batallas fue por la mejora de las condiciones de vida de algunos sectores sociales.

María Jesús Prieto Laffargue (Salamanca, 1945) finalizó la Ingeniería Superior de Telecomunicación en la Universidad Politécnica de Madrid en 1969, tuvo tres compañeras (frente a 87 varones) durante la carrera y sólo ella logró el título, ha sido la primera mujer ingeniera de telecomunicaciones de España. Deseaba haber estudiado navales, pero en esa época todavía pertenecía al Ministerio de Defensa y era un coto exclusivo de hombres.

En sus estudios posteriores de Alta Dirección de Empresas en la Universidad de Navarra, fue la única mujer en su clase. En 1970 llegó a Telefónica, se acababa de autorizar a las trabajadoras a fumar y llevar pantalones, acostumbrada a manejar términos como computación de datos o generación de flujos y con una idea que aún hoy repite «La maternidad es más grande que cualquier cosa de este mundo, moldear a un niño no se puede comparar a dirigir multinacionales». Tiene cuatro hijos, pero cuando mira hacia atrás ve muchos años de esfuerzo impresionante en los que ha prescindido de casi todo. A la mujer ya no se le cuestiona el alma, no se habla de inferioridad, dice pero exhibe cifras sobre discriminación: «Para promocionar, al 99% de los hombres no se les tiene en cuenta la situación familiar, mientras que al 70% de las mujeres sí».

En el año 2000 se convirtió en la primera mujer en presidir el Instituto de Ingeniería de España cuyo objetivo primordial es promover el interés por la tecnología. Ha dirigido durante dos años, hasta 1998, el Instituto Nacional de Meteorología y ha sido Presidenta de la Fundación Madritel.

En noviembre de 2007 fue elegida presidenta de la Federación Mundial de Organizaciones de Ingeniería, la WFEO. El nombramiento tuvo lugar en Nueva Delhi. Su candidatura ganó frente a la del norteamericano Russell Jones, y supone que mantiene responsabilidades en este organismo hasta 2013. La WFEO fue creada en 1968 bajo el auspicio de la UNESCO y es una organización internacional no gubernamental que agrupa organizaciones de ingenieros de más de 90 países, representando a unos 15 millones de ingenieros de todo el mundo. Su principal función es cooperar con instituciones profesionales nacionales e internacionales para desarrollar y aplicar la ingeniería en beneficio de todo el mundo. Desde la responsabilidad de este cargo, esta ingeniera de carrera se ha planteado como principal reto de su mandato conseguir que la ingeniería ostente una responsabilidad concreta y definitiva dentro de la ONU. Otra de sus finalidades es conseguir que la sociedad perciba, de una manera más clara, que la sostenibilidad de nuestro modelo de desarrollo debe basarse, entre otras cosas, en un uso inteligente de la ciencia y la tecnología.

Magda Salarich Fernández De Valderrama (Madrid, 1956) es ingeniera ICAI, única mujer de su promoción en 1979. En el año 2000 se convierte en la

primera mujer directora de Comercio y Marketing de Citroën en Europa, empresa en la que ha trabajado 28 años. Allí, recién terminada la carrera ejerció primero como jefa del departamento de formación en Vigo y luego como jefa de prensa en Madrid, después en 1986 y tras realizar un máster en dirección comercial y marketing del IESE alcanzó la dirección de comunicación en España. En 1992 pasaría a la casa matriz en París donde ejerció como directora comercial para Europa y responsable de marketing, regresando a España en 1996. En 2007 el consejo de administración de Banco Santander la nombró nueva directora general del grupo, y responsable de *Santander Consumer Finance.*

Salarich ha obtenido numerosos premios, entre ellos la Legión de Honor de la República Francesa y el *The Wall Street Journal*, y su filosofía de gestión es simple, conseguir resultados, pero también lo es su secreto, dedicación absoluta. Cuando le preguntan sobre la influencia de su condición de mujer en su carrera profesional, es rotunda: «los resultados no tienen sexo, nadie se plantea si detrás de los beneficios de una empresa hay un equipo directivo de señoras o caballeros, ni en qué proporción». Y con respecto a como se las ha arreglado para formar y mantener una familia, dice que con organización y adoptando una serie de valores, sus dos hijos están orgullosos de ella.

Maria De Telkes (Budapest, Hungría, 1900-1995) construyó su primer laboratorio cuando solo tenía diez años y se interesó por el uso práctico de la energía solar durante su primer año en la Universidad de Budapest al leer el texto de Kornel Zelowitch sobre fuentes de energía para el futuro, donde se describían los experimentos que mediante energía solar se desarrollaban en aquel momento, sobre todo en América. Se doctoró en Química Física (1924) en Budapest, donde inició su carrera como profesora en la Universidad.

Viajó a EE UU en 1925 para visitar a un primo suyo, y en 1927 empezó a trabajar como biofísica en la *Cleveland Foundation* en Ohio, donde colaboró con George Cril en el desarrollo de un dispositivo fotoeléctrico capaz de registrar emanaciones de energía del cerebro humano. Se convirtió en ciudadana americana en 1937 y a continuación trabajó como ingeniera en los laboratorios *Westinghouse* en East Pittsburgh, PA, durante dos años, después en el MIT hasta 1952, y en las universidades de Nueva York, Princeton y Delaware. Se retiró en 1977 como profesora emérita en la Universidad de Delaware, pero permaneció activa como consultora hasta casi tres años antes de su muerte en Budapest, en 1995, su primera visita a Hungría en 70 años.

María Telkes fue una pionera de la *Society of Women Engineering* y la primera persona en recibir el *SWE Achievement Award* en 1952 por sus logros en las aplicaciones de la energía solar, siendo miembro activo desde 1964 hasta 1977. Desarrolló destiladores solares para convertir el agua del mar en agua potable, así como generadores termoeléctricos, siendo autora de numerosas patentes sobre el tema. En 1948, ella y el arquitecto Eleanor Raymond diseñaron y construyeron la primera casa con calefacción solar en Dover, MA, y en 1960 completó el centro de energía solar de Princeton, NJ, que incluía calefacción solar para habitaciones, piscina y laboratorios, calentadores de agua, secadores para frutas y verduras y cocinas solares. Su sistema de calentamiento consistía en almacenar energía solar como energía química, a través de la cristalización de una disolución de sulfato sódico, y no por calentamiento del agua o rocas.

María Vallet Regí (Las Palmas de Gran Canaria, 1946), Premio Nacional de Investigación Leonardo Torres Quevedo en 2008 y Medalla de Oro de la Real Sociedad Española de Química en 2011, se licenció y doctoró en la Facultad de Químicas de la Universidad Complutense de Madrid. Es catedrática de Química Inorgánica de la Facultad de Farmacia de esta misma Universidad. También ha investigado en la Universidad *Joseph Fourier* de Grenoble, Francia, y ha sido profesora invitada del Instituto Nacional Investigación en Materiales Inorgánicos de Tsukuba en Japón y en la Universidad de Estocolmo. Autora de más de 500 publicaciones entre libros, monografías y capítulos de libros, pertenece a varios comités científicos en congresos internacionales, editoriales de revistas científicas y es Académica de la Real Academia de Ingeniería (2003) y la Real Academia de Farmacia (2011).

Forma parte del Ciber BBN (Bioingeniería, Biomaterialesy Nanomedicina) y destaca por sus contribuciones singulares en el campo de los biomateriales cerámicos y otros para su aplicación en traumatología, odontología, ingeniería tisular, o en la liberación controlada de fármacos.

María Vallet Regí al entrar como miembro en la Academia de Ingeniería dijo acerca del papel de la mujer:

> «Es verdad que hay mujeres válidas que no ocupan los puestos que deberían ocupar, pero creo que se debe a que las mujeres no han tenido formación universitaria durante muchos años, lo que hacía imposible que ocuparan puestos en el mundo intelectual, porque hablamos del mundo universitario. Pero creo que eso está cambiando y espero que dentro de unos años esta pregunta no tenga sentido».

Carmen Vela Olmo (Sigüenza, 1955) casada y con dos hijos, es licenciada y doctora en Ciencias Químicas (especialidad Bioquímica) por la Universidad Complutense de Madrid. Ha realizado estancias en el Departamento de Inmunología de la Fundación Jiménez Díaz de Madrid y en el *Clinical Research Center, Northwick Park Hospital* en Harrow (Londres). Desde 1982 ha ocupado diversos cargos en INGENASA (Inmunología y Genética Aplicada, S.A.) del que ha sido directora general en el periodo 1994-2011. Dedicada a la sanidad animal posee una larga experiencia en proyectos relacionados con inmunología y virología. Ha sido presidenta de la Sociedad Española de Biotecnología (SEBIOT) y miembro de la Asociación Española de Bioempresas (ASEBIO), y hasta 2010 presidenta de la Asociación de Mujeres Investigadoras y Tecnólogas (AMIT).

Nombrada Secretaria de Estado de Investigación y Desarrollo e Innovación el 30 de diciembre de 2011 afronta una situación nada optimista para la I+D+I española, con una notable caída del gasto empresarial en investigación desde que comenzó la crisis, así como una drástica reducción de los presupuestos estatales que complica aún más las cosas. Entre sus retos destaca la puesta en marcha de la nueva Ley de la Ciencia, la Tecnología y la Innovación, incluida la creación de la Agencia de Investigación reclamada por la comunidad investigadora.

Sheila E. Widnall (Tacoma, WA, 1938) es ingeniera aeronáutica, y fue la primera mujer en ocupar un cargo directivo en el ejercito americano cuando el presidente Bill Clinton la nombró secretaria de la *US Air Force* (1993-1997).

Interesada por la ciencia desde la escuela, se matriculó en el MIT en 1956 como una de las 21 mujeres en una clase de 900 estudiantes y se licenció en 1960, casándose ese mismo año con un compañero aeronáutico con quien tiene un hijo y una hija. A continuación obtuvo el máster (1961) y el doctorado (1964). Profesora de Matemáticas y Aeronáutica en el MIT desde 1970, se convirtió en catedrática en 1974. A partir de este momento se orientó hacia la gestión y administración encargándose sucesivamente de la dirección de la investigación en el sector público de los EE UU, y en la división de fluidos del MIT. En 1986 el MIT la nombró *Abby Rockefeller Mauze Professor*, una cátedra reservada a profesorado que promocionaba el estatus de la mujer en la industria, el arte o el mundo profesional, y en 1988 fue elegida primera mujer presidente de la *American Association for the Advancement of Science*. Después del paréntesis como secretaria de la armada estadounidense, en 1997 volvió al MIT donde continua trabajando activamente.

Experta en dinámica de fluidos sus investigaciones versan sobre el ruido, la inestabilidad y las vibraciones generadas por las hélices de helicópteros o aviones. El reconocimiento a su trayectoria se ha manifestado en forma de numerosos honores de los que entre otros señalaremos, *Lawrence Sperry Award* (1972), *Washburn Award* (1987) y *Women's Hall of Fame* (2003).

ARQUITECTAS

Las personas que han investigado la historia del hábitat humano han encontrado muchos ejemplos de viviendas construidas por mujeres tanto en poblaciones nómadas, como por ejemplo los bosquimanos africanos, como en las sociedades seminómadas de las tribus de las poblaciones indias de América o de los tuaregs del Sahara, o los masais africanos, etc. En todas estas poblaciones y en otros muchos ejemplos las casas eran y son construidas por las mujeres mientras los hombres se dedicaban o dedican a la caza.

Ha sido el siglo XX, el hito histórico que ha marcado la incorporación de las mujeres al mundo de la arquitectura, tal como se muestra en la siguiente gráfica en la que se puede apreciar el aumento paulatino, en los últimos años de mujeres matriculas en los estudios de arquitectura.

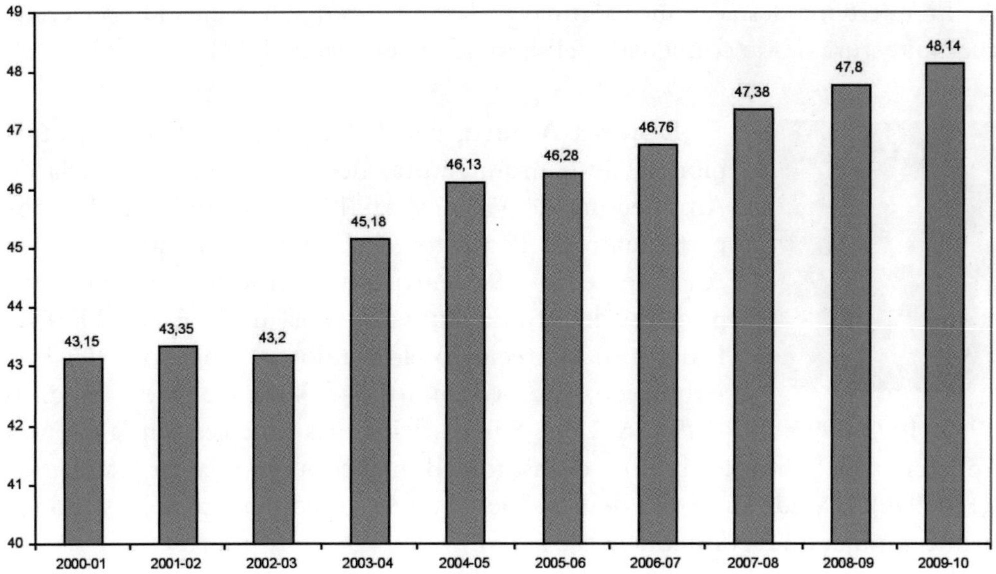

Porcentaje en tanto por ciento de mujeres matriculadas en Arquitectura.

Históricamente las mujeres en el mundo de la arquitectura han unido su destino al de un nombre masculino que es quien ha obtenido el reconocimiento mundial. Aún hoy día son numerosas las parejas de arquitectos o los estudios de arquitectura en los que las obras de las mujeres quedan ocultas tras un apellido masculino, ya que son mayoritariamente los hombres quienes dirigen dichos estudios.

Al tratar acerca del papel de las mujeres en la arquitectura es necesario plantear el eterno dilema presente en todas las ramas del conocimiento, ¿existe una arquitectura femenina? Muchas de ellas creen que sí, y como representante de esta corriente **Benedetta Tagliabue** dice:

> «La presencia de la mujer dentro de los despachos de arquitectura está influyendo muchísimo porque organizamos todo con un estilo más familiar. Somos más conciliadoras, somos capaces de ver los distintos puntos de vista y amalgamarlos. Me parece que la arquitectura está en una fase femenina porque tiene la capacidad de aceptar la mezcla, está volviendo el interés por las texturas, por cómo las superficies se transforman...».

No hay duda de que las mujeres suelen ser más conscientes que los hombres de cómo los espacios, las formas, los materiales y hasta los colores influyen en la vida cotidiana. Las mujeres no ignoran lo importante que es que en una casa o en el lugar de trabajo haya confort y calidez, que todo funcione y sea cómodo.

En este tema destacaremos algunas de las mujeres que han ejercido o ejercen la arquitectura desde comienzos del siglo xx hasta la actualidad.

Dolores Alonso, nacida en Alicante en 1951, es una pionera de la arquitectura, licenciada por la Escuela de Arquitectura de Valencia en 1976. Es profesora del Departamento de Proyectos de Escuela de Arquitectura de Alicante desde 1998. Participó en la selección para la exposición de Arquitectura Española de la Expo 2000 de Hannover. Ha recibido el Premio del Colegio Oficial de Arquitectos de la Comunidad Valenciana de los años 1989, 1992-1993, 1994-1995 y 1997. Sus edificios más notables son la Escuela Politécnica de Alicante (1997) y el Instituto Bernabéu junto a Javier García Solera (1996). Ha sido directora de VIII Bienal de Arquitectura española, siendo la primera mujer que ha ostentado ese cargo.

Aunque trabaja en algunas ocasiones con Javier García Solera, no se puede englobar en la categoría de parejas de arquitectos tal como ella misma afirma:

> «Hay muchas parejas de arquitectos y algunas están al lado las 24 horas del día con los mismos problemas. Yo prefiero una vida más independiente aunque en ocasiones trabajemos juntos porque nos favorece».

Dolores Alonso defiende la necesidad de que los profesionales de la arquitectura se impliquen socialmente y es por ello una activa luchadora para intentar imponer la estética frente el caos de la especulación y el ladrillo que sufre la ciudad de Alicante y su costa.

Gae Aulenti, arquitecta italiana nacida en 1927 en Palazzolo della Stella (Udine). Estudió en la Escuela Politécnica de Milán donde se diplomó en 1954 y se estableció profesionalmente. Se ha interesado además por otros campos artísticos aparte de la arquitectura: artes plásticas, el diseño industrial y de interiores, así como en el de la escenografía teatral.

Ha realizado la decoración de interiores de numerosas tiendas, entre las que cabe destacar: Olivetti en París, Knoll en Boston y Fiat en Turín y Zurich.

Diseña muebles y objetos de decoración de gran pureza de formas, como la serie de lámparas para la firma Artemide o los muebles para Knolly Zanotta, etc.

Sin embargo entre sus obras más famosas están: la restauración y decoración de interiores del Palazzo Grazzi en Venecia, en colaboración con el arquitecto A. Foscarti transformado por Fiat en una fundación de arte, en el que realiza montajes de numerosas exposiciones. La remodelación y sobre todo la arquitectura interior del Museo de Orsay en París (1982-1985), como nuevo Museo de los Impresionistas y de Arte del siglo XIX. El acondicionamiento de la cuarta planta del Centro Pompidou de París para Museo Nacional de Arte Moderno en 1985.

Ha realizado las escenografías teatrales de *Le baccanti*, *La vita e'un sogno*, *Calderon*, *El barbero de Sevilla*, etc. Gran viajera imparte conferencias sobre arquitectura por todo el mundo, y ha trabajado en España en la construcción del Pabellón de Italia en la Exposición Universal de Sevilla en 1992 y en la remodelación del palacio Alfonso XIII de Barcelona que acoge el Museo Nacional de Arte de Cataluña inaugurado en el 2004.

Lina Bo Bardi nació en Roma (Italia) en 1914. Estudió en la Facultad de Arquitectura de la Universidad de Roma. Se trasladó a Milán donde trabajó para Gio Ponti y dirigió la revista *Domus*. Al acabar la Segunda Guerra Mundial, durante la cual fue destruido su estudio emigró a Brasil, junto a su marido Pietro Maria Bardi, crítico e historiador de arte, donde se nacionalizó en 1951.

Fue en Brasil donde desarrolló toda su carrera profesional tanto en el campo de la arquitectura como en el del diseño industrial y de interiores. Construyó su casa familiar denominada Casa del Vidrio, que nació, ordenó y creció en torno a un árbol, y es la arquitecta del Museo de Arte Moderno de Sao Paulo que recibió grandes elogios por parte de la comunidad arquitectónica internacional, se trata de un edifico de varios pisos que se sujeta en sólo tres pilares. A finales de 1970 realizó el edificio SESC-Fábrica Pompeya, una antigua fábrica que es reutilizada como centro de ocio y se ha convertido en un referente para la historia de la Arquitectura de la segunda mitad del siglo XX. Produjo además teatro, cine, artes plásticas y diseño de mobiliario.

Murió en 1992 sin poder terminar la reforma del Palacio de la Industria y sin haber obtenido el reconocimiento que toda su obra merecía.

Anna Castelli Ferrieri (1918-2006), natural de Milán (Italia), fue una de las primeras tituladas en Arquitectura por el Instituto Politécnico de la Universidad de Milán en 1943, asociada al periodo de diseño moderno de la Italia de la posguerra. Junto a Pier y Achille Castiglioni, **Gae Aulenti**, Etore Sottsass y Joe Colombo transformaron el mundo del diseño con su interés por usar nuevas tecnologías y materiales como el plástico.

La mejor representación de su trabajo como arquitecta es la sede de Kartell, con sus bloques de color rojo intenso. Visible desde la autopista que bordea Milán, es una empresa de muebles conocida por sus diseños plásticos de alta calidad, que fundó con su esposo Giulio Castelli. También diseñó oficinas y una fábrica de Alfa Romeo.

Famosa por sus diseños de mobiliario en materiales plásticos de colores vivos, algunas de sus piezas han pasado a formar parte de la colección permanente del Museo de Arte Moderno de Nueva York. Diseñó numerosos objetos para la empresa Kartell. Su contenedor de elementos «4970/84», consistente en unidades apilables e intercambiables todavía se fabrica hoy. Anna Castelli Ferrieri obtuvo numerosos premios de diseño, incluyendo el importante COMPASSO D'ORO.

Para una retrospectiva de sus obras expuesta en el Museo de Arquitectura y Diseño del Ateneo de Chicago en 1997, escribió: «Sigo mi camino consciente de la responsabilidad que asumo siempre que añado una nueva presencia a un mundo físico ya superpoblado».

Rita Fernández-Queimadelos nació en 1911 en La Cañiza (Pontevedra). Estudió dos cursos de Ciencias Químicas en la Universidad de Santiago de Compostela entre 1928 y 1930, este último año se trasladó a Madrid alojándose en la Residencia de Señoritas para preparar el ingreso en la Escuela de Arquitectura, donde empezó sus estudios en 1932 coincidiendo con **Matilde Ucelay**. Terminó sus estudios en 1941, tras el paréntesis de la Guerra Civil, convirtiéndose

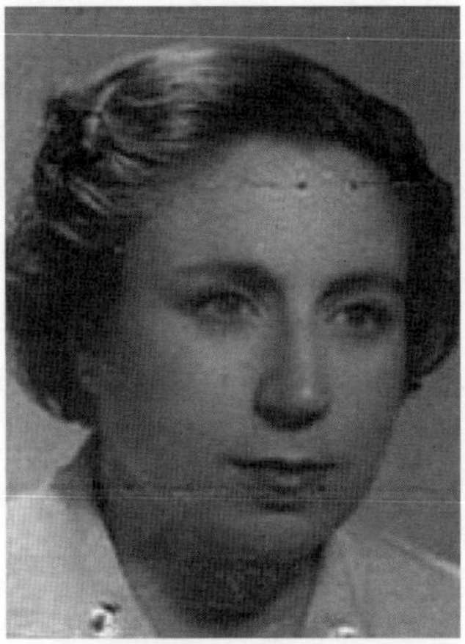

en la segunda mujer arquitecta española e inició su labor profesional en la Dirección General de las Regiones Devastadas en Madrid (1941-1946). Interrumpió su actividad profesional al nacer su cuarto hijo y no la reanudó hasta 1954 en Murcia donde trabajó como Arquitecta Escolar provincial y Arquitecta Municipal de Mula, siendo la primera mujer española en alcanzar estos puestos profesionales. También fue arquitecta de la inmobiliaria CRISA, dentro del ejercicio libre de su profesión. Posteriormente se trasladó a Barcelona donde se jubiló en 1974. Falleció en septiembre de 2008.

Eileen Gray (Kathleen Eileen Moray) nació en *Enniscorthy* (Irlanda), en 1878 en el seno de una familia aristocrática. Estuvo entre las primeras mujeres aceptadas en el *Slade School of Fine Art* de Londres, donde estudió entre 1898 y 1901. Se trasladó luego a París donde asistió a las Academias, *Colarossi* en 1902 y *Julian* en 1903. Tras un breve regreso a Inglaterra se estableció en París y llegó a ser una figura sobresaliente en el mundo de las artes decorativas francesas. Entre los años 1910 y 1920 se dedicó al diseño de mobiliario con acabados en barniz y lujosas alfombras, con tendencia a la tradición japonesa, para una pequeña clientela adinerada. En 1913 hizo su primera exposición, con algunos paneles decorativos que fueron exhibidos en el *Salon des Artistes Décorateurs.*

En 1922 abrió la galería *Jean Désert*, donde exponía sus propios muebles (sofa «Lota», sillas «Roquebrune» y el reconocido sillón «Bidendum») y alfombras, además de tener un servicio de decoración. La galería permaneció abierta hasta 1930.

Cuando contaba casi 50 años, empezó a trabajar en arquitectura. Construyó poco y casi siempre para sí misma. Gray realizó nueve edificios en su vida y dejó archivados 45 proyectos de arquitectura. Construyó su primera casa en Roquebrune, Cap Martin en la Riviera de Francia. Su más famosas obras son, la conocida como «E.1027» terminada en 1929 y la llamada «Tempe à Paille» en 1934 en el sur de Francia. Los historiadores de arquitectura admiran los edificios de Gray por la pureza de su diseño y la atención a los detalles, sin embargo

durante los últimos años, varios de sus diseños de muebles y obras arquitectónicas le fueron atribuidas a otros, especialmente a Badovici, arquitecto, editor y crítico catorce años menor que ella con el que había mantenido una relación que duró hasta 1932.

En 1937 Le Corbusier, aunque su relación nunca fue muy estrecha, le invitó exponer sus planos para un Centro de Vacaciones en el Pabellón de los Tiempos Nuevos en la Exposición Internacional de París.

Su contribución en el Movimiento Moderno ha sido muy significativa y ha colocado su obra en el marco de los movimientos contemporáneos de diseño y arquitectura de la historia social y cultural del siglo XX. Aunque su obra permaneció en el olvido hasta que en 1970 el coleccionista americano Robert Walker comenzó a localizar las piezas lacadas de Gray convirtiéndose en un elemento importantísimo de su revalorización. A partir de finales de los setenta se realizaron numerosas exposiciones retrospectivas de su obra en Viena, Londres, Edimburgo, Nueva York, Los Ángeles,...

Murió en 1976 en París, Eileen Gray no obtuvo en su tiempo el reconocimiento merecido aunque su trabajo gozó de muchos seguidores. Fue una mujer transgresora que abandonó el modelo de mujer victoriana imperante en la época y se incorporó a la modernidad. Fue una de las primeras mujeres en romper los moldes y hacerse un hueco en el mundo del diseño de principios del siglo pasado. Su creaciones continúan cotizándose al alza como piezas de colección y culto.

Zaha Hadid, es una arquitecta iraquí, nacida en Bagdad en 1950, que realizó sus estudios en Londres. En 1977 se asoció con el *Office for Metropolitan Architecture* y empezó a dar clases. En 2002 fue profesora visitante en la Universidad de Yale y desde 2003 es profesora en la Universidad de Artes Aplicadas de Viena. Mujer de carácter difícil, calificada como la diva de la arquitectura moderna, representa en su labor profesional los valores asumidos tradicionalmente por la arquitectura masculina.

Ha diseñado numerosos proyectos entre ellos, el puente habitable sobre el Río Támesis en Londres, el Edificio de la Filarmónica en Luxemburgo, el The Peak en Hong Kong (China), el cuartel de bomberos Vitra en Alemania, el Museo de Artes Islámicas en Qatar, el Centro Rosenthal de Arte Contemporáneo en Cincinnati (EE UU), el Centro de Arte Contemporáneo en Roma (Italia), el Edificio BMW en Leipzig (Alemania) y el Museo Guggenheim en Tokyo. Ha trabajado en España en más de nueve espectaculares proyectos, donde destaca el puente construido para la Expo de Zaragoza (2008).

Ha recibido numerosos premios, *Gold Medal Architectural Design*, *British Architecture for 59 Eaton Place, London*, en 1982 y el Premio de arquitectura contemporánea de la Unión Europea y la Fundación Mies van der Rohe en 2003 por el proyecto Aparcamiento y Terminal Hoeinheim Norte en Estrasburgo y el Premio Pritzker, considerado el Nobel de arquitectura, en 2004, otorgado por vez primera a una mujer.

El Premio Pritzker de arquitectura fue creado en 1979 por Jay A. Pritzker y se entrega anualmente a un arquitecto en vida de cualquier país, que haya mostrado a través de sus proyectos y obras las diferentes facetas de su talento profesional contribuyendo con ellas al enriquecimiento de la Humanidad. Es el reconocimiento más importante en su campo y las ceremonias de entrega se celebran en distintas ciudades del mundo.

Sin duda, otras mujeres merecieron recibir con anterioridad este galardón, como **Lina Bo Bardi** que murió en 1992 sin haberlo conseguido y **Denise Scott Brown** quién llevaba dos décadas trabajando con su marido Robert Venturi que si lo obtuvo en 1991.

Marion Mahoney Griffin, nacida en Chicago (Illinois) en 1871. Se graduó en 1894 siendo la primera mujer diplomada en el Instituto de Tecnología de Cambridge (Massachussets) en 1894. Fue también la primera mujer en obtener la licencia como arquitecta en el estado de Illinois y una de las primeras de los EE UU. Empezó inmediatamente a trabajar con su primo el arquitecto Dwight Perkins, y un año después lo haría con Frank Lloyd Wright, considerado uno de los principales maestros de la arquitectura americana del siglo XX, en una colaboración que duraría catorce años. Se convirtió en una de las diseñadoras responsables de muchos de los mobiliarios de las casas, de mosaicos, de murales de cristal plomado y de accesorios de iluminación. Trabajó también con Hermann von Holst destacando por sus cualidades en el dibujo y la composición y asumió la responsabilidad de tres de los seis proyectos que von Holst retomó después de la marcha de Wright a Europa en 1909.

En 1910 publicó *Wasmuth Portfolio* consagrado a los trabajos de Frank Lloyd Wright Se casó en 1911 con el arquitecto Walter Burley Griffin y en 1914, ella y su marido se trasladaron a Australia para trabajar en el diseño de la capital Canberra, donde permanecieron más de veinte años trasladándose posteriormente a la India en la construcción de numerosos edificios entre ellos la Biblioteca de la Universidad de Luckwon. A la muerte de su marido regresó a Chicago, donde falleció en 1961.

De su obra personal destaca la construcción conocida como Adolph Meuller House edificada en Decatur (Illinois).

El reconocimiento profesional de Marion Mahoney Griffin ha sido difícil a pesar de desempeñar un papel importante en la historia de la arquitectura americana como miembro de la escuela de la pradera. Dicho movimiento construyó en Chicago casas unifamiliares fuertemente integradas en su entorno, con cubiertas que sobresalen de las fachadas y las ventanas formando una secuencia continua horizontal; el núcleo central de las casas lo constituye una gran chimenea, alrededor de la cual se disponen las distintas estancias.

En la actualidad existe el Fondo Conmemorativo Marion Mahoney Griffin que concede becas de apoyo para las mujeres arquitectas.

Aino Marsio Aalto nacida en Helsinki (Finlandia) en 1894, fue una de las primeras arquitectas finlandesas de principios del siglo XX. Compañera de trabajo y esposa, desde 1924, del también arquitecto Alvar Aalto, trabajaron juntos en su juventud y juntos diseñaron sus obras más emblemáticas: La Villa Mairea (hoy elevada a ser casi un monumento nacional finlandés y paradigma del encuentro entre lo vernáculo y la modernidad), el pabellón finlandés en la Exposición Universal de Nueva York del año 1939, el sanatorio antituberculoso de Paimio o la biblioteca Viipuri. Sin embargo, muy poco se conoce de la importancia de Aino dentro del equipo, como tantas otras mujeres de su época, prefirió mantenerse en la sombra. Además de esta colaboración arquitectónica, Aino y Aalto fundaron conjuntamente con otros colegas la Compañía de Artek para producir y distribuir los diseños de Aalto.

Aino Aalto murió de cáncer en 1949 y su importante papel en la obra de su marido no fue reconocida, hasta la publicación de una biografía en 2004 escrita por Arne Heporaute que ha servido para recuperar su importante papel en la arquitectura nórdica.

Grethe H. K. Meyer, nacida en Dinamarca en 1918, se graduó como arquitecta en la Real Academia de Bellas Artes de Copenhague en 1947. Su trayectoria profesional más importante la desarrolló en el mundo del diseño, sobre todo de objetos de cerámica y cristal. Los cubiertos en acero para la firma Georg Jensen siguen siendo objetos de primerísima actualidad. Recibió numerosos reconocimientos por su obra, entre ellos la Medalla Thorvald, en 1983 y la Medalla Hansen en 2002. Murió a los 90 años.

Farshid Moussavi, nacida en Shiraz (Irán) en 1965, estudió arquitectura en la Universidad de Dundee (Reino Unido) y en la *London Bartlett School* de arquitectura y realizó un máster en la Universidad de Harvard. Ha trabajado en Génova y en la Oficina de Arquitectura Metropolitana (OMA) de Rotterdam. En 1992 creó su propia empresa la *Foreign Office Architects* (FOA) con sede en Londres conjuntamente con el arquitecto madrileño de nacimiento y londinense de adopción Alejandro Zaera Polo, que posteriormente se convirtió en su marido.

Los diseños realizados en el estudio de Alejandro Zaera y Farid Moussavi integran la arquitectura, el urbanismo y el paisaje. En 2002 ganaron el concurso para el diseño de la terminal portuaria de Yokohama en Japón, en la que los pasajeros caminan por el techo del edificio que se adentra 420 metros en la bahía. El interior del edifico carece de columnas y en la cubierta ondulada sembraron césped, convirtiendo la terminal en una extensión del parque Yamashita, que rodea el puerto.

El FOA ha realizado numerosos proyectos, algunos de ellos en España: el Centro de Transferencia de Tecnología en La Rioja, viviendas sociales en Carabanchel, un parque costero con 50.000 m^2 y auditorios al aire libre en Barcelona, un cuartel de la policía en La Villajoyosa, el Teatro Municipal en Torrevieja, el Pabellón de España en la Exposición Internacional Aichi 2005 en Japón.

En el Reino Unido, los proyectos en curso incluyen el Colegio de Diseño y Comunicación en Ravensbourne en la península de Greenwich, Trinidad EC3, un complejo de oficinas en la ciudad de Londres, donde en la actualidad trabajan activamente para el Parque de los Juegos Olímpicos de Londres 2012.

Sus proyectos y trabajos han merecido el reconocimientos mundial con numerosos premios: el Premio Enric Miralles de Arquitectura (2003), el Premio de Arquitectura de Kanagawa en Japón (2003), tres Premios RIBA Mundo (2004, 2005 y 2006), el Premio Especial en la Novena Bienal de Arquitectura de Venecia.

Paralelamente a la práctica de la arquitectura, Farshid Moussavi ha desarrollado su labor docente en numerosos centros y escuelas de arquitectura europeas como el Berlage Institute en los Países Bajos y el Instituto de Arquitectura Hoger en Bélgica. Ha sido también profesora visitante en las Universidades de Harvard y Princeton (EE UU) y en el año 2002 obtuvo una cátedra en la Academia de Bellas Artes de Viena.

Charlotte Perriand nació en París en 1903. Estudió en la *Union Centrale des Arts Décoratifs* y asistió a las clases de la *Académie de la Grande Chaumière* de 1924 a 1926. Al terminar sus estudios participó en el *Salon des Artistes Décorateurs*, con el interior *Le coin de Salon*, obra financiada por sus padres, y un año más tarde volvió a participar con el proyecto *Argentier et Luminaire*.

En 1927 intentó trabajar con Le Corbusier, y aunque el recibimiento que le hizo el arquitecto fue poco amistoso, ya que ante su propuesta le respondió: «desgraciadamente en este taller no bordamos cojines», la pieza que Charlotte expuso en el Salón de Otoño de 1927 titulada *Bar sous le Toit* le hizo cambiar de opinión y ese mismo año inició su trabajo como arquitecta asociada en el taller de Le Corbusier dedicada sobre todo al equipamiento de muebles y accesorios. Charlotte Perriand defendió su autonomía respecto a los arquitectos con los que trabajó manteniendo en todo momento su propio estudio privado de trabajo.

En 1937 finalizó su colaboración con Le Corbusier y tres años más tarde se trasladó a Japón para huir de la guerra que asolaba Europa, donde como Consejera Técnica en Artes Industriales realizó numerosos trabajos. Su estancia en ese país le sirvió para descubrir una cultura y un modo de vida ligado a la naturaleza que le fascinó.

Abandonó Japón en 1943 huyendo a Indochina desde donde fue repatriada a Francia en 1946. La carrera de Perriand despegó a partir de ese momento, creó cocinas y armarios metálicos con su amigo el pintor Fernand Léger, diseñó albergues racionalistas en estaciones de esquí. Vivió hasta los 93 años.

Carme Pinós, nacida en 1954 en Barcelona se tituló en la Escuela Técnica Superior de Arquitectura de Barcelona en el año 1979. Desde 1982 hasta 1991 formó su estudio de arquitectura junto a Enric Miralles, periodo durante el cual obtuvieron numerosos premios. Fundó su propio estudio en 1992 y desde entonces ha compaginado su actividad como arquitecta con la docencia y difusión de la arquitectura, siendo profesora invitada en numerosas Universidades de EE UU, Alemania, Suiza e Italia.

Ha realizado numerosas obras en Cataluña, Islas Baleares, Sevilla, Alicante, Florencia y Méjico. Por el proyecto de la torre Cube en Guadalajara (Méjico) fue galardonada con el I Premio de la IX Bienal Española de Arquitectura y Urbanismo, siendo la primera mujer reconocida con este galardón. La maqueta de dicho proyecto fue adquirida para la exposición permanente del MOMA de Nueva York.

De su labor profesional los expertos dicen «Llama especialmente la atención su forma de integrar en la arquitectura la topografía del lugar. Las características más sobresalientes de su trabajo son el atrevimiento y la frescura».

En 2008 Carme Pinós ha sido galardonada con el Premio Nacional de Arquitectura y Espacio Público del Departament de Cultura de la Generalitat de Catalunya

Interesantes son sus opiniones sobre los matrimonios y parejas de arquitectos:

> «Se dan muchos matrimonios entre arquitectos y, en pareja, muchas de nosotras elegimos el papel de mujer. Nos sentimos primero mujeres y luego arquitectas, y eso, que parece tan natural, se convierte en nuestra ruina. Nuestro trabajo consiste en anclar los proyectos en la realidad, en estar controlando la situación, pero sin chupar demasiada cámara. Se mezclan muchas cosas y la mujer se despliega en todas ellas. Es culpa nues-

tra. De la misma manera que al principio no tenemos suficiente con trabajar, luego no tenemos suficiente con el papel de comparsa. Es difícil compaginar vida y obra, pero hay que hacer un esfuerzo, si no la vida pasa factura» (*La Vanguardia*, enero 2002).

En cuanto al papel de las mujeres en la arquitectura su opinión queda reflejada en la respuesta a la pregunta:

«¿La mujer maneja el espacio de una manera distinta?» «Sí, sí. No tengamos miedo a decirlo. La relación de las mujeres con la vida es diferente. Más terrenal. Ortega y Gasset escribió: «La mujer es, el hombre es lo que hace». Recuerdo que al principio me molestó la frase, pero he llegado a estar de acuerdo. La mujer tiene mayor conciencia de su ser. El hombre, en cambio, en el momento en que no es reconocido, se siente más débil» (*El Periódico de Cataluña*, enero, 2009).

Lilly Reich nació en Berlín (Alemania) en 1885. Se hizo arquitecta de una manera autodidacta a través del interiorismo.

Asistió a una escuela de señoritas. Aprendió bordado y costura desde los 18 hasta los 26 años. Debutó como diseñadora después de haber asistido a las clases de Else Oppler-Legban, gran impulsora de estudios reglados de diseño. Adquirió gran experiencia en interiorismo, que era en ese momento uno de los pocos ámbitos donde se permitía a las mujeres desarrollar su talento.

En 1912 participó en la exhibición «la mujer en la casa y en el trabajo» con el diseño interior de «un apartamento para un trabajador», por el cual recibió numerosas críticas todas ellas ligadas a su condición de mujer.

En 1927 se asoció al arquitecto Ludwig Mies van der Rohe sin dejar por ello la actividad en su propio taller. Trabajó para la gran exposición de la *Deutsche Werkbund Weissenhofsiedlung* en Stuttgart «La vivienda». Reich fue responsable de cinco de las ocho instalaciones montadas. Trabajó como arquitecta en la construcción de la «vivienda de planta baja» y como diseñadora e interiorista en las otras. El éxito de esta exposición inició una estrecha relación profesional entre Lilly Reich y Mies van der Rohe que duró más de catorce años. Durante 1928 y 1929 Lilly preparó con Mies van der Rohe la Exposición Universal de Barcelona y estuvo a cargo de la dirección artística de las 25 zonas expositivas que presentó Alemania. Fruto de esta colaboración son la silla, el taburete y el sillón Barcelona, estrellas aún hoy en día de numerosas revistas de decoración y que aparecen en los anales de la historia de la arquitectura y el diseño como obras de Mies.

A finales de 1931 Lilly Reich asumió la dirección de los talleres de interiorismo y diseño de telas de la Bauhaus que fueron cerrados por los nazis por sus «indiscutibles señas de desviación respecto a la cultura patriótica» y transformada en una escuela de labores domésticas. Esta fue una controvertida etapa de su vida y muchos sugirieron que tuvo acceso a este puesto debido a su relación sentimental con Mies van der Rohe.

En 1938 finalizó la colaboración de Lilly Reich y Mies van der Rohe, al emigrar éste a EE UU ella siguió trabajando en Berlín. Su estudio fue bombardeado en 1943, y fue enviada a una organización del trabajo forzoso, donde permaneció hasta 1945. Después de finalizar la guerra impartió clases en la Escuela superior de Bellas Artes en Berlín. Tres años más tarde realizó sus dos últimos encargos: el diseño de mobiliario y la remodelación de unos Apartamentos en los distritos de Dahlem y Charlottenburg. Murió en Berlín en 1950.

Lilly Reich, Charlotte Perriand, Marianne Brandt, Anni Albers, Guta Stölzl trabajaron codo con codo con los grandes de la modernidad y firmaron muchas de las creaciones más cotizadas del siglo XX pero, como tantas veces, la gloria se la llevaron ellos. Una exposición «Las mujeres de la Bauhaus» inaugurada en Londres en 2006 tuvo como objetivo recuperarlas del olvido.

Denise Scott Brown (Denise Lakofski) nació en Nkame (Zambia) en 1931. Inició sus estudios de arquitectura en la Universidad de Witwatersrand en Johannesburgo (Sudáfrica) y en 1952 se trasladó a Londres donde ingresó en la *Architectural Association*, graduándose tres años más tarde. Después de viajar y trabajar en Italia e Inglaterra se trasladó a los EE UU con su primer marido Robert Scott Brown, de quien conserva su apellido, para ampliar sus estudios en el departamento de planificación de la Universidad de Pennsylvania (Filadelfia) donde iniciaría su labor docente, actividad que posteriormente desarrolló en numerosas universidades norteamericanas como en la ya mencionada de Pennsylvania, UCLA, Yale y Harvard.

En 1967, se casó con Robert Venturi a quien conoció mientras impartía clases en Pennsylvania e iniciaron una trayectoria conjunta como docentes, escritores y profesionales de la arquitectura fundando un estudio de arquitectura que todavía funciona en la actualidad. El estudio Venturi, Scott Brown y asociados, proyectó varios de los más influyentes edificios de las décadas de 1970 y 1980. Entre ellos se incluyen el Franklin Court en Filadelfia, la renovación y ampliación del Museo de Arte en el Allen Memorial en Oberlin (Ohio) y la ampliación de la National Gallery de Londres.

Escribieron con Steven Izenour el texto *Aprendiendo de Las Vegas* (1972), donde proclamaron la importancia de la cultura popular. Fue polémico en el momento de su publicación pero ahora se considera un referente de la cultura norteamericana.

A pesar de toda la obra conjunta de Denise Scott Brown y Robert Venturi sólo él recibió en 1991 el Premio Pritzker de arquitectura, ya se ha comentado, mostrando los valores patriarcales del jurado de dicho premio.

Grete Schütte-Lihotzky (Margarete Lihotzky) nació en Viena en 1897. Estudió en la Escuela de Artes Aplicadas y en 1919 fue la primera mujer arquitecta de Austria. Tuvo una gran actividad en su época de estudiante, obteniendo el Premio Max Mauthner por el proyecto para un centro cultural y el Premio Lobmeyer por unas viviendas para trabajadores. Al finalizar la carrera abrió su propio estudio y elaboró algunos trabajos como arquitecta independiente; se trasladó a Holanda donde impartió clases y colaboró con el arquitecto Vermeer, regresó a Viena y desarrolló su labor profesional en la Oficina de la Asociación Hortícola Austriaca, donde siguió trabajando en casas para obreros y en la racionalización de aspectos relacionados con la vida doméstica en el diseño de casas, cocinas y mobiliario.

En 1926 entró en el equipo que el arquitecto Ernst May había establecido para diseñar el futuro desarrollo de la ciudad de Frankfurt, con el fin de desarrollar la racionalización de la vida doméstica en los diferentes tipos de viviendas, sobre todo en el diseño de cocinas, que se iban a construir en esa ciudad. La cocina de Frankfurt obtuvo su mayor publicidad en la exposición «La nueva vivienda y su diseño interior. El trabajo doméstico actual» que se organizó en la Feria de Frankfurt en 1927. Al finalizar la exposición se casó con Wilhelm Schütte, también arquitecto de la Oficina de Frankfurt, en el departamento encargado de la construcción de escuelas.

Al iniciarse la depresión económica de los años 30 las parejas con dos sueldos se vieron obligadas a que uno de los miembros abandonara el mercado laboral, debido a ello Grette dejo su puesto en «la Oficina» y se dedicó a presentarse a concursos y a realizar encargos privados. Poco después May, al que siguió una gran parte de su equipo, se trasladó a la Unión Soviética, para trabajar en el diseño de nuevos barrios y ciudades. Grete Schütte Lizhotzky se ocupó de los proyectos relacionados con el departamento de equipamientos infantiles hasta que tuvieron que abandonar dicho país, en agosto de 1937. Después de un peregrinaje por numerosas ciudades europeas se instalaron en Estambul cooperando con el Ministerio de Educación turco en el diseño y planeamiento de centros de enseñanza. En las navidades de 1940 Grete regresaría a Viena para establecer contacto con la resistencia austriaca siendo detenida por la Gestapo y condenada a 15 años de prisión. El fin de la Segunda Guerra Mundial le permitió recuperar su libertad después de haber permanecido más de cuatro años en el penal de Aichach en Baviera (Alemania).

A partir de 1945 su carrera profesional se desarrollo realizando encargos de organismos gubernamentales de Bulgaria, Alemania, Cuba y Austria y llevando a cabo actividades en ámbitos muy diversos: exposiciones, guiones de cine, libros, etc. Consecuente con sus ideas ingresó en la Unión de Mujeres Demócratas Austriaca, y en la Asociación de Campos de Concentración y Resistencia. Murió debido a las secuelas de una gripe pocos días antes de cumplir 103 años.

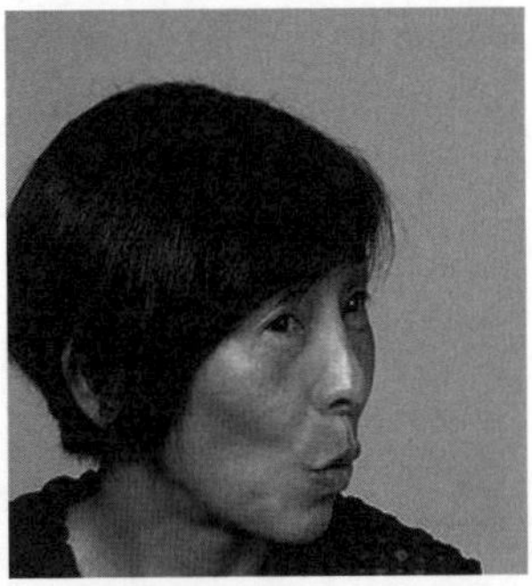

Kazuyo Sejima, arquitecta japonesa nacida en 1956 en Ibaraki. Se graduó en 1981, en la progresista Universidad de Mujeres de Japón, hecho que influiría mucho en su posterior labor profesional. Al finalizar sus estudios entró a trabajar en el taller de Toyo Ito. En 1987 crea su propio estudio, *Kazuyo and Associates*, y finalmente en 1995, y con base en la ciudad de Tokio, funda junto con Ryue Nishizawa el estudio de arquitectura *SANAA* (Sejima + Nishizawa and Associates). Kayuzo, para evitar el eterno problema de las parejas de arquitectos, donde el reconocimiento recae en la parte masculina, ambos mantienen su propio estudio para los proyectos individuales. Ambos obtuvieron el Premio Pritzker en 2010.

Ha sido profesora en la Universidad de Keio (Tokio, Japón) en 2001, en la Escuela Politécnica Federal de Lausana (Suiza), y profesora visitante en la Universidad de Princeton (EE UU) en el año 2006.

Ha construido numerosas casas y edificios en su país natal, destaca la belleza del Museo de Arte Contemporáneo del Siglo XXI, que Sejima levantó en Kanazawa (Japón), el Pabellón de Vidrio en el Museo de Arte de Toledo (Ohio) o la escuela de diseño Zollverein, en Essen (Suiza). En el año 2007, el Musac de León dedicó una exposición a su obra.

En su currículum cuenta con galardones como el Premio de Arquitectura Arnold W. Brunner de la Academia Americana de las Artes y las Letras, el Premio de Arquitectura Vincenzo Scamozzi (Salzburgo) o el León de Oro de la IX Bienal de Venecia por los proyectos Museo de Arte Contemporáneo del Siglo XXI en Kanazawa y la ampliación del IVAM. Entre sus proyectos, destacan también la construcción del nuevo Museo de Arte Contemporáneo de Nueva York y la ampliación del Museo de Arte Contemporáneo IVAM de Valencia.

Sus edificios, sus decisiones, sus costumbres, su actitud y hasta sus gestos retratan a una profesional atípica, una persona con ambiciones singulares en el *mare mágnum* de las estrellas arquitectónicas. No quiere construir por todo el mundo, quiere poder pensar cada proyecto. El campo de la arquitectura no es precisamente una actividad profesional en el que las mujeres suelan brillar en solitario. Si nos fijamos en las *vedettes* arquitectónicas (de Norman Foster a Jean Nouvel), la única mujer que acompaña a Kazuyo Sejima en fama universal es la angloiraquí Zaha Hadid. Aunque sus concepciones del trabajo son muy distintas, Sejima no necesita ni levantar la voz ni llegar a tres cifras en su número de empleados, ella sólo sabe trabajar con tiempo. Y eso implica reducir sus horas de sueño, pero también su número de clientes.

En una entrevista realizada en Barcelona en el 2008 explica su decisión de estudiar arquitectura en estos términos:

> «Cuando era pequeña, debía de tener ocho años, mis padres decidieron hacerse una casa. Y compraron revistas para buscar ideas. Por casualidad un día vi una que mostraba una fotografía de la casa de Kiyonari Kikutake, el maestro del que luego sería mi maestro, Toyo Ito. Yo no tenía ni idea de que la casa era famosa, pero me sor-

prendió y me fascinó. Tanto, que me involucré mucho en la construcción de nuestra casa... Pero cuando con 15 años tuve que decidir qué estudiar, recordé esos momentos y pensé que quería hacer casas. Así es que me apunté a arquitectura».

Es una mujer comprometida con su profesión y consciente de las dificultades que por ser mujer ha encontrado a lo largo de su vida profesional.

Benedetta Tagliabue nació en Milán (Italia) en 1963 y se graduó en Venecia en 1989 con la máxima graduación en el *Istituto Universitario di Architettura di Venezia* defendiendo una tesis doctoral sobre el Central Park de Nueva York, donde se trasladó para continuar sus estudios. Llegó a Barcelona en 1989 para trabajar con el también arquitecto Enric Miralles al que conoció en Nueva York.

En 1991 se asocia con Enric Miralles y juntos fundan «Enric Miralles Benedetta Tagliabue EMBT Arquitectes Associats», un estudio internacional de jóvenes arquitectos con sede en Barcelona. Dicho estudio ganó concursos de gran prestigio el Ayuntamiento de Utrech, la Escuela de Música de Hamburgo, el Centro Social del Círculo de Lectores en Madrid, el Pabellón de la Meditación de Unazuki (Japón), así como varias obras para la construcción de la ciudad olímpica de Barcelona. Enric Miralles murió antes de finalizar muchos de estos proyectos y Benedetta Tagliabue asumió la dirección del estudio y participa en numerosos nuevos proyectos. Uno de los más importantes fue la nueva sede del parlamento escocés, que se construyó entre 1998 y 2002. Proyectos actuales son la transformación del puerto de Hamburgo, un concurso que el estudio EMBT ganó en 2002 y que trabaja para diseñar de nuevo los espacios abiertos de la zona, o el nuevo edificio de la Facultad de Arquitectura en Venecia.

Muchísimos proyectos construidos y en proceso de realización han merecido un reconocimiento público: el Campus Universitario de Vigo (FAD 2004), el Parc dels Colors en Mollet del Vallès (FAD 2002), el parque de Diagonal Mar a Barcelona (FAD de la opinión 2003), el Ayuntamiento de Utrecht en Holanda (Rietveld 2001 y Nederlandse Bouwprijs 2000), el Mercado de Santa

Caterina en Barcelona (Premio Nacional de Catalunya 2001), la casa La Clota en Barcelona (FAD y Ciutat de Barcelona 2000), las Pérgolas de la Avenida Icaria en Barcelona (Premio Década-Tusquets, 2002), la sede del Círculo de Lectores en Madrid (Premio Ciudad de Madrid, 1993), el premio Ciutat de Barcelona a la proyección internacional por el proyecto del pabellón español para la Expo de Shanghai 2010. Asimismo por su tesis doctoral sobre el Central Park de Nueva York obtuvo el primer premio en el concurso Bienal Jóvenes de Barcelona en 1991.

Ha dado clases y charlas en diversas escuelas y universidades de Arquitectura y colegios de Arquitectos de EE UU, Sudamérica, Europa y Asia. Desde el año 2000 es profesora invitada de la *Escola Tècnica Superior d'Arquitectura* de Barcelona (ETSAB).

Benedetta Tagliabue resume su satisfacción por el trabajo bien hecho con esta afirmación: «El mejor halago te lo hace un usuario que te viene y te dice que es feliz viviendo o trabajando en aquel espacio que has creado».

Matilde Ucelay nació en Madrid en 1912, en una familia liberal interesada por las bellas artes, la literatura y el teatro, actividad esta última que su madre, Pura Maortúa, directora de un grupo independiente —Anfistora—, alimentaba con lecturas y ensayos en la terraza de su casa, en Libertad, 20, donde conoció a Federico García Lorca.

Cuando Matilde Ucelay estudiaba arquitectura en los años 30 era la única mujer, lo que además de provocar alguna dificultad «se tuvo que adaptar un aseo para chicas porque no había» suscitaba respeto, y se cuenta que cuando entraba en clase todos se ponían en pie. Al finalizar su carrera, sus compañeros le ofrecieron un homenaje al que asistió el ministro de la Gobernación Amós Salvador del gobierno republicano de Azaña.

En 1937 formó parte de la Junta del Colegio de Arquitectos como secretaria. En 1940 fue represaliada por un tribunal profesional debido a su filiación republicana; fue inhabilitada a perpetuidad para ocupar cargos públicos y, durante cinco años, para el ejercicio privado de la profesión lo que hizo que durante un tiempo sus proyectos los firmaran otros compañeros.

Matilde Ucelay Maortúa fue galardonada, en el año 2004, con el Premio Nacional de Arquitectura. Ucelay Maortúa fue la primera arquitecta en España, una de aquellas mujeres que «supieron vivir con imaginación y abrieron caminos que ahora se pueden recorrer», ha dicho su hijo, Javier Ruiz Castillo:

> «Quizás romper tabúes no sea tan duro como pensamos, y el interés de ser mujer, de irse colando por los rincones de la vida, marcó a mi madre y a esas otras progresistas de los años 20 que tuvieron que abrir el surco».

El jurado, que falló el premio, valoró su trayectoria excepcional en la que mantuvo en todo momento su actividad frente a las dificultades, sin dejar de construir edificios, especialmente viviendas. Entre éstas, la Casa Benítez (Lugo) o la Casa Oswald y las librerías Turner e Hispano-Argentina en Madrid.

Ejerció plenamente su profesión hasta su jubilación en 1981. Falleció en Madrid en noviembre de 2008.

Emilie Winkelmann nació en Aken (Alemania) en 1875. Estudió en la Real Universidad Técnica de Hannover, desde 1901 y 1905, en una época en la que las mujeres no se podían matricular y consiguiéndolo únicamente cuatro años más tarde. En 1908 fundó su propio estudio en Berlín y se dedicó a construir viviendas unifamiliares en los alrededores de la ciudad. No se unió al partido nazi y durante la Segunda Guerra Mundial se refugió en la Westfalia, al finalizar ésta participó en la reconstrucción de la posguerra. Murió en 1951.

Listado alfabético de inventoras, ingenieras y arquitectas mencionadas en el tema 6

Adams, Elisabeth	Inventora del corsé, s. XIX
Alonso, Dolores	Primera mujer directora de la Bienal de Arquitectura Española, s. XX-XXI
Anderson, Mary	Inventora del limpiaparabrisas, s. XIX
Aulenti, Gae	Arquitecta italiana y escenógrafa teatral, s. XX-XXI
Bentz, Melitta	Inventora de la cafetera Melitta, s. XX
Berghin Thomas, Martha Jane	Química que ha desarrollado materiales fosforescentes, s. XX-XXI
Bloomer, Amelia J.	Inventora de los pantalones bombachos, s. XIX
Blount, Bessie	Inventora de un sistema de alimentación para personas discapacitadas, s. XX
Bo Bardi, Lina	Arquitecta italo-brasileña, s. XX
Brill, Yvonne C.	Inventora de sistemas de propulsión de cohetes y satélites, s. XX-XXI
Brush, Mary	Inventora de un corsé, s. XIX

Burr Blodgett, Katharine	Inventora de películas no reflectantes, s. xx
Byron, Ada	Inventora de los primeros ordenadores, s. xix
Calvo Padilla, M.ª Luisa	Coinventora de cristales para el almacenamiento de información holográfica, s. xx-xxi
Cambra, Jessie G.	Primera mujer ingeniera en 1942 en la Universidad de California pionera en el desarrollo de los sistemas de transporte, s. xx
Carbonero Zalduegui, Pilar	Primera mujer en ingresar en la Real Academia de Ingeniería en 2003, s. xx-xxi
Careaga y Basabe, Pilar	Primera mujer titulada en 1929 en Ingeniería Mecánica Industrial en España, s. xx
Carswell Peden, Irene	Primera mujer ingeniera americana en trabajar en la Antártida en 1970, s. xx
Castelli Ferrieri, Anna	Diseñadora italiana de mobiliario en materiales plásticos de colores vivos, s. xx-xxi
Clarke, Edith	Ingeniera eléctrica americana experta en Análisis de Circuitos, s. xix-xx
Clavero Paradiñeiro, Isaura	Primera mujer titulada en Ingeniería Aeronáutica en España en 1974, s. xx-xxi
Cochran, Josephine	Inventora del lavaplatos, s. xx
Cole, Sherry	Coinventora de una cocina solar de caja, s. xx
Colmenares, Margarita H.	Ingeniera civil americana de origen mejicano especializada en problemas de contaminación medioambiental, s. xx-xxi
Conway, Lynn	Ingeniera americana transexual, nacida Robert Sanders, coinventora del supercomputador Deep Blue, s. xx-xxi
Coston, Martha	Inventora de una bengala de señalización, s. xix
Costilla Rodríguez, Carmen	Ingeniera y profesora de Ingeniería de Telecomunicación, reconocida por su experiencia en Bases de Datos, s. xx-xxi
Chia, Yolanda	Inventora del biberón desechable, s. xx-xxi
Chojnowska-Liskiewicz, Krystina	Primera mujer en navegar en solitario (1976-78) alrededor del mundo, s. xx-xxi
Dicciani, Nance K	Ingeniera química clasificada en la lista Forbes como una de las 100 mujeres más poderosas del mundo, s. xx-xxi
Donovan, Marion	Inventora del pañal desechable, s. xx
Eglui, Ellen	Inventora de rodillos para escurrir ropa, s. xix
Fernández Queimadelos, Rita	Segunda mujer arquitecta española, s. xx-xxi
Flügge-Lotz, Irmgard	Ingeniera experta en aerodinámica e inventora de la técnica estándar Lotz, para el cálculo de la distribución de carga en las alas de un avión, s. xx

Goldsmith, Andrea	Ingeniera electrónica especialista en comunicaciones inalámbricas, s. XX-XXI
Gómez Mendoza, Josefina	Geógrafa e ingeniera de montes honorífica, es la tercera académica de la Real Academia de Ingeniería, s. XX-XXI
Gramage, Lourdes	Inventora de jeringuillas de un solo uso, s. XX-XXI
Green, Catherine Littlefield	Inventora del almarrá, s. XVIII
Gray, Eileen	Diseñadora y arquitecta irlandesa representante del Movimiento Moderno, s. XIX-XX
Hadid, Zaha	Arquitecta iraquí, primera mujer ganadora del premio Pritzker de arquitectura en 2004, s. XX-XXI
Henry, Beulah Louise	Inventora de 49 patentes, s. XIX
Hipatia	Inventora del astrolabio plano, s. I
Hopper, Grace Murray	Inventora del lenguaje Cobol, s. XX
Jones, Amanda Theodosia	Inventora del enlatado al vacío y otros objetos, s. XIX
Joyner, Marjorie Stewart	Inventora de una pinza para desrizar el pelo, s. XX
Kies, Mary	Inventora de un método para tejer paja, s. XIX
Kerr, Barbara	Coinventora de una cocina solar de caja, s. XX
Knight, Margaret	Inventora de las bolsas de papel de base cuadrada, s. XIX
Kwolek, Stephanie	Inventora del *kevlar*, s. XX
Lamarr, Hedy	Inventora de un método para guiar torpedos con señales de radio, s. XX
Llopis Rivas, Regina	Matemática venezolana creadora del algoritmo AGORA, s. XX-XXI
Mahal, Nor	Inventora del chal de Cachemira, s. XVII
Mahoney-Griffin, Marion	Pionera de la arquitectura en EE UU, s. XIX-XX
Manning, Ann Harned	Inventora de una cortadora de hierba, s. XIX
María La Judia	Inventora del baño maría, s. I
Marsio Aalto, Aino	Arquitecta finesa, s. XIX-XX
Mary S.	Inventora con 53 patentes, s. XIX
Masters, Sybilla	Inventora de un método para triturar el maíz, s. XVIII
Mather, Sarah	Inventora de una lámpara y telescopio submarino, s. XIX
Mayer, Marissa Ann	Primera mujer ingeniera en Google, s. XX-XXI
Meyer, Grethe H. K.	Arquitecta y diseñadora danesa, s. XX-XXI
Moraleda Martínez, Amparo	Ingeniera industrial primera mujer presidenta de IBM en España y Portugal en 2001, s. XX-XXI
Moussavi, Farshid	Arquitecta iraní premiada en la 9.ª Bienal de Arquitectura de Venecia, s. XX-XXI
Nesmitt Graham, Bette	Inventora del líquido corrector, s. XX
Oliver Ramírez, Nuria	Titulada en Ingeniería Eléctrica y Ciencias de la Computación, es directora científica de Multimedia en Telefónica, s. XX-XXI

Patrick, Jennie R.	Primera mujer afroamericana doctora en Ingeniería Química, s. xx-xxi
Penthesilea	Inventora de una hacha de batalla, s. i
Phelps Jacob, Mary	Inventora del primer sujetador moderno, s. xix
Perriand, Charlotte	Arquitecta interiorista francesa, s. xx
Pintasilgo, Maria De Lurdes	Ingeniera química e industrial y primera ministra de Portugal en 1979, s. xx-xxi
Pinós, Carme	Primera mujer galardonada con el I Premio de la Bienal Española de Arquitectura y Urbanismo, s. xx-xxi
Prieto Laffargue, María Jesús	Primera mujer ingeniera de telecomunicaciones en España en 1969, y primera mujer en presidir el Instituto de Ingeniería de España en 2000, s. xx-xxi
Reich, Lilly	Interiorista y arquitecta autodidacta alemana, s. xix-xx
Salarich Fernández De Valderrama, Magda	Primera ingeniera ICAI en 1979 y primera mujer directora de Citroën en Europa en 2000, s. xx-xxi
Scott Brown, Denise	Arquitecta, urbanista, teórica y docente que desarrolló su actividad profesional en EE UU, s. xx-xxi
Schütte-Lihotzky, Grete	Arquitecta austriaca, s. xix-xx
Sejima, Kazuyo	Arquitecta japonesa, segunda mujer ganadora del premio Pritzker de arquitectura en 2010, s. xx-xxi
Sherman, Patsy	Coinventora del tejido impermeable, s. xx
Shi Dun	Inventora del papel, s. i
Tagliabue, Benedetta	Arquitecta italiana establecida en Barcelona, s. xx-xxi
Tabuenca, Ana	Inventora de un sistema de transporte de obras de arte, s. xx-xxi
Telkes, María De	Patentó y desarrolló innumerables aplicaciones de la energía solar, s. xx
Ucelay Maortúa, Matilde	Primera arquitecta española, s. xx-xxi
Vallet Regí, María	Especialista en biomateriales, segunda académica de la Real Academia de Ingeniería, s. xx-xxi
Vela Olmo, Carmen	Directora general de Inmunología y Genética Aplicada S. A. en 1994-2001, s. xx-xxi
Walton, Mary	Inventora de un sistema corrector de la contaminación de las grandes ciudades, s. xx
Walker, Sarah Breedlove	Inventora de un tratamiento para el cabello, s. xix
Widnall, Sheila E.	Ingeniera aeronáutica, primera mujer en ocupar un cargo directivo en la *US Air Force* en 1993, s. xx-xxi
Winkelmann, Emilie	Primera arquitecta alemana, s. xix-xx

Tema 7

ASTRONAUTAS Y AVIADORAS

Harriet Quimby, primera mujer estadounidense en obtener en 1911 la licencia de piloto de aviación.

INTRODUCCIÓN

La exploración del espacio por los seres humanos es uno de los más brillantes logros de nuestra especie. Los siete astronautas del programa *Mercury* fueron con mucho los hombres más famosos de los EE UU, y quizás del mundo entero, entre finales de los años 1950 y principio de los 60. Muy pocos conocen sin embargo que trece mujeres americanas habían superado las mismas pruebas que ellos, a las que nunca se les permitió entrar y mucho menos viajar en una nave espacial, simplemente porque eran mujeres.

Aquí trataremos de recuperar algunos de sus nombres y relatar su lucha por conseguir que las americanas fueran consideradas seriamente como candidatas a astronautas. Ellas forzaron a la comunidad aeroespacial a asimilar el concepto de mujeres competentes y cualificadas en ese campo y abrieron las puertas para que mujeres de generaciones futuras fueran incluidas en los programas aeroespaciales, realizaran viajes al espacio e incluso pilotaran naves.

EL PROGRAMA *MERCURY*

A **Geraldine Cobb** (**Jerrie**) y **Janie Hart** les fue muy difícil admitir el 18 de julio de 1962 en el Congreso, que su sueño y el de once mujeres más: **Geraldine Sloan Truhill**, **Bernice Steadman**, **Gene Nora Stumbough Jessen**, **Jan Dietrich**, **Marion Dietrich**, **Rhea Allison**, **Mary Wallace «Wally» Funk**, **Jean Hixson**, **Myrtle «K» Cagle**, **Irene Leverton** and **Sarah L. Gorelick Ratley**, de convertirse en astronautas después de una larga batalla de dos años se había esfumado.

Janie Hart nacida en 1921, en el momento de testificar había pilotado aviones durante 19 años con alrededor de 2.000 horas de vuelo. Además decidió obtener la licencia para pilotar helicópteros a fin de facilitar los desplazamientos de su marido Phillip Hart en la campaña a senador por el estado de Michigan, siendo la primera mujer en conseguirla en dicho estado. Con 40 años era la mayor de todas las mujeres incluidas en el programa de entrenamiento y había sido elegida por su excelente forma física después de ocho alumbramientos, era madre de cuatro chicas y cuatro chicos. Ella era la prueba irrefutable que invalidaba el argumento de que las mujeres que habían sufrido los rigores del parto no eran físicamente adecuadas para viajar al espacio.

Consciente de que hacia menos de sesenta años que los hermanos Wright habían dominado el arte de volar y que sólo once años antes de que ella naciera, **Blanche Scott** se convirtió en la primera mujer americana en pilotar un avión y un año después **Harriet Quimby** obtendría la primera licencia otorgada a una mujer en EE UU, soñaba con emularlas en el espacio.

Mientras más pensaba en ello, más convencida estaba de que el espacio era la etapa siguiente y de que ella estaba allí para asegurar a las mujeres el acceso, al igual que los hombres, a viajar al mismo.

Después de Pearl Harbour (1941) hacían falta pilotos y al hacer pública esa necesidad urgente, 25.000 mujeres se presentaron como voluntarias para convertirse en pilotos militares, aún a pesar del insulto que suponía el que para ello se les exigía el diploma de secundaria y 500 horas de vuelo, mientras que a los hombres únicamente tres años de formación secundaria y 200 horas.

Myrtle «K» Cagle, las gemelas **Jan** y **Marion Dietrich** que vivían en California, **Geraldine Cobb** que aprendió con doce años a volar en un aeroplano y cientos de mujeres más se iniciaban en la aviación. Todo ello a pesar de que en 1946, los puestos fueron recuperados por los hombres que regresaban de la Segunda Guerra Mundial, en franca discriminación.

Sin embargo, se habían roto los patrones familiares previos a dicha guerra, las mujeres sabían que eran competentes para abordar profesiones hasta entonces reservadas al género masculino. La adquisición de dicha conciencia constituye uno de los hitos más importantes en la historia de los derechos de la mujer en EE UU después de conseguir el derecho al voto en 1920.

En ese momento el desarrollo de la construcción de cohetes espaciales parece despegar. En el siglo xx dos científicos empiezan a desarrollar los cohetes espaciales, un americano Robert H. Goddard en 1919 y un alemán Wernher von Braun en los años treinta. En 1942 von Braun consiguió que uno de sus misiles denominado V-2 penetrara con éxito en el espacio exterior, aunque su objetivo prioritario fuera usarlos como bombas. A pesar de que el final de la guerra estaba cerca, todavía los alemanes pudieron utilizar unas 3.000 bombas V-2 para destrozar Londres y otras ciudades aliadas. A la vista de que los alemanes iban a perder la guerra, y con la orden dada por el gobierno nazi de acabar con von Braun y su grupo de investigadores y destruir toda la documentación para que no pudiera caer en manos de los aliados, estos científicos cuya prioridad era seguir con su trabajo decidieron contactar con los americanos enviando al hermano menor de Wernher a tratar con el lugarteniente Charles Stewart que trasladó el cohete y toda la documentación a Austria, en mayo de 1945.

A partir de entonces se inició una nueva era de desconfianza y sospechas, llamada Guerra Fría en la que dos potencias emergentes, EE UU y la URSS pelean por controlar el mundo y en consecuencia la carrera espacial. Parece que la tecnología del original V-2 proporcionó la base para que los americanos construyeran el vehículo que los llevaría al espacio y el prototipo para alcanzar la Luna.

En la URSS la tecnología avanza muy rápidamente y son constantes las manifestaciones acerca de que país lidera esa área de investigación. En octubre de 1957 el *Sputnik I* es enviado al espacio por los rusos lo que atemoriza a los americanos, su país puede a partir de ese momento ser espiado o atacado impunemente. En noviembre del mismo año se consigue poner en órbita al *Sputnik II* con la perra Laika a bordo.

A pesar del programa aeroespacial impulsado por el presidente Eisenhower, EE UU no conseguiría enviar un satélite con éxito al espacio hasta enero de 1958, el *Explorer I* descubriendo el cinturón de radiación alrededor de la Tierra.

La carrera la estaba ganando la URSS y se inicia la polémica sobre si no se conseguirían mejores resultados con satélites bajo control humano que dejando éste a la tecnología. En ese contexto aparece que las mujeres están igual de preparadas que los hombres para pilotar naves espaciales y que poseen incluso ventajas como ser más ligeras, más longevas, mantener la alerta y el sentido de la realidad durante mayor tiempo en un espacio cerrado y estar emocionalmente mejor preparadas para afrontar los rigores del espacio. El objetivo del programa *Mercury* era elegir a los primeros astronautas americanos y según los informes oficiales los 7 fueron seleccionados sobre la base de resultados en las pruebas físicas y de tolerancia psicológica o al estrés. En realidad parece ser que el comité de evaluación se dedicó a buscar «hombres verdaderos» más que a evaluar el rendimiento obtenido en los diferentes tests, por encima claro está de un determinado umbral. Alan Shepard fue elegido para ser el primero y su cohete estaba ya preparado cuando Yuri Gagarin en abril de 1961 se puso en orbita alrededor de la Tierra en el *Vostok I.* Aunque Shepard fue enviado al espacio tres semanas después, en mayo de 1961, parecía que había transcurrido una eternidad. A partir de ahí el presidente Kennedy y la NASA prometieron que habría un americano en la Luna antes de que terminara la década y empezó a pensarse en batir a los rusos siendo los primeros en mandar una mujer al espacio.

Los ensayos del programa *Mercury* fueron realizados por la *Air Force School of Aviation Medicine*, que incluía diversas organizaciones médicas gubernamentales tales como la clínica Lovelace. El Dr. Randolph Lovelace II sabía que la URSS había admitido mujeres en su programa de astronautas y su espíritu competitivo y natural curiosidad le empujaron a buscar respuestas sobre la conveniencia de ese propósito incluyendo a mujeres en el programa. En su búsqueda de candidatas encuentra primero a **Jerrie Cobb,** nacida en Norman (Oklahoma) en 1931, que en ese momento tenía unas 10.000 horas de vuelo y era ayudante del vicepresidente de *Aero Commander, Inc.* Ella superó admirablemente todas las pruebas demostrando ser una candidata excepcional para viajar al espacio, ocupándose además de buscar y encontrar otras mujeres cualificadas y dispuestas a pasar las rigurosas pruebas del programa con tal de convertirse en astronautas.

Lovelace y Jerrie, con la ayuda de una heroína de la aviación **Jacqueline Cochran** (**Jackie**) de reputación internacional y muy interesada en apoyar el programa incluso económicamente, contactaron con 24 de las mejores mujeres piloto en América invitándolas a su participación. Jackie poseía décadas de experiencia de vuelo y sería una excelente juez para decidir sobre las capacidades de cada una de ellas.

Quienes eran las 13 que superaron las pruebas y a las que no se les permitió finalmente ir al espacio fueron dadas a conocer por Jerrie en su declaración en el Congreso el 16 de julio de 1962, hasta entonces había sido un secreto y la mayoría no se conocían entre sí. Eran diferentes, por educación, edad, estado civil, lugar de residencia, pero tenían en común un ideal: viajar al espacio y convertirse en astronautas representando a su patria.

A partir de este momento la presencia de las mujeres en los programas aeroespaciales, tanto en la URSS con el vuelo de Valentina Tereshkova en 1963, como en EE UU con la primera promoción de 6 mujeres astronautas en 1978, será una constante aunque siempre en menor número y con mayores requerimientos que a sus compañeros masculinos.

Jerrie Cobb y Janie Hart testificando en el Congreso en 1962.

El balance ha sido claramente favorable a EE UU, en la URSS hasta el presente sólo tres mujeres han viajado al espacio y la astronauta rusa, **Nadezhda Kuzhelnaya**, después de llevar años esperando para volar abandonó cuando en 2001 su asiento en la nave rusa *Soyuz TM-32*, fue cedido al estadounidense **Denis Tito** el primer turista espacial.

ASTRONAUTAS Y COSMONAUTAS

A continuación reseñamos algunos nombres de astronautas y cosmonautas indicando brevemente sus logros. Forzosamente la lista no es exhaustiva, la mayoría son estadounidenses con algunas excepciones: tres rusas Valentina Tereshkova, Svetlana Savitskaya y Elena Kondakova, dos canadienses Roberta Lynn Bondar y Julie Payette, la británica Helen Sharman, una francesa Claudie Haigneré y las japonesas Chiaki Mukai y Naoko Yamazaki.

Ellen Baker, geóloga y médica, nació en 1953 en el norte de California. En 1981, Baker se unió a la NASA como médica. En 1985 se convirtió en astronauta. Ha participado en tres misiones espaciales y registrado más de 686 horas

en el espacio. En 1989, voló a bordo del transbordador *Atlantis*. Ayudó a desplegar la nave espacial *Galileo*, que posteriormente se dirigió a la exploración de Júpiter. En 1992, Baker voló a bordo de un laboratorio de microgravedad de los EE UU. Durante dos semanas, la tripulación realizó experimentos científicos en un medio ambiente de baja gravedad. En 1995, Baker formó parte de la primera tripulación de los EE UU cuya nave se acopló a la Estación Espacial Rusa MIR.

Roberta Bondar es una astronauta nacida el 4 de diciembre de 1945, en Sault Ste. Marie (Ontario). Se graduó en Zoología y Biología en la Universidad de Guelph y posteriormente estudió medicina en la de Toronto especializándose en neurología. Antes de convertirse en astronauta en 1983, ejerció la especialidad de neuro-oftalmología en un centro médico de Boston. En 1992, voló a bordo de *STS-42*, marcando el hito de ser la primera mujer canadiense y la primera neuróloga en viajar al espacio. Esta fue la primera misión del Laboratorio Internacional de Microbiología. Desde entonces ha recibido numerosas distinciones como la de *Officer of the Order de Canada* y la *Order of Ontario.*

Kalpana Chawla, astronauta de la NASA nacida en Karnal (India) en 1961, donde se graduó en 1976. Licenciada en Ciencias en la Escuela de Ingeniería Aeronáutica de Punjab en 1982, obtuvo un máster en la misma disciplina en la Universidad de Texas en 1984 y el titulo de Doctor en la de Colorado en 1988. Ese mismo año empezó a trabajar en el NASA Ames Research Center sobre optimización aerodinámica. Era instructora de vuelo y poseía licencias de piloto comercial para distintos tipos de aviones. Fue seleccionada como candidata a astronauta del quinceavo grupo en 1995, voló en el *STS-87* (1997) y el *STS-107* (2003), permaneciendo unos 30 días en el espacio. Falleció el 1 de febrero de 2003 en la explosión del *Columbia* cuando solo faltaban 16 minutos para aterrizar.

Laurel Clark, natural de Iowa (1962), vivió en Racine (Wisconsin) donde se graduó en 1979. Se licenció en Zoología en la Universidad de ese estado en 1983, doctorándose en medicina en 1987. En la escuela de medicina se entrenó en el departamento de medicina de buceo y en 1987-1988 se especializó en pediatría en el Hospital Naval Bethesda de Maryland. Desarrolló su capacitación en medicina en numerosas operaciones navales y aeronavales. Seleccionada por la NASA en 1996, voló en el *STS-107 Columbia* durante los 16 días de duración y murió en el desastre de la explosión de la nave al entrar en la Tierra.

Eileen Collins, coronel retirada y antiguo piloto de pruebas de la *Air Force* de EE UU y astronauta de la NASA, ha sido la primera mujer piloto y la primera mujer comandante de un transbordador espacial. Nació en Elmira (New York) en 1956 y ya de niña mostró interés por los vuelos espaciales y por ser piloto. Se casó con el también piloto Pat Youngs en 1988 con quien tuvo una niña, Bridget, y un niño, Luke. Se graduó en Elmira en 1974 y en el *Corning Community College* en 1976, obteniendo la licenciatura de matemáticas y economía en la Universidad de Siracusa en 1979. Posteriormente realizó dos máster en las Universidades de Stanford (1986) y de Webster (1989).

Obtuvo su habilitación como piloto en 1979 por la *Air Force Undergraduate Pilot Training* en la Base Aérea de Vance (Oklahoma) donde permanecería pilotando un *T-38* hasta 1982. Entre 1983 y 1985 fue piloto, instructora y comandante de *C-141* en la Base Aérea de Travis (California) y pasó el siguiente año estudiando en el Instituto Tecnológico de Fuerzas Aéreas. De 1986 a 1989 fue destinada a la Academia de la Fuerza Aérea de los Estados Unidos (USAF) en Colorado, donde ejerció como docente en matemáticas e instructora de *T-41*. En 1990, fue elegida para el programa de astronautas por la NASA cuando se encontraba en la Escuela de Pilotos de Prueba de la Base Aérea de Edwards (California). Collins ha participado como piloto en las misiones *STS-63* que inicia la colaboración de los proyectos espaciales estadounidense y ruso en 1995 y *STS-84* en 1997. Posteriormente ha sido comandante de la *STS-93* en 1999 y la *STS-114* en 2005, siendo esta última la primera misión llevada a cabo por un transbordador espacial de la NASA tras el accidente del *Columbia*. Veterana de los vuelos espaciales, ha contabilizado 872 horas en órbita.

Nancy Currie, natural de Wilmington (Delaware) donde nació en 1958 ha vivido en Troy (Ohio) graduándose en 1977. Licenciada en Ciencias Biológicas en la Universidad del Estado de Ohio (Columbus) en 1980, máster en ingeniería de seguridad por la Universidad del Sur de California en 1985 y doctora en Ingeniería Industrial en la Universidad de Houston en 1997, Currie sirvió en la armada de los EE UU durante 23 años y obtuvo el rango de coronel previamente a su jubilación en Mayo de 2005. Como instructora jefe de vuelo posee alrededor de 4.000 horas de vuelo como piloto en una gran variedad de aviones y sigue manteniendo un puesto de profesora asociada en la *North Carolina State University* en esa disciplina. Fue asignada al Centro Espacial Johnson de la NASA en 1987 como ingeniera de simulación de vuelos y, elegida astronauta en 1990 completó el programa de entrenamiento en 1991. Veterana de cuatro misiones espaciales (*STS-57 Endeavour*, 1993; *STS-70*, *Discovery*, 1995; *STS-88 Endeavour*, 1998, primer ingreso en la Estación Espacial Internacional (EEI); *STS-109 Columbia*, 2002, cuarta misión del telescopio espacial *Hubble*) con 1.000 horas en el espacio ha desempeñado labores de especialista de misión como ingeniera de vuelo. En la *Astronaut Office* ha trabajado en labores de comunicación con las naves espaciales, y como responsable de la seguridad y habitabilidad de las tripulaciones. En la actualidad es consejera de la división de automática, robótica y simulación.

Bonnie Dunbar nacida en 1949 en Sunnyside (Washington), se graduó en la escuela de dicha localidad. Obtuvo la licenciatura y el máster en ingeniería de materiales cerámicos en la Universidad de Washington en 1971 y 1975, respectivamente. Se doctoró en la Universidad de Houston en Ingeniería Mecánica y Biomédica en 1983, evaluando los efectos que un vuelo espacial simulado producía en la fuerza de los huesos y su fractura. Posee el certificado de *Professional Engineer* en Texas.

Acabada la licenciatura trabaja durante dos años para *Boeing Computer Services* como analista de sistemas. De 1973 a 1975 desarrolla el proyecto de tesis sobre el mecanismo y la cinética de difusión iónica en sodio β-alúmina. Ha trabajado en los laboratorios Harwell de Oxford y en la división espacial de Rockwell International (Downey, California). Dunbar ha sido también profesora ayudante en ingeniería mecánica en la Universidad de Houston y piloto privado con 200 horas en avión unimotor, 10.000 horas en *T-38* y 100 horas como copiloto en aviones *Cessna*.

Aceptó un puesto de trabajo en el Centro Espacial Johnson en 1978 desempeñando tareas de oficial de carga, controlador aéreo, y oficial de navegación, convirtiéndose en astronauta en 1981. En 1993 fue administradora asociada adjunta del *Office of Life and Microgravity Sciences* en el cuartel general de la NASA en Washington. En 1994 realizó un entrenamiento de 13 meses en la Ciudad de las Estrellas en Rusia para un vuelo de 3 meses a la estación espacial MIR, obteniendo en marzo de 1995 la capacitación del centro ruso Gagarin de entrenamiento de cosmonautas, para la realización de vuelos MIR de larga duración.

Desde entonces desempeñó diferentes actividades de gran responsabilidad en la NASA siempre con un enfoque hacia la investigación universitaria, retirándose en 2005 al *Seattle Museum of Flight.*

Ha realizado cinco vuelos espaciales con más de 50 días en el espacio, *STS 61-A Challenger* en 1985, *STS-32 Columbia* en 1990, *STS-71 Atlantis* en 1995, *STS-50 Columbia* en 1992 y *STS-89 Endeavour* en 1998. En los dos últimos era la comandante de carga y por lo tanto responsable de todas las actividades, incluidas las científicas.

Anna Fisher, nacida en la ciudad de Nueva York en 1949, vivió en San Pedro (California) donde se graduó en 1967. Licenciada en química y doctora en medicina por la Universidad de California (UCLA) en 1971 y 1976, respectivamente, completó un año como médica interna residente en el Harbor General Hospital en Torrance (California) en 1977. Recibió un máster en Química en la Universidad de California en 1987. Desde el momento en que fue seleccionada por la NASA como candidata a astronauta en 1978 se especializó en el desarrollo y ensayo de un sistema de control remoto de las naves espaciales, encargándose además de ayudar en el despegue, vuelo orbital y aterrizaje y como médica intervino en operaciones de rescate. Realizó su primer vuelo en 1984 como especialista en el segundo vuelo del *Discovery*, al aterrizar esta nave en el Centro Espacial Kennedy había completado 127 órbitas con una duración de 192 horas. Fisher intervendría en la selección de la promoción de astronautas de 1987, junto con otras dos mujeres **Jan Davis** y **Mae Jemison**. Después de una excedencia para formar una familia (1989-1996), volvió a la *Astronaut Office* donde adquirió una gran responsabilidad supervisando diferentes operaciones de vuelo, entrenamiento y trabajo de astronautas, y múltiples actividades de la EEI.

Claudie Haigneré, nacida André-Deshays en 1957 en Creusot (Saône-et-Loire, Francia), es astronauta y mujer política francesa casada con el también astronauta Jean-Pierre Haigneré. Reumatóloga, especialista en medicina aeronaútica y con un doctorado en neurociencias pertenece a la *Académie des Technologies* y a la *Académie des Sports*. Ha ejercido durante ocho años como médica reumatóloga en el hospital Cochin en París y durante seis años en el laboratorio de fisiología neurosensorial del CNRS de la misma ciudad donde prepara experiencias científicas en el dominio de la fisiología humana investigando sobre la adaptación de los sistemas sensomotores a la microgravedad. Responsable de los programas de fisiología y medicina espacial en la división ciencias de la vida del CNES desde 1990 a 1992, participa en la investigación espacial en este campo en estrecha colaboración con laboratorios franceses e internacionales.

Aseguró la coordinación científica de la misión franco-rusa ANTARÈS en el periodo 1989-1992. En agosto de 1996 realizó un vuelo de 16 días a bordo de la estación MIR en el marco de la misión franco-rusa CASIOPEA y efectuó numerosas experiencias medico-fisiológicas, técnicas y biológicas. En 1998 trabajó en la Ciudad de las Estrellas como astronauta adjunta de la misión franco-rusa PERSEUS que se inicia en febrero de 1999 a bordo de la MIR. En noviembre de ese mismo año se integró en la Agencia Espacial Europea incorporándose al cuerpo de astronautas europeas en Colonia (Alemania). En el 2001 vuelve de nuevo a la Ciudad de las Estrellas para un entrenamiento de 9 meses para la misión ANDROMEDA, siendo la primera astronauta francesa en volar a bordo de la EEI como ingeniera primera de bordo para desarrollar un programa experimental en los dominios de observación de la Tierra, estudio de la ionosfera, de las ciencias de la vida y de la materia.

Desde junio 2002 a marzo de 2004 ha desempeñado el cargo de ministra delegada para la Investigación y Nuevas Tecnologías y desde esa fecha hasta mayo de 2005 el de ministra delegada para los Asuntos Europeos en el segundo y tercer gobierno de Jean-Pierre Raffarin, respectivamente. *Legion de Honneur* y *Chevalier de l'Ordre National du Mérite*, ha recibido también la Orden Rusa de la Amistad de los Pueblos.

Mae Jemison, nació en 1956 en Decatur (Alabama) y se graduó en la Morgan Park High School (Chicago, Illinois) en 1973. Licenciada en Ingeniería Química y en estudios africanos y afroamericanos por la Universidad de Stanford en 1977, es además doctora en Medicina por la de Cornell en 1981. Posee también conocimientos en programación informática y producción de discos magnéticos, resonancia magnética nuclear y biología reproductiva. Ha sido interna residente en el centro médico del condado de Los Ángeles y ha trabajado como médica generalista en 1982. Desde 1983 hasta 1985 Jemison fue la oficial médica responsable de cuidar de la salud y condiciones sanitarias del cuerpo americano de paz y del cuerpo diplomático en Sierra Leona y Liberia (África). Participó en proyectos sobre hepatitis B, esquistosomiasis y rabia, en colaboración con el NIH y el Centro para el Control de las Enfermedades.

A su regreso a EE UU, Jemison se dedicó a la práctica de la medicina general, recibiendo además clases de ingeniería para graduados en Los Ángeles. Fue seleccionada como astronauta en 1987, era la primera mujer afroamèricana. Tenía que trabajar en las tareas de lanzamiento de cohetes en el Centro Espacial Kennedy, verificar el software de los ordenadores de las naves espaciales e involucrarse en las actividades científicas.

Realizó, como especialista la misión *STS-47 Spacelab-J* en el *Endeavour* en 1992, una cooperación entre EE UU y Japón de ocho días de duración con un total de 127 órbitas terrestres y que incluía una tripulación de 44 personas. Fue co-investigadora en un proyecto sobre células óseas durante el vuelo.

Jemison dejó la NASA en marzo de 1993. En la actualidad es profesora en un *College* y trabaja en el marco del *The Jemison Group Inc* (Houston) para mejorar la tecnología en países en vía de desarrollo. Abogada de la ciencia y la tecnología se empeña en mejorar el estatus, la calidad y la imagen de las personas que trabajan en ellas. Su trayectoria ofrece una curiosa mezcla de ciencias sociales y ciencias duras, en su opinión las personas que se dedican a la actividad científica deben conocer, responsabilizarse y actuar para resolver los problemas sociales. También es preciso que la sociedad sienta que la ciencia y la tecnología afectan su devenir cotidiano.

Elena Kondakova, tercera mujer rusa en realizar viajes espaciales, nació en 1957 en Komsomolskna-Amure (Mitischi), casándose con Valerii V. Ryumin con quien tuvo una hija, Elena Andrionovna. Se graduó en la escuela técnica Bauman de Moscú en 1980, y posteriormente empezó a trabajar en Energía NPO desarrollando proyectos científicos. En 1989 fue elegida candidata a cosmonauta y enviada al Centro Cosmonauta Gagarin para iniciar su entrenamiento que finalizó en marzo de 1990. Desde enero a junio de 1994 se preparó para ser ingeniera de vuelo, realizando su primer vuelo en el periodo octubre 1994 a marzo 1995 a bordo de la nave espacial *Soyuz TM-17* y el complejo orbital MIR en la 17 misión espacial EUROMIR-94. Permaneció 169 días en el espacio, incluyendo 5 días con el astronauta de la NASA Norman Thagard, y un mes de vuelo conjunto con el astronauta alemán Ulf Merbold.

En 1997 fue especialista en la misión espacial *STS-84*, la sexta de la NASA para que un transbordador alcanzara y se acoplara a la MIR, de 9 días, 5 horas y 20 minutos de duración. Al finalizar su segundo vuelo Kondakova había permanecido un total de 178 días en el espacio.

Distinguida como Héroe de Rusia, desplazó sus actividades hacia la política después de ser nombrada diputada de la DUMA (cámara baja del parlamento ruso) en 1999.

Shannon Lucid nació un 14 de enero de 1943 en el puerto de Shanghai (China), a la sazón en plena Segunda Guerra Mundial, ocupada por los japoneses. Norteamericana, graduada en la escuela de Bethany (Oklahoma) en 1960,

obtuvo la licenciatura en química en la Universidad de Oklahoma en 1963. Posee un máster (1970) y es doctora (1973) en bioquímica por dicha Universidad. Casada y con dos hijas, un hijo y varias nietas, más de 7 meses y medio de su vida los acumuló flotando y llevando a cabo importantes experimentos en microgravedad durante cinco misiones como astronauta estadounidense.

Seleccionada como astronauta por la NASA en 1978, su primera misión al espacio la emprendió con otros seis tripulantes el 17 de junio de 1985 en el transbordador espacial *Discovery,* misión *STS-51G* de 7 días de duración para colocar en órbita tres satélites: MORELOS-A (mejicano), ARABSAT-A (liga árabe) y TELSTAR-3D (AT&T). Entre sus colegas, el astronauta de Arabia Saudita, príncipe Salam Al-Saud, que también hacía su primer vuelo espacial, haría el célebre comentario de hermandad:

> «... hacia el primer día, todos señalábamos a nuestros países. Hacia el tercero o cuarto, señalábamos a nuestros continentes. Para el quinto día, ya éramos conscientes de que sólo hay una Tierra».

En su segundo vuelo Shannon formó parte de un grupo de cinco astronautas (3 hombres y 2 mujeres) durante casi 5 días a bordo del *Atlantis*, misión *STS-34* que despegó el 18 de octubre de 1989. En esa oportunidad, de la bodega del transbordador se soltaría una nave exploradora que iniciaría una histórica travesía de 6 años rumbo a Júpiter, la sonda *Galileo.* Compartió responsabilidades, entre otros, con Ellen Baker.

En su tercera salida, el 2 de agosto de 1991 (*STS-43, Atlantis)* se colocó el satélite de comunicaciones TDRS-E *(fifth Tracking and Data Relay Satellite*) de la NASA.

Integró la tripulación de la *STS-58*, lanzada el 18 de octubre de 1993, misión del *Columbia* dedicada al *Spacelab* (*SLS-2*) con la realización de experimentos en fisiología-regulatoria, cardiovascular-cardiopulmonar, oseo-muscular y neurociencias, que ayudaron a comprender como los animales y los humanos se adaptan a la falta de gravedad. Con su cuarto vuelo al espacio, Shannon, acumulaba ya el mayor tiempo de vuelo para una mujer en transbordadores, 838 horas.

Saliendo por quinta y última vez en 1996, en el transbordador *Atlantis* (misión *STS-76*), fue transferida a la MIR convirtiéndose en la primera mujer estadounidense en vivir en una estación espacial. Regresó a casa en el *STS-79 Atlantis*, había permanecido a bordo de la MIR casi cuatro meses y medio.

Christa McAuliffe fue seleccionada por su condición de docente como candidata principal en el proyecto espacial profesor en el Espacio de la NASA de 1985. Nacida en Boston en 1948, se graduó en la Marian High School (Framingham, Massachussets) en 1966. Licenciada en 1970 en el Framingham State College obtuvo un máster en educación en el Bowie State College (1978). Casada y con dos hijos, fue profesora desde 1970 hasta 1985. Era especialista en la misión *STS 51-L* que despegó del Centro Espacial Kennedy el 28 de enero de 1986, la tripulación del *Challenger* incluía además al comandante F. R. Scobee, al piloto M. J. Smith, a tres especialistas: R. E. McNair, el teniente coronel E. S. Onizuka y Judith Resnik, y un especialista civil G. B. Jarvis. Todos fallecieron en ese despegue.

Con carácter póstumo ha sido distinguida, junto con los demás, con la Medalla Espacial de Honor por el Congreso de los EE UU. La película *Challenger* en la que Karen Allen encarna a Christa la ha inmortalizado y un cráter lunar localizado en las coordenadas 33,0° Sur, 148,9° Oeste fue renombrado en su memoria.

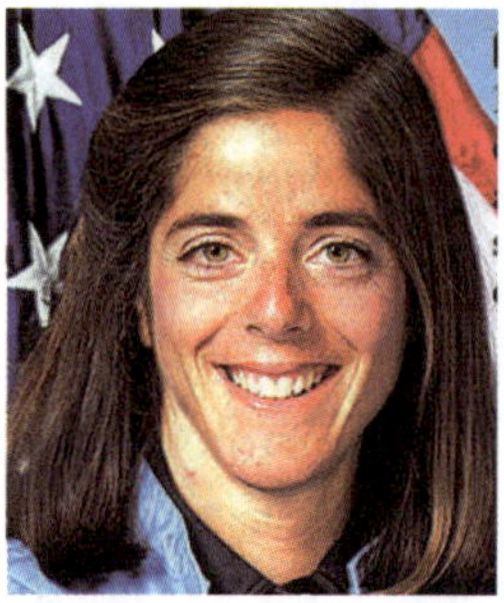

Barbara Radding Morgan nació en 1951 en Fresno (California) y fue seleccionada, junto con Christa McAuliffe, como astronauta por la NASA. La designación de ambas profesoras al programa espacial se hizo efectiva el 19 de julio de 1985 y su labor como profesora en el diseño del Programa Profesor en el Espacio incluía charlas públicas, consultoría educacional, diseño de currículums y servicio en la Fundación Norteamericana de Ciencias y en la Fuerza de Tareas Federales para Mujeres y Minorías en Ciencia e Ingeniería. Bárbara viajó al espacio a bordo del transbordador espacial *Endeavour* en la misión *STS-118*, lanzada en agosto de 2007 que se acopló con éxito a la EEI, participando en la descarga de equipamiento y víveres y en la instalación de una plataforma de almacenamiento.

Chiaki Mukai nacida en la localidad japonesa de Tatebayashi, en la prefectura japonesa de Gunma el 6 de mayo de 1952, está casada con Mario Mukai. Tras cursar estudios básicos en 1971, obtuvo la licenciatura en medicina en 1977 por la Escuela Superior Femenina de Keio, en Tokio, y en 1988 se doctoró en fisiología. Especializada en cirugía cardiovascular, en la década de 1980 trabajó en diversos hospitales japoneses.

Integrada en la NASDA, a partir de 1985 inició su colaboración con la NASA. Es la primera mujer japonesa en volar al espacio y la primera persona japonesa que lo hizo dos veces. Ha volado en las misiones *STS-65 Columbia* en 1994, que fue el segundo vuelo del laboratorio internacional de microgravedad (IML-2) y en la *STS-95 Discovery* en 1998 que incluyó el despliegue del satélite *Spartan*, la plataforma de pruebas del telescopio espacial *Hubble* e investigaciones sobre la influencia de los vuelos espaciales en los procesos de envejecimiento.

En 1999 recibió, junto con John Glenn (NASA), Valeri Poliakov (Agencia Cósmica Rusa RKA) y Pedro Duque (Agencia Espacial Europea), el Premio Príncipe de Asturias de Cooperación Internacional en su calidad de artífices de la exploración pacífica del universo. Se trata de la primera ocasión en que unos galardones internacionales reconocen la labor que se está desarrollando en la conquista del espacio exterior, y el ejemplo que ello supone para la Humanidad.

Lisa Marie Nowak, nacida en Washington en 1963, es una oficial de la aviación naval americana seleccionada por la NASA en 1996 como especialista de misión y robótica. En 2006 participó en la misión *STS-121*, aunque se hizo tristemente famosa en 2007 por su arresto en Orlando (Florida) y posterior acusación del secuestro e intento de homicidio de la capitana de la *US Air Force*, Colleen Shipman, sentimentalmente relacionada con el astronauta William Oefelein a la que consideraba su rival. Aunque inicialmente se declaró inocente, confesó su culpabilidad en 2009. Fue dada de baja en la NASA el 8 de marzo de 2007, y su destino es la jefatura de escuela naval de vuelo de Corpus Christi (Texas).

Ellen Ochoa nació en 1958 en Los Angeles, California. Sus abuelos paternos eran mexicanos. Está casada y tiene un hijo y una hija. Es flautista clásica y piloto privado. Se graduó de la escuela secundaria Grossmont en La Mesa, California, en 1975, licenciándose en física en la Universidad Estatal de San Diego en 1980. Realizó un máster y un doctorado en ingeniería eléctrica en la Universidad de Stanford en 1981 y 1985, respectivamente.

Como estudiante en Stanford y posteriormente en los Laboratorios Sandia y en el Centro Ames de la NASA investigó acerca de los sistemas ópticos para mejorar el procesamiento de información. Es co-inventora de tres patentes en dicha área. En el Centro Ames, lideró un equipo de 35 ingenieros y científicos en un proyecto sobre la búsqueda y desarrollo de un sistema computacional para las misiones aeroespaciales.

Seleccionada por la NASA en enero de 1990, llegó a ser astronauta en julio del año siguiente. Ha participado en 4 viajes al espacio, totalizando 978 horas fuera de la Tierra. Ha sido especialista en la misión *STS-56 ATLAS-2 Discovery* en 1993, de 9 días de duración durante la que se realizaron estudios atmosféricos y solares y se utilizó el sistema de manipulación remoto para desplegar y capturar el satélite *Spartan*, que estudió la corona solar.

En 1994 fue comandante de carga en la misión *STS-66 ATLAS-3 Atlantis* en la que se siguió estudiando la energía solar y su implicación en el clima y el medio ambiente.

En las misiones *STS-96 Discovery* y *STS-110 Atlantis* fue especialista e ingeniera de vuelo. Durante la primera, en 1999, se hizo el primer acoplamiento de una nave espacial a la EEI descargando 4 toneladas de material a la misma y Ochoa realizó un paseo al espacio exterior de 8 horas. La misión del 2002 permitió realizar numerosos paseos espaciales a la tripulación utilizando el brazo robótico de la EEI para dirigir a los astronautas.

Julie Payette es la segunda mujer canadiense en haber viajado al espacio. Nacida en Montreal (Québec) en 1963 estudió ingeniería eléctrica e informática, trabajando en varias empresas entre las que destaca el laboratorio de investigación de IBM en Zurích (Suiza). Seleccionada por la Agencia Espacial Canadiense (CSA) para convertirse en astronauta en 1992, después de un intenso

programa de entrenamiento realizó su primer vuelo en el *Discovery* en 1999 siendo la primera astronauta canadiense en visitar la EEI donde realizó operaciones con un brazo robótico. Actualmente trabaja en la NASA, habiendo sido miembro de la tripulación del *STS-127* en 2009. Ha formado parte del coro de la *Symphonic Orchestra Chamber* de Montreal por su excelente formación musical, es además una gran interprete de piano, domina un gran número de idiomas y tiene una licencia de piloto comercial con alrededor de 450 horas de vuelo. Está casada con un piloto de pruebas de la *Canadian Air Force*, William Flynn, con quién tiene dos hijos.

Judith Resnik, natural de Akron, Ohio (1949), se graduó en la escuela secundaria de dicha ciudad en 1966. Licenciada en ingeniería eléctrica en la Universidad Carnegie-Mellon en 1970, es doctora en dicha especialidad por la Universidad de Maryland en 1977, y también pianista clásica. Después de la licenciatura trabajó como ingeniera en la RCA sucesivamente en Moorestown (New Jersey) y Springfield (Virginia). Desde 1974 a 1977 fue ingeniera biomédica en el laboratorio de neurofisiología del NIH en Bethesda (Maryland) donde desarrolló investigaciones en fisiología de sistemas visuales.

En el momento de ser propuesta como astronauta por la NASA en 1978 trabajaba en la *Xerox Corporation* en El Segundo (California). Durante su año de entrenamiento hasta agosto de 1979, se especializó en software de satélites y sistemas de control y manipulación remota.

Realizó su primera misión, la *STS-41D* en 1984, en el vuelo inaugural del *Discovery*. La tripulación fue apodada *Icebusters* por haber completado con éxito la tarea de quitar las peligrosas partículas de hielo mediante el sistema de manipulación remota. En total había estado en el espacio 144 horas, 57 minutos.

En su segunda misión, la *STS 51-L* en 1986, se truncó su prometedora trayectoria al explotar el *Challenger* en el despegue. Recibió a título póstumo la Medalla Espacial de Honor por el Congreso de los EE UU.

Sally K. Ride nació en Los Angeles en 1951, graduándose en 1968 en la escuela secundaria Westlake de dicha ciudad. Licenciada en la Universidad de Stanford en Física y en inglés en 1973, obtuvo el máster y el doctorado en Física en los años 1975 y 1978.

Seleccionada por la NASA en 1978 y después de su entrenamiento capacitándola para ir al espacio, realizó su primer vuelo el 18 de junio de 1983, en la misión *STS-7*, siendo la primera mujer americana en formar parte de una tripulación que viajara al espacio. Era el segundo vuelo del *Challenger* con cinco tripulantes a bordo. Su duración fue de 147 horas y realizaron un sinfín de actividades entre las que destacan el despliegue de satélites para Canadá e Indonesia.

En 1984 fue especialista en la misión *STS-41G* con siete tripulantes, uno de ellos Kathryn Sullivan, que duró 197 horas.

En junio de 1985 fue asignada a la tripulación de la misión *STS-61M*, pero el entrenamiento se dio por terminado justo después del accidente del *Challenger* en 1986. Ride formó parte de la comisión presidencial dedicada a la investigación del accidente y al finalizar fue destinada a las oficinas de la NASA como ayudante especial del administrador para la elaboración de un plan estratégico. Formaría también parte de la comisión que investigó las razones del desastre del *Columbia*.

En 1989 pasó a formar parte de la Universidad de California como profesora de Física y directora del Instituto del Espacio de California en dicha Universidad. En 2001 fundó su propia empresa, *Sally Ride Science*, cuyo propósito es motivar a las jóvenes mujeres a proseguir su educación en ciencias, matemáticas y tecnología. La compañía crea programas y publicaciones científicas de divulgación para estudiantes, el profesorado y sus familias.

Svetlana Savitskaya, es la segunda mujer rusa que viajó al espacio. Lo hizo dos veces en 1982 durante 7 dias, 21 horas y 52 minutos y en 1984 en 11 días, 19 horas y 14 minutos. Nacida en 1948, su carrera como cosmonauta se debe además de a su natural habilidad a la influencia de su padre, Yeveniy Savistky, que perteneció a la *Soviet Air Defences* durante la Segunda Guerra Mundial.

Decidió convertirse en piloto a la edad de 16 años sin conocimiento de sus padres, y al ser rechazada debido a su edad empezó a entrenarse como paracaidista. Su padre lo descubrió al encontrar en su cartera escolar un paracaídas, apoyándola en todo momento. Con 18 años se prepara como piloto y se inscribe en la mejor escuela de ingeniería de aviación soviética, *Moscow Aviation Institute* (MAI). Con 20 años pilotó en solitario un *Yak-18*.

En 1970, la prensa británica la denomina *Miss Sensation* cuando es nominada campeona del mundo como miembro del grupo nacional soviético de acrobacia aérea.

Graduada en 1972 por el MAI se convierte en entrenadora de vuelo, pero presiona para que la dejen entrar en la Escuela de Pilotos de Pruebas donde es finalmente aceptada. Después de batir varios records mundiales es cualificada como piloto de 20 tipos de aviones.

Miembro del Partido Comunista de la URSS en 1975, es propuesta como piloto de pruebas de la agencia que diseña el *Yakolev* en 1976. Seleccionada como cosmonauta en 1980 realiza su primer vuelo en agosto de 1982, siete meses antes de que Sally Ride se convierta en la primera mujer americana en el espacio. En el segundo vuelo realizado en julio de 1984 paseó por el espacio con una actividad extravehicular (EVA) de 3,58 horas, había sido la primera mujer en realizarlo.

Sin embargo su proyecto de comandar una tripulación sólo de mujeres con motivo del Día Internacional de la Mujer en 1986 fue cancelado debido a problemas en la estación espacial *Salyut* 7 (precursora de la MIR) y al poco espacio disponible en la astronave *Soyuz T* para el acoplamiento.

Svetlana continuó como ingeniera civil en Energía NPO mientras seguía siendo cosmonauta activa. Fue nombrada miembro del Parlamento en 1989, abandonando el cuerpo de cosmonautas en 1993. Está casada con Víctor Khatkovsky, ingeniero y piloto, con quien ha tenido un hijo.

Rhea Seddon nació en 1947 en Murfreesboro (Tennessee), graduándose en la escuela de dicha localidad en 1965. Es licenciada en fisiología por la University of California, Berkeley en 1970 y se doctoró en medicina en la Universidad de Tennessee en 1973. Completó su periodo como médica interna y

después trabajó durante 3 años en una clínica de cirugía de Memphis que prestaba particular atención a la nutrición en pacientes operados. En el ínterin prestó servicio en varios hospitales de Mississipi y Tennessee, además del área de Houston. Ha realizado también investigación clínica sobre los efectos de la radioterapia sobre la nutrición, en enfermos de cáncer.

Seleccionada como candidata por la NASA en enero de 1978, se convirtió en astronauta en agosto de 1979. Trabajo en una gran diversidad de proyectos en ciencias de la vida y fue veterana de tres vuelos espaciales (*STS-51D* en 1985, *STS-40* en 1991, *STS-58* en 1993) con alrededor de 722 horas de vuelo y 480 órbitas terrestres.

En 1996 fue destacada por la NASA a la *Vanderbilt University Medical School* de Nashville donde ayudó en la preparación de experimentos cardiovasculares, que se desarrollarían posteriormente en el vuelo *Neurolab Spacelab* del *Columbia* en abril de 1998.

Casada con el también astronauta Robert Lee «Hoot» Gibson y con tres hijos, Seddon se retiró de la NASA en noviembre de 1997 y en la actualidad ejerce la medicina en Nashville.

Helen Patricia Sharman, nacida en Sheffield (Reino Unido) en 1963, se licenció en Química en la Universidad de Sheffield in 1984. Obtuvo el grado de Doctor en el *Birbeck College* en Londres, donde posteriormente trabajó como ingeniera y química, siendo seleccionada de entre 13.000 candidatos para formar parte del proyecto Juno, una misión comercial británica. Después de un riguroso entrenamiento en el centro Yuri Gagarín de la Ciudad de las Estrellas en Rusia, se convirtió en la primera cosmonauta británica en 1990 realizando un vuelo espacial en el *Soyuz TM-12* en 1991 con una estancia de siete días en la estación espacial MIR, durante la cual realizó numerosos ensayos médicos y agrícolas. Aunque pasó a formar parte de la estrecha lista de candidatos para la selección de astronautas entre 1992 y 1998 por la Agencia Espacial Europea, nunca fue elegida. Recibió la Orden del Imperio Británico en 1992.

Kathryn Sullivan nació el 3 de octubre de 1951, en Paterson (New Jersey). Antes de convertirse en astronauta trabajaba como oceanógrafa para el Centro de Encuestas Geológicas de los EE UU Se graduó en la Taft High School (Woodland Hills, California) en 1969, obtuvo la licenciatura en ciencias de la tierra en la Universidad de California en 1973 y el doctorado en geología en la de Dalhousie (Halifax, Nova Scotia) en 1978.

Los esfuerzos de Sullivan antes de entrar a formar parte de la NASA se concentraron en actividades académicas y de investigación, participando en varias expediciones oceanográficas. Es oficial oceanográfica en la Reserva Naval de los EE UU con el grado de capitán y piloto privado.

En 1979 Sullivan se convirtió en astronauta. Ha registrado más de 533 horas a bordo de tres naves espaciales. En 1984 Sullivan viajó a bordo de la misión *STS-41G*. Durante esta misión se convirtió en la primera mujer en caminar en el espacio con tres horas y media de EVA. En 1990 viajó a bordo de la misión *STS-31*. La tripulación puso en órbita el telescopio espacial *Hubble*.

En 1992 realizó su último vuelo a bordo de la misión *STS-45*, en la que durante 9 días se estudió la atmósfera de la Tierra en una serie de experimentos que constituyeron el ATLAS-1. Dejó la NASA en 1993 para aceptar el nombramiento presidencial como científica jefe en la *National Oceanic and Atmospheric Administration* donde supervisa programas de investigación y tecnología que van desde el cambio climático a satélites y biodiversidad marina. Actualmente es presidenta del Centro de Ciencia e Industria en Columbus (Ohio) transmitiendo a otros su entusiasmo por la investigación y la importancia de la ciencia, las matemáticas o la tecnología, lo que ha reforzado el impacto de dicho centro en la enseñanza de las ciencias.

Valentina Tereshkova nació en 1937 en una familia de campesinos de la región de Yaroslavl de la antigua URSS, que actualmente pertenece a Rusia. Su padre falleció en la Segunda Guerra Mundial cuando ella solo tenía tres años y fue criada por su madre. Al tiempo que empezó a trabajar en un molino textil a la edad de 18 años entró en un club de paracaidistas y con 24 años solicitó convertirse en cosmonauta. En 1961 el programa aeroespacial de la URSS había

empezado a considerar la posible participación de las mujeres en el mismo. Supervisado por Yuri Gagarin, el proceso de selección rodeado del máximo secreto se inició a mediados de ese mismo año y Valentina junto con otras tres paracaidistas y una mujer piloto fueron elegidas para ser entrenadas como futuras astronautas en 1962. Hasta que el vuelo espacial del *Vostok 6* no fue anunciado por radio nadie de su familia sabía de ello y la identidad de las demás mujeres no fue revelada hasta finales de los años 1980, Valentina fue la única del grupo en volar al espacio el 16 de junio de 1963 y la duración de las 48 órbitas con un total de 70 horas y 50 minutos fue mayor que la del conjunto de astronautas del programa *Mercury*.

En noviembre de 1963 se casó con otro cosmonauta, Andrian Nikolayev, con quien tuvo una hija Yelena y del que acabaría divorciándose más tarde. No sería hasta 1982 cuando otra mujer sería enviada al espacio, la rusa Svetlana Savistakaya. EE UU no lo conseguiría hasta 1983 con Sally Ride.

Tereshkova recibió la Orden de Lenin y la distinción de Héroe de la URSS por su histórico vuelo. Posteriormente presidió el *Soviet Women's Committee* y formó parte del *Soviet Supremo* y el *Presidium*. Ha sido vicepresidenta del Parlamento de su región, como independiente en las listas de Rusia Unida la formación de Putin.

Tereshkova celebró en Madrid, en junio de 2011, los 48 años de su vuelo en una visita enmarcada en el Año Dual España Rusia en la que ella remarcó que el espacio tiene que ser un escenario de paz y cooperación. En una entrevista publicada en el periódico El País a raíz de dicho evento confesó que: «añora el espacio, quiere volver aunque ese regreso no esté ahora en sus manos».

Kathy Thornton nació en 1952 en Montgomery (Alabama). Graduada en la *Sidney Lanier High School* de Montgomery se licenció en Ciencias Físicas en la Universidad de Auburn en 1974 y obtuvo el máster y el doctorado en la de Virginia en 1977 y 1979. A continuación con una beca postdoctoral de la OTAN realizó una estancia en el Instituto Max Planck de Física Nuclear en Heidelberg (Alemania), volviendo a Charlottesville (Virginia) en 1980 donde obtuvo un empleo en el *U S Army Foreign Science and Technology Center.*

Seleccionada por la NASA en 1984 Thornton se convirtió en astronauta el año siguiente. Su trabajo consistía en verificar el software y la comunicación. Realizó tres vuelos espaciales, *STS-33* en 1989, *STS-49* en 1992 y *STS-61* en 1993 con unas 975 horas en el espacio, incluyendo mas de 21 horas de actividad extravehicular o paseos espaciales.

En 1995 realizó un cuarto vuelo en el *STS-73 Columbia*, como comandante de la segunda misión del laboratorio de microgravedad de EE UU con la realización de experimentos en ciencia de materiales, biotecnología, ciencia de la combustión y física de fluidos. Thornton abandonó la NASA en 1996 para dedicarse a la docencia en la Universidad de Virginia.

Peggy Annette Whitson, nacida en 1960 en Mount Ayr (Iowa), es una bioquímica americana, astronauta de la NASA que realizó su primera misión en 2002 como miembro de la *Expedición 5*. Obtuvo la licenciatura en Biología y Química en el *Iowa Wesleyan College* en 1981 y el doctorado en química en la Universidad de Rice en 1985. Con una beca postdoctoral de dicha universidad empezó a trabajar en el *Johnson Space Center* en Houston, donde desde abril de 1988 hasta septiembre de 1989 fue supervisora de un grupo de investigación bioquímica. Profesora Ayudante en la Universidad de Texas desde 1991 hasta 1997, fue seleccionada como candidata a astronauta en 1996. Se convertiría en la primera mujer comandante en 2007, en la Expedición 16 a la EEI a bordo del *Soyuz TMA-11*. Con sus dos estancias de larga duración en la EEI es una de las mujeres astronautas de la NASA de mayor experiencia, con un total de 32 horas y 36 minutos de tiempo acumulado en el espacio exterior, lo que la sitúa en la vigésima posición por delante de **Sunita Williams**. La misión *STS-120* en 2007 ha sido la primera en la que dos mujeres comandante han estado a la vez en órbita, Whitson (izquierda en la foto) y la comandante en jefe **Pamela Melroy** (derecha en la foto). Ambas astronautas se dieron de baja en agosto de 2009.

Naoko Yamazaki nacida el 27 de diciembre de 1970 en Matsudo, es una astronauta japonesa de la actual JAXA (antes NASDA), la segunda mujer de esa nacionalidad en convertirse en astronauta tras Chiaki Mukai.

Se graduó en la *Ochanomizu University Senior High School* en 1989 y obtuvo la licenciatura (1993) y el máster (1996) en ingeniería aeroespacial, en la Universidad de Tokio. Está casada y tiene una hija.

Seleccionada como candidata en 1999, obtuvo el certificado de astronauta en 2001 y desde entonces ha desarrollado numerosas tareas tanto en la EEI como en el centro de entrenamiento de cosmonautas Yuri Gagarin, en Rusia, y el *Johnson Space Center* de la NASA. Ha participado en la misión del *Atlantis STS-131* de quince días de duración, desarrollada en abril de 2010.

El 8 de julio de 2011 se realizó el lanzamiento del *Atlantis* con la última misión de 12 días de los transbordadores espaciales de la NASA, *STS-135*, poniendo fin a un proyecto diseñado para ser el sistema estrella de exploración espacial tripulada de los EE UU. El programa de transbordadores basados en naves reutilizables (*Space Transport System*, *STS* o *Space Shuttle*) finalizó treinta años después del primer lanzamiento el 12 de abril de 1981 a cargo del *Columbia*, al que posteriormente se unieron el *Challenger*, *Discovery*, *Endeavour* y *Atlantis*, más la nave de prueba *Enterprise*.

A pesar de las explosiones del *Challenger* y el *Columbia* que dejaron catorce astronautas fallecidos y un gran sentimiento de dolor en todo el mundo, más las críticas por su alto coste, el programa de transbordadores supuso un antes y un después en la exploración espacial, con grandes hitos principalmente con la construcción de la Estación Espacial Internacional o la puesta en órbita del fantástico telescopio *Hubble*.

Tras el recorte de presupuesto de la NASA a partir de esa fecha el mantenimiento de la Estación Espacial Internacional se realiza por naves rusas, con el nuevo transbordador *Kliper* reutilizable y de bajo coste.

Cuatro tripulantes formaron parte de esta histórica misión, el comandante Chris Ferguson, capitán de la Marina estadounidense retirado, para quien fue su tercer viaje y el piloto Dough Hurley, coronel del cuerpo de Infantería de

Marina, con más de 4.000 horas de vuelo en 25 tipos diferentes de aviones y la segunda vez que viajó al espacio.

La completaron los especialistas de misión Sandra H. Magnus, ingeniera, que ha participado en tres misiones y ha pasado en total cuatro meses en el espacio, y Rex Walheim, coronel retirado de las Fuerzas Aéreas, para quien también fue su tercera misión y ha pasado 24 días en el espacio y realizado 5 caminatas espaciales.

Sandra H. Magnus que pasará pues a la historia como la última mujer tripulante de una nave estadounidense, es una astronauta experimentada. Nacida en 1964 en Belleville (Illinois) donde se graduó en la *Belleville West High School* en 1982, obtuvo la licenciatura (1986) y el máster (1990) en ingeniería eléctrica en la Universidad de Missouri-Rolla, doctorándose finalmente en 1996 en el *Georgia Institute of Technology*.

En el periodo 1986-1991 la Dra. Magnus trabajó en la compañía McDonnell Douglas donde entre, otras actividades, estuvo involucrada en el programa de prevención de ataques a aviones estudiando la efectividad de las técnicas RADAR. Entre 1991 y 1996 completó el trabajo que constituyó su tesis, financiada por el NASA-Lewis Research Center, sobre investigación de materiales de interés para cátodos termoiónicos de escandio.

Seleccionada por la NASA en 1996 se incorporó al *Johnson Space Center*, siendo designada en mayo de 1998 *Russian Crusader* lo que implicaba viajar frecuentemente a Rusia para ensayos de hardware y desarrollo de otros productos de uso operacional. En 2001 es asignada a lo que será su primera misión espacial, *STS-112*, permaneciendo en 2002 durante un total de 10 dias, 19 horas y 58 minutos en el espacio y realizando tres paseos al exterior. Después de un periodo en la agencia espacial canadiense realizó un nuevo vuelo espacial en la misión *STS-126* en 2008 de 4,5 meses de duración, regresando a la Tierra en el *STS-119* el 28 de marzo de 2009. Aunque en ambas realizó tareas de ingeniería para el acondicionamiento de la EEI, destacan particularmente las realizadas en la segunda cuyo objetivo era la ampliación de la estación para seis personas con la instalación de un sistema de regeneración de agua entre otras mejoras. Como es lógico forma parte de asociaciones tales como *The Explorers Club*, *Women in*

Aerospace y *American Association for the Advancement of Science*, habiendo sido galardonada con la NASA *Space Flight Medal* (2002, 2009) o la NASA *Distinguished Service Medal* (2009), entre otros honores.

Para finalizar señalar que China, país cuya agencia espacial (*China National Space Administration*, CNSA), envió por primera vez en octubre de 2003 a un hombre al espacio, Yang Liwei, comenzó a formar a mujeres astronautas en 2006 para que en 2010 realizaran los primeros viajes espaciales. Y efectivamente, el gobierno chino seleccionó para su reserva de astronautas a dos mujeres en marzo de 2010, aunque de momento sus nombres se mantienen en secreto. Tampoco hay una fecha para que este grupo de reserva viaje al espacio y se calcula que las primeras mujeres astronautas chinas estarán en misión espacial en el laboratorio después del 2011, momento previsto para el lanzamiento del modulo orbital *Tiangong 1 (Palacio Celeste 1).*

Tiangong 1, un pequeño laboratorio espacial de 8,5 toneladas, fue lanzado fialmente sin tripulación mediante un cohete Larga Marcha CZ-2F/G desde el centro espacial de Jiuquan el 29 de septiembre de 2011. Como comparación, la primera estación espacial de la historia *Salyut 1* tenía una masa de unas 20 toneladas.

Liu Yang fue el 16 de junio de 2012 la primera astronauta china en viajar al espacio en la nave *Shenzhou IX* que se acopló de manera manual al módulo espacial chino *Tiangong 1.*

Alistada en el Ejército de Liberación Popular chino en 1997, Liu es una veterana piloto con casi 1.700 horas de vuelo, encargada de la subdirección de una unidad aérea de las fuerzas armadas del país.

Liu viajó junto a los astronautas varones Jing Haipeng y Liu Yang y, para lograr participar en la misión, ha tenido que obtener un gran conocimiento teórico y someterse a duros entrenamientos y exámenes. En palabras suyas «El sentido de misión y responsabilidad, así como la pasión por el espacio, son las fuentes del coraje que se necesita para superar las dificultades».

AVIADORAS

Al hablar de las astronautas y cosmonautas hemos hecho hincapié en que las pioneras provenían del mundo de la aviación, eran pilotos. Pasar de pilotar un avión a una aeronave fue el salto lógico que permitió a las mujeres demostrar que eran totalmente competitivas en la carrera espacial.

Por ello, además de las ya citadas en el apartado anterior, mencionaremos algún nombre más de aviadoras representativas, que han desempeñado un papel decisivo en conseguir la igualdad en dicho ámbito.

Jacqueline Cochran, nacida en 1906 en Florida de origen incierto, fue adoptada por una familia humilde y comenzó a trabajar todavía niña en una empresa textil donde sufrió un intento de abuso por parte de uno de los encargados del que se defendió golpeándole fuertemente. En 1921 comenzó a ejercer de peluquera adquiriendo tal destreza que le permitió su traslado a la prestigiosa peluquería Saks de la Quinta Avenida, en Nueva York. Efectuó su primer vuelo con 30 años y a partir de entonces se matriculó en un curso de vuelo en el aeropuerto Roosevelt de Long Island logrando en tan solo tres semanas pilotar una aeronave. Posteriormente se traslada a Miami donde a la vez que trabaja en el mundo de la hostelería consigue la licencia de piloto comercial y participa en competiciones aéreas de velocidad, muy de moda en aquel momento.

En 1936 contrajo matrimonio con el industrial Floyd Bostwick Odlum y fundaron la empresa de cosméticos COCHRAN, creando la línea de belleza *WINGS*. Jackie ejercía de embajadora promotora de estos productos realizando giras de aviación por todos los estados norteamericanos. Participa por primera vez en la carrera aérea Bendix, en 1937, accediendo al primer premio para mujeres y clasificándose tercera en la general. En esta época colaboraba con Amelia Earhart en actividades que permitieran el reconocimiento de la capacidad de las mujeres en la aviación.

En 1938 es considerada la mejor mujer piloto de Estados Unidos y logra los premios *Bendix Race Transcontinental* y el *General William E. Mitchell Memorial*. Al comenzar la Segunda Guerra Mundial formó parte del equipo «Alas para Gran Bretaña» que se encargaba de trasladar los aviones de guerra fabricados en EE UU a ese país. En 1939 fue la primera mujer estadounidense que pilotó un bombardero, un *Hudson V* fabricado por Lockheed con el que atravesó el Océano Atlántico.

Una vez en Inglaterra se unió al *British Air Transport Auxiliary* ayudando a reclutar más mujeres aviadoras en Estados Unidos para servir voluntariamente en Gran Bretaña. En septiembre de 1940 propuso a Eleanor Roosevelt y al Coronel Robert Olds la formación de una división femenina en el Cuerpo Aéreo del Ejército de Estados Unidos y en 1941 a requerimiento del general Hap Arnold seleccionó a 76 mujeres pilotos norteamericanas para el *British Air Transport Auxiliary* de las que superaron las pruebas tan solo 25, que se incorporarían a dicha unidad.

Al entrar EE UU de pleno en guerra, la demanda de pilotos se incrementó y Jackie fundó el *Women Air Service Pilots* (WASP), entrenando a 1.074 mujeres aviadoras que de 1942 a 1945 volaron 60.000.000 de millas con tan solo 38 bajas, siendo condecorada por su contribución a este logro con la Medalla de Servicios Distinguidos y la Cruz de Vuelo. Previamente a la finalización de la Segunda Guerra Mundial el WASP fue disuelto y Jackie se incorporó como corresponsal de eventos de posguerra a la Revista Liberty, cubriendo entre otros la deposición de las armas del General Tomoyuki Yamashita en Filipinas. Fue la primera mujer occidental en entrar en Japón tras la guerra, asistió a los juicios de Nuremberg y en 1948 se incorporó a la recién creada Fuerza Aérea de Reserva de los Estados Unidos (USAFR) donde alcanzó el grado de Teniente Coronel.

Jackie Cochran fue extraordinaria, en 1953 fue la primera mujer en batir la barrera del sonido y en despegar/aterrizar en portaaviones, pasando a formar parte del Salón de la Fama de la Aviación en Dayton (Ohio). La única vez que fue vencida fue cuando intentó introducirse en el mundo de la política para lograr un escaño de senadora, que no consiguió. En los años 70 le detectaron una lesión cardiaca que le impidió continuar con su activa agenda de compromisos. Falleció en Indio (California) el 9 de Agosto de 1980 y sus restos se encuentran enterrados en el Cementerio de Coachella Valley.

Mari Pepa Colomer Luque (1913-2004) nació en Barcelona y obtuvo su carné de aviadora el 19 de enero de 1931, convirtiéndose en la primera mujer

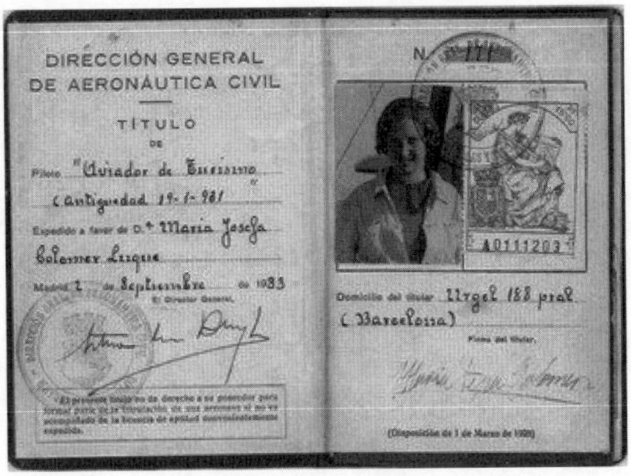

piloto de la aviación española. Su afiafición venía de lejos, cuando era niña con sólo 7 años se empeñó en que quería volar y ayudada por su hermana de 14 se asomó al balcón de su casa, un cuarto piso, desplegó un paraguas y se lanzó al vacío. Como resultado de su aventura se rompió las dos piernas. Su afición fue consecuencia de la insistencia de un amigo que con 16 años la llevó al aeropuerto de El Prat (Barcelona) y le enseñó el funcionamiento de las instalaciones. A partir de ese momento iba diariamente en bicicleta sin que nadie, excepto su padre, lo supiera y pasaba el día en el aeropuerto mientras su madre creía que iba al colegio. Lo que ella hacía era sumar horas de vuelo ayudada por los mecánicos que la enviaban a probar aviones, pudiendo así obtener el carné cuando había acumulado 60 horas.

El 1 de octubre de 1932 se creó la Escuela de Pilotos Militares de la Generalitat de la que fue profesora y ese mismo año consiguió aterrizar con un *Zeppelin* en un aeródromo de la Aeronaval, visitado por un grupo de jóvenes entre los que se encontraba **Dolors Vives**, otra pionera española en pilotar aviones. Pepa participó en el bando republicano en operaciones de propaganda durante la Guerra Civil, en calidad de oficial del Ejército. Después de la guerra tuvo que exiliarse a Francia y más tarde a Inglaterra en Surrey, donde permaneció el resto de su vida, aunque dejó la aviación.

Sus cenizas se depositaron en Reus donde esta enterrado su marido Josep Carreras, también piloto y uno de los que solían transportar a Winston Churchill y sus ministros.

Amelia Mary Earhart nació en Atchison (Kansas) el 24 de julio de 1897 y se dio por desaparecida en el océano Pacífico en julio de 1937. Fue una aviadora estadounidense, célebre por sus marcas de vuelo y por intentar el primer viaje aéreo alrededor del mundo sobre la línea ecuatorial.

En 1905 se mudó junto a su familia a Des Moines (Iowa), y con diez años, tuvo la oportunidad de ver su primer aeroplano en una feria estatal. Después de una serie de avatares, se mudó con su familia a St. Paul (Minnesota), y posteriormente a Springfield (Missouri). El hecho de que su padre no consiguiera en esta última ciudad el empleo que esperaba provocó que su esposa le abandonara y, junto con Amelia y su hermana Muriel, partieran rumbo a Chicago.

Enfermera voluntaria junto a su hermana en la ciudad de Toronto (Canadá), donde atendió a los pilotos heridos en combate durante la Primera Guerra Mundial, tuvo la ocasión de visitar un campo del Cuerpo Aéreo Real, hecho que parece ser el desencadenante de su vocación. En 1920 su familia pudo reunirse nuevamente en California donde asistió a un espectáculo aéreo en Long Beach consiguiendo que la llevaran a bordo de un biplano, quedando definitivamente prendada de los aviones.

Sus primeras clases de aviación las recibió de la instructora *Anita Neta SNOOK*, otra piloto pionera. Durante esa época logró adquirir un prototipo del aeroplano *Kinner* en el que sufrió algún que otro accidente, cosa común en esa época por la poca fiabilidad de los motores y la lentitud de las naves. Ya en octubre de 1922 consiguió su primer récord de altitud al volar a 4.267 metros de altura. En 1923 obtuvo la licencia de piloto de la Federación Aeronáutica Internacional, siendo la décimosexta mujer en recibirla.

En 1927 se unió a la Asociación Aeronáutica Nacional de la sección de Boston y se dedicó a invertir dinero para construir una pista de aterrizaje, vendió aviones *Kinner* y promocionó la aviación especialmente entre mujeres. El *Boston Globe* la reconocía ya en esa época como una de las mejores pilotos de EE UU.

En abril de 1928, el capitán H. H. Railey le ofreció la oportunidad de ser la primera mujer en cruzar el océano Atlántico. La idea de la aventura había sido de Amy Guest, una aristócrata estadounidense que había adquirido un *Fokker F.VII.* con la idea de pilotarlo ella misma, desistiendo por presiones familiares. Entonces, la familia Guest contrató a George Putnam, un publicista de Nueva York, para que encontrase la mujer adecuada.

La nave fue bautizada como *Friendship*, y en la travesía a Europa acompañaron a Amelia el piloto Wilmer Stultz, y el mecánico Louis Gordon. Llegaron al sur de Gales, y no a Irlanda, como habían planeado. A raíz de este viaje empezó a ser conocida como *Lady Lindy*, por su parecido al aviador Charles Lindbergh.

Su fama creció en los medios de comunicación y comenzó a dar conferencias gracias al trabajo de Putnam, que la ayudó a publicar su libro *Veinte horas, cuarenta minutos*, y la acompañaba a todas partes. Fue tal la afinidad entre ambos que contrajeron matrimonio en 1931.

Amelia continuó impulsando la aviación entre las mujeres, sin interrumpir su carrera y batiendo récords de velocidad en su *Lockheed Vega*. En 1932 decide realizar un vuelo sola por el Atlántico, nadie había hecho un viaje en solitario desde Lindberg. Ella lo haría desde Harbour Grace, hasta Newfoundland (Gran Bretaña) En esa travesía impuso nuevas marcas: primera mujer en hacer un vuelo solitario en el Atlántico, primera persona en hacerlo dos veces, distancia más larga volada por una mujer sin paradas y récord por cruzarlo en el menor tiempo. Entre los reconocimientos recibidos por ello destaca la *Distinguished Flying Cross*, otorgada por el congreso a una mujer por vez primera.

En 1935 voló a través del Pacífico, desde Honolulu hasta Oakland, Franklin D. Roosevelt le envió sus felicitaciones y a partir de ese momento comenzó a planear su viaje alrededor del mundo, el *Lockheed Electra 10E* fue la máquina elegida. De realizarlo marcaría dos hitos: la primera mujer en hacerlo y la mayor distancia posible circunnavegando la Tierra en su ecuador. Según ella era el vuelo que le quedaba por realizar.

En el primer intento en marzo de 1937, cuando despegaba cerca de Pearl Harbor tuvieron problemas y el aeroplano se deslizó fuera de control sufriendo daños considerables.

Amelia continuó los planes para hacer otro intento, esta vez el curso del viaje sería hacia el Este y sólo la acompañaría el piloto Frederic Noonan. Partió de Los Ángeles hacia Florida el 21 de mayo, el 1 de junio salieron de Miami con destino San Juan (Puerto Rico), de ahí bordeó América del Sur con rumbo a África y el Mar Rojo y después hacia Karachi, en la India. En Indonesia ocurrieron algunos percances como mal tiempo y reparaciones en la aeronave, aunque lo más grave fue que Amelia enfermó de disentería. A pesar de todo partieron hacia Darwin en Australia, y llegaron a Lae (Nueva Guinea) el 29 de junio con 22.000 millas voladas y 7.000 por recorrer. En ese lugar se comunicó con el *Herald Tribune*, las fotos la mostraban enferma y cansada.

Partieron desde allí a las 0:00 GMT el 2 de julio. Se cree que el avión tenía 1.000 galones de combustible para 20 ó 21 horas de vuelo, pero la situación atmosférica era muy desfavorable. En lo restante mantendrían comunicación con el guardacostas estadounidense *Itasca*, a las 7:20 GMT Amelia reportó su posición a 20 millas al suroeste de las islas Nukumanu, a las 8:00 GMT hizo su último contacto de radio con Lae, en dirección a la isla Howland a 12.000 pies de altura. Se desconoce que ocurrió después, hubo transmisiones cortas al *Itasca* pero no se supo su posición dada la brevedad de los mensajes.

Se ha establecido que el aeroplano cayó de 35 a 100 millas de la costa de la isla Howland. El presidente Roosevelt autorizó la búsqueda con 9 barcos y 66 aviones, una operación que costó unos 4 millones de dólares. El rastreo fue abandonado hacia el 18 de julio. George Putnam buscó más ayuda para continuar, pero la esperanza de encontrarlos se había desvanecido. En 1938 se construyó un faro en su honor en la isla Howland.

En 2009 la película Amelia, dirigida por Mira Nair con Hillary Swank y Richarde Gere como protagonistas, ficciona lo ocurrido en este último vuelo y ha permitido que su figura se haya popularizado.

Desde julio de 2012 una nueva expedición rastrea en el Pacífico las huellas del accidente de Amelia Earhart, con la intención de aclarar el misterio.

Raymonde De Laroche, su verdadero nombre era Élise Léontine Deroche y había nacido en París el 22 de agosto de 1886. Era una mujer polifacética que también destacaba en el deporte y en las artes plásticas. Con el fin de promocionarse como actriz decidió cambiar su nombre por otro más adecuado a su ambición. Así fue como en la alta sociedad parisina, ya reconocida por su versátil talento, se convirtió en Raymonde De Laroche.

La aviación causaba en esos momentos un enorme interés. Los aeródromos constituían un centro de reunión muy apreciado por los profesionales del espectáculo, puesto que en ellos podían lucirse y relacionarse mientras admiraban las proezas de los pioneros de la aviación. La joven Laroche calculó que le bastaría con encontrar la manera de asociar su nombre al de un avión para conseguir definitivamente la fama.

En 1909, gracias al padrinazgo de Voisin, comenzó su aprendizaje aéreo en el campo de Chalons, sorprendiendo a todos por su facilidad para pilotar y, sobre todo por la tranquilidad que mostró durante su primer vuelo en solitario efectuado el 22 de octubre de ese año.

Su dinamismo, así como sus indudables dotes de aviadora, sedujeron al Club Aéreo de Francia, que le entregó la licencia número 36 el 8 de marzo de 1910. Tuvo que defenderse de los ataques que recibía de los hombres, incluso su aparato fue víctima de algún sabotaje, que no asimilaban el que una mujer pudiera practicar un deporte de tan alto riesgo. A los que ironizaban sobre la capacidad de las mujeres para pilotar, Raymonde les replicaba que «el vuelo era muy apropiado para ellas porque no dependía tanto de la fuerza física como de la coordinación mental».

Lo demostró participando intensamente en las concentraciones de aviación. En Tours, el 5 de mayo de 1910, fue la única que voló a pesar de las tremendas inclemencias del tiempo. Pocos días después, en San Petersburgo, se clasificó cuarta. El zar Nicolás II quedó impresionado al verla. Esa actuación le valió la condecoración de la Orden de Santa Ana y el título de baronesa que le concedió el propio zar. El 14 de junio de ese mismo año realizó la proeza de aguantar en el aire durante treinta minutos y veinte segundos.

La baronesa voladora participó posteriormente en la *Grande Semaine d'Aviation de la Champagne*, en Reims, donde el 8 de julio de 1910 su aeroplano se estrelló sacudido por fuertes turbulencias. El accidente le produjo dieciocho fracturas y la obligó a guardar reposo durante varios meses. Volvió a volar en Juvisy, el 11 de febrero de 1912.

Laroche era la acompañante de Charles Voisin cuando éste murió en un accidente de coche el 25 de septiembre de 1912. Ella resultó herida leve pero continuó con sus vuelos, primero a partir de noviembre de 1912 en un biplano *Sommer*, y después en abril de 1913 en la escuela Farman, donde conoció a Jacques Vial su futuro marido. En 1913 conquistó la corona de reina de las aviadoras al ganar la Copa Fémina y seguidamente le arrebató el récord de altitud a la americana **Ruth Law** al alcanzar los cuatro mil ochocientos metros.

La Primera Guerra Mundial la castigó con tremenda dureza, su marido murió en combate y perdió a su hijo víctima de la gripe asiática. Finalmente el 18 de julio de 1919, durante un vuelo de entrenamiento en el que iba como pasajera, el piloto del *Caudron G-3* efectuó un looping extremadamente bajo y golpeó el aparato contra el suelo, Élise y el instructor murieron en el acto.

En el aeropuerto de Le Bourget, en Francia, existe una estatua dedicada a la baronesa Raymonde de Laroche. En su casa natal, en el número 61 de la Rue de la Verrerie en París, se encuentra instalada una placa en su homenaje.

Harriet Quimby nació en 1875 en Arcadia (Michigan), fue la primera aviadora americana que en 1911 consiguió la licencia como piloto del *Aero Club of America* tras 33 lecciones. Quimby (izquierda en la foto) fue con su número de licencia 37, la segunda mujer en el mundo en conseguirla, la primera había sido la baronesa Raymonde de Laroche en Francia. **Matilde Moisant** (derecha en la foto) sería pocas semanas después la segunda mujer piloto con licencia en EE UU.

Menos de un año más tarde, el 16 de abril de 1912, Harriet se convirtió en la primera mujer en volar a través del Canal de la Mancha con un monoplano *Blériot* en un vuelo que duró una hora, aunque su hazaña quedaría eclipsada por el hundimiento del Titanic ocurrido el día anterior.

Periodista y guionista de películas en Hollywood, todas dirigidas por D. W. Griffith, llegó a interpretar incluso un pequeño papel en una de ellas. Era una mujer muy atractiva que diseñaba sus trajes de piloto y que desafortunadamente falleció con solo 37 años durante el Festival Aéreo Harvard-Boston cuando el *Blériot* biplaza que pilotaba llevando al organizador del festival, William P. Willard, entró en picado haciendo caer al pasajero y después a la propia Harriet sobre el mar, desde una altura de 500 metros. Su muerte se produjo ante la presencia de 5.000 espectadores.

Margaret Ringenberg nacida en Fort Wayne (Indiana) un 17 de junio de 1921, falleció el 28 de julio de 2008 por causas naturales mientras dormía. Tenía 87 años, en los que pasó más de 40.000 horas en el aire y se alzo con más de un centenar de trofeos en competiciones. Su vida fue toda una aventura, y siguió volando hasta un mes antes de su muerte, en junio de 2008 había quedado tercera en la *Air Race Classic.*

Era una joven del mundo rural, que tuvo una vida excitante. Su primer contacto con el mundo de la aviación se había producido de una manera inocente

ocho décadas antes. Un aviador acrobático de la época aterrizó cerca de la granja de su familia. Ella y su padre se acercaron para ver si necesitaba ayuda y en agradecimiento, el aviador les preguntó si querían volar. Margaret no dudó un instante y se subió al avión. Comenzó así la pasión de toda su vida.

Creía que la única vía que tenía entonces una mujer para entrar en ese mundo era como asistente de vuelo o azafata, sin saber que la Segunda Guerra Mundial le ofrecería una oportunidad inesperada que la puso al mando de un avión en solitario en 1941.

Los jóvenes tenían que ir al frente y las escuelas de vuelo se estaban quedando sin personal en EE UU. Su carrera como piloto comenzó en 1943, como miembro del WASP. Las mujeres no podían participar en misiones de combate, pero realizaban otros servicios esenciales, como vuelos de prueba o transporte de tropas.

El periodista Tom Brokaw le dedica un capítulo en su libro *The Greatest Generation,* donde documenta la vida de otros héroes de la Segunda Guerra Mundial. El programa WASP, ya se ha comentado, fue desmantelado en 1944. Después, la piloto trabajó en la centralita de un aeropuerto, se hizo instructora de vuelo y empezó a competir.

Fue una de las pioneras de la aviación, y su labor en ese programa permitió a otras mujeres acceder a un mundo reservado a los hombres. Con 72 años, Ringenberg participó en la *Round the World Air Race* y también compitió en 2001 en la carrera London-Sydney, y en 2003 quedó segunda en el *Air Race Classic.*

La *National Aeronautic Association* le concedió el premio Elder Statesman en 1999, que se suma a los más de 150 trofeos que ganó a lo largo de su carrera. Y en 1998 escribió su propia biografía, titulada *Girls can't be pilots*, en la que se retrata como una ama de casa con una carrera inusual, que le llevó incluso al mando de un simulador del transbordador espacial de la NASA.

Blanche Stuart Scott, también conocida como Betty Scott, nació en Rochester (Nueva York) en 1885 y ha sido la primera mujer americana en volar en solitario el 2 de septiembre de 1910. Gran aficionada al automóvil realizó también en 1910 el primer viaje a través de Estados Unidos hacia el Oeste, desde Nueva York a San Francisco.

Aprendió a pilotar con Glenn Hammond Curtis y realizó su primer vuelo público en octubre de ese mismo año en Fort Wayne (Indiana). En verano de 1911 voló desde Mineola a Central Islip, Long Island, un total de 60 millas, y en 1912 fue a la vez la primera mujer piloto de pruebas y la primera piloto de acrobacias. Se retiró de la aviación activa en 1916, molesta por el interés morboso del público por los accidentes de aviación y por una industria que no ofrecía a las mujeres la oportunidad de convertirse en mecánicos o ingenieros, aunque siguió involucrada con ese mundo hasta el final de sus días.

Desde 1953 hasta 1958 trabajó en el *Air Force Museum* en Dayton (Ohio) como consultora de relaciones públicas, adquiriendo materiales para la colección del museo relacionada con los vuelos pioneros.

Falleció en enero de 1970 en Rochester y sus cenizas reposan en el cementerio de esta localidad. En 1980 el servicio de correos americano emitió un sello conmemorativo de los logros conseguidos por Scott en aviación.

Listado alfabético de astronautas, cosmonautas y aviadoras mencionadas en el tema 7

Allison, Rhea	Programa *Mercury*, en 1959
Baker, Ellen	Astronauta de la NASA, promoción 1984 Alcanza la Estación Espacial Rusa MIR, en 1995
Bondar, Roberta Lynn	Primera astronauta canadiense y primera neuróloga en el espacio, *STS-42*, en 1992
Cagle, Myrtle «K»	Programa *Mercury*, en 1959
Chawla, Kalpana	Astronauta de la NASA, promoción 1994 Primera mujer nacida en India que vuela al espacio, en 1997 Fallece en el accidente del *Columbia*, en 2003
Clark, Laurel	Astronauta de la NASA, promoción 1996 Fallece en el accidente del *Columbia*, en 2003
Cobb, Geraldine	Programa *Mercury*, en 1959
Cochran, Jacqueline	Aviadora estadounidense, fundadora del *Women Air Service Pilots* (WASP) en 1941

Collins, Eileen M.	Primera mujer piloto de nave espacial, en 1995 Primera mujer comandante de nave espacial, en 1999
Colomer Luque, Mari Pepa	Primera mujer piloto de la aviación española, en 1931
Currie, Nancy	Primera Misión en la Estación Espacial Internacional (EEI), en 1998
Dietrich, Jan	Gemela de Marion, instructora de vuelo y piloto con licencia, tenía 8.000 horas de vuelo al ser seleccionada para el programa *Mercury*, en 1959
Dietrich, Marion	Periodista del Oakland (CA) Tribune, poseía 1.500 horas de vuelo al entrar en el programa *Mercury*, en 1959
Dunbar, Bonnie	Alcanza la Estación Espacial Rusa MIR, en 1992
Earhart, Amelia Mary	Aviadora estadounidense, célebre por sus marcas de vuelo y por intentar el primer viaje aéreo alrededor del mundo sobre la línea ecuatorial, desaparecida en el océano Pacífico en 1937
Fisher, Anna	Primera promoción de astronautas NASA, en 1978. Primera persona en reparar un satélite por control remoto, en 1984
Gorelick Ratley, Sarah L.	Programa *Mercury*, en 1959
Haigneré, Claudie	Astronauta de la Agencia Espacial Europea, Misión Andrómeda, en 2001
Hart, Janie	Programa *Mercury*, en 1959
Hixson, Jean	Programa *Mercury*, en 1959
Jemison, Mae	Primera mujer astronauta afromericana, en 1992
Kondakova, Elena	Tercera cosmonauta rusa *Soyuz TM-17*, en 1995
Laroche, Raymonde De	Aviadora francesa, autora de numerosas proezas, que obtuvo la licencia del Club Aéreo de Francia en 1910
Leverton, Irene	Programa *Mercury*, en 1959
Lucid, Shannon	Primera promoción de astronautas NASA, en 1978 Estancia de 6 meses en la estación MIR, en 1996
Magnus, Sandra H.	Tripulante de la última misión *STS-135* del transbordador espacial *Atlantis* de la NASA, en 2011
McAuliffe, Christa	Primera mujer docente seleccionada NASA, en 1985 Fallece en la explosión del *Challenger*, en 1986
Moisant, Matilde	Segunda mujer piloto con licencia en EE UU en 1911
Morgan, Barbara Radding	Segunda docente convertida en astronauta, en 2007
Mukai, Chiaki	Primera astronauta japonesa, en 1994 Premio Príncipe de Asturias, en 1999
Nowak, Lisa Marie	Astronauta de la NASA, que participó en la misión del transbordador espacial *Discovery*, vuelo STS-121, en 2006

Ochoa, Ellen	Primera astronauta hispanoamericana, en 1993
Payette, Julie	Segunda astronauta canadiense (CSA), en 1992
Quimby, Harriet	Primera mujer piloto con licencia en EE UU, en 1911 Primera mujer en volar a través del Canal de la Mancha, en 1912
Resnik, Judith	Primera promoción de astronautas NASA, en 1978 Fallece en la explosión del *Challenger*, en 1986
Ride, Sally K.	Primera promoción de astronautas NASA, en 1978 Primera mujer cosmonauta americana, en 1983
Ringenberg, Margaret	Aviadora estadounidense que inició su carrera como piloto en el WASP, en 1943
Savitskaya, Svetlana	Primera mujer en realizar dos viajes al espacio, *Salyut 7,* en 1982 y en 1984. Segunda mujer cosmonauta rusa
Scott, Blanche Stuart	Primera mujer americana en volar en solitario, en 1910
Seddon, Rhea	Primera promoción de astronautas NASA, en 1978
Sharman, Helen Patricia	Primera cosmonauta británica, vuelo espacial *Soyuz TM-12,* en 1991
Sloan Truhill, Geraldine	Programa *Mercury*, en 1959
Steadman, Bernice	Programa *Mercury*, en 1959
Stumbough Jessen, Gene Nora	Programa *Mercury*, en 1959
Sullivan, Kathryn	Primera promoción de astronautas NASA, en 1978 Primera mujer en salir al espacio exterior, en 1984
Tereshkova, Valentina	Primera mujer cosmonauta rusa, en 1963
Thornton, Kathy	Record de paseo por el espacio exterior, en 1992
Wallace Funk, Mary	Programa *Mercury*, en 1959
Whitson, Peggy Annette	Primera astronauta comandante, en 2007
Williams, Sunita	Astronauta americana que con Whitson son las dos mujeres con mayor tiempo acumulado en paseos espaciales al exterior
Yamazaki, Naoko	Segunda astronauta japonesa de la JAXA, en 2008
Yang, Liu	Primera astronauta china, en 2012

ÍNDICE ONOMÁSTICO

BIBLIOGRAFÍA

ALCALÁ CORTIJO, P.; CORRALES RODRIGÁÑEZ, C.; LÓPEZ GIRÁLDEZ, J.: *Ni tontas no locas. Las intelectuales en el Madrid del primer tercio del siglo XX*. Editorial FECYT, Madrid, 2009.

ALIC, M.: *El legado de Hipatía*. Editorial Siglo XXI, Méjico, 1991.

APOTHEKER, J.; SIMON SARKADI, L.: *European Women in Chemistry*. Wiley-VCH/EuCheMS, Weinheim, Alemania, 2011.

BROOKS, P.: *Rachel Carson, precursora del movimiento ecologista*. Editorial Gedisa, Barcelona, 1993.

BYERS, N.; WILLIAMS, G. (Eds.): *Out of the Shadows: Contributions of Twentieth-Century Women to Physics*. Cambridge University Press, Cambridge, 2006.

CABRÉ, M., ORTIZ, T. (Eds.): *Sanadoras, matronas y médicas en Europa*. Icaria editorial, S. A., Barcelona, 2001.

CASADO RUIZ DE LÓIZAGA.: *Las damas del laboratorio*. Editorial Debate. Barcelona, 2006.

CURIE, E.: *La vida heroica de María Curie*. Editorial Planeta de Agostini, Barcelona, 1995.

CURRIE, S.: *Women Inventors*. Lucent Books, San Diego, California, 2001.

DZIELSKA, M.: *Hipatia de Alejandria*. Ediciones Siruela, Madrid, 2004.

EHRENREICH, B. y ENGLISH, D.: *Brujas, comadronas y enfermeras. Dolencias y trastornos*. La Sal edicións de les dones, Barcelona, 1998.

ESPEGEL, C.: *Heroínas del espacio*. Ediciones Generales de la Construcción. Valencia, 2006.

FERRY, G.: *Dorothy Hodgkin, A Life*. Granta Books, Londres, 1998.

FOSSEY, D.: *Gorilas en la niebla*. Editorial Salvat, Barcelona, 1988.

FOX KELLER, E.: *Seducida por lo vivo. Vida y obra de Barbara McClintock*. Editorial Fontalba, Barcelona, 1984.

FOX KELLER, E.: *Reflexiones sobre género y ciencia*. Editorial Alfons el Magnánim, Valencia, 1989.

GALVEZ, P.: *Hypatia, La mujer que amó la ciencia*. Ed. Lumen. Barcelona, 2004

GIROUD, F.: *Marie Curie*. Ediciones De Bolsillo, Barcelona, 2002.

GOODALL, J.: *A través de la ventana*. Editorial Salvat Ciencia, Barcelona, 1994.

GOODALL, J.; BERMAN, Ph.: *Gracias a la vida*. Editorial Mondadori, Barcelona, 2000.

GREENE, G.: *The woman who knew too much. Alice Stewart and the secrets of radiation*. The University of Michigan, 1999.

Harding, S.: *Ciencia y Feminismo.* Editorial Morata, Madrid, 1996.

Hipatía: *Autoridad científica, autoridad femenina.* Editorial Horas y Horas, Madrid, 1998.

Jahme, C.: *Bellas y Bestias.* Ateles Editores, Madrid, 2002.

Langevin-Joliot, H.: *Marie Curie et ses filles: lettres.* Flammarion, Paris, 2011.

Levi Montalcini, R.: *Elogio de la imperfección.* Editorial De Viva Voz, Barcelona, 1999.

Lewin Sime, R.: *Lise Meitner. A Life in Physics.* University of California, Berkeley, 1996.

Lopes De Oliveira, D.: *Doce mujeres en la biomedicina del siglo XX.* Cuadernos de la Fundación Dr. Antonio Esteve n.º 13, Barcelona, 2007.

Lorenzo Arribas, J.: *Hildegarda de Bingen (1098-1179).* Colección Biblioteca de Mujeres, Ediciones del Orto, Madrid, 1ª Ed. 1996, reimpresión 2000.

Maathai, W.: *Con la cabeza bien alta.* Editorial Lumen. Barcelona, 2007

Maddox, B.: *Rosalind Franklin, The Dark Lady of DNA.* Harper Collins Publishers, Londres, 2003.

Magallón Portolés, C.: *Pioneras Españolas en las Ciencias.* Editorial CSIC, Madrid, 2004.

Mataix, S.: *Matemática es nombre de mujer.* Editorial Rubes, Barcelona, 1999.

Millar, D., Millar, I. Millar, J., Millar, M.: *Diccionario Básico de Cientificos.* Editorial Tecnos, Madrid, 1994.

Pérez Sedeño, E.; Kiczkowski, A.: *Género y Astronomía en España.* Ed. Plaza y Janes, Barcelona, 2010.

Sayre, A.: *Rosalind Franklin y el ADN.* Editorial Horas y Horas, Madrid, 1997.

Sánchez Ron, J. M.: *Marie Curie y la Radiactividad.* Drakontos-Crítica, Madrid, 2000.

Thimmesh, C.: *Girls Think of Everything: Stories of Ingenious Inventions by Women.* Houghton Mifflin Company Boston, New York, 2000.